普通高等教育系列教材
吉林大学本科“十三五”规划教材

理论力学（Ⅱ）

（附全书题解）

主编 裴春艳 丛颖波

参编 王 敏 刘 坤
黎晓鹰 程 飞

机 械 工 业 出 版 社

《理论力学（Ⅱ）》是配套《理论力学（Ⅰ）》内容编写的，全书分为两部分：专题部分，包括动力学普遍方程和拉格朗日方程、刚体的空间运动和陀螺近似理论、机械振动的基本理论、碰撞；部分习题参考解答及答案部分，包括《理论力学（Ⅰ）》的习题详解和《理论力学（Ⅱ）》专题部分的习题参考答案。

本书内容新颖，概念清晰，理论严谨，论述和编排上有独特的风格，重视培养工科学生的自然哲学思维方式和应用力学知识解决工程实际问题的能力，可作为高等院校工科各专业理论力学课程的教材或学生的复习参考书，也可供有关工程技术人员参考。

本书配有供教师使用的多媒体课件、期末考试试卷、教案及大纲等丰富的教学资源，教师可在机械工业出版社教育服务网（www. cmpedu. com）上注册后免费下载。

图书在版编目（CIP）数据

理论力学 . Ⅱ：附全书题解/裴春艳，丛颖波主编. —北京：机械工业出版社，2022. 7（2025. 7 重印）
普通高等教育系列教材
ISBN 978-7-111-70750-9

Ⅰ. ①理…　Ⅱ. ①裴…②丛…　Ⅲ. ①理论力学-高等学校-教材　Ⅳ. ①O31

中国版本图书馆 CIP 数据核字（2022）第 079797 号

机械工业出版社（北京市百万庄大街 22 号　邮政编码 100037）
策划编辑：张金奎　　　责任编辑：张金奎
责任校对：陈　越　刘雅娜　封面设计：王　旭
责任印制：常天培
河北虎彩印刷有限公司印刷
2025 年 7 月第 1 版第 3 次印刷
184mm×260mm · 11 印张 · 270 千字
标准书号：ISBN 978-7-111-70750-9
定价：29. 90 元

电话服务	网络服务
客服电话：010-88361066	机　工　官　网：www. cmpbook. com
010-88379833	机　工　官　博：weibo. com/cmp1952
010-68326294	金　　书　　网：www. golden-book. com
封底无防伪标均为盗版	机工教育服务网：www. cmpedu. com

前 言

本书是为高等学校编写的理论力学教材，适用于工科机械、建筑、土木、水利、航空和航天等各专业理论力学课程教学，也可作为有关工程技术人员的实用参考书。

理论力学是一门体系完整的独立学科，也称经典力学，是大部分工程技术科学的基础，也是工科院校多门后续课程的理论基础。为进一步提高教学质量，编者在吉林大学理论力学教研室2005年编写的《理论力学》的基础上，吸取了许多兄弟院校教材的精华，总结了编者多年的教学经验编写了本书。本书注重培养学生将实际工程问题抽象简化为力学模型和进行力学计算的能力。

《理论力学（Ⅰ）》为基础部分（第1章 静力学基本知识、第2章 力系的简化、第3章 力系的平衡、第4章 摩擦、第5章 点的运动学和刚体的简单运动、第6章 点的合成运动、第7章 刚体的平面运动、第8章 动力学基础、第9章 动量定理和动量矩定理、第10章 动能定理、第11章 达朗贝尔原理、第12章 虚位移原理），《理论力学（Ⅱ）》为专题部分（第1章 动力学普遍方程和拉格朗日方程、第2章 刚体的空间运动和陀螺近似理论、第3章 机械振动的基本理论、第4章 碰撞）和部分习题参考解答及答案。

本书采取整体讨论、分头执笔、最后集中定稿的编写方式。《理论力学（Ⅰ）》第1~4章由程飞编写，第5~7章由黎晓鹰编写，第8章和第11章由刘坤编写，第9章和第10章由裴春艳编写，第12章由丛颖波编写；《理论力学（Ⅱ）》第1章由丛颖波编写，第2~4章由王敏编写，各章参考解答或答案由对应内容的编写人员完成。最后由王敏统稿。

本书在编写过程中得到了吉林大学力学系全体同仁的支持，在此表示感谢。本书自始至终得到了吉林大学教务处和教材建设委员会的关怀，被立项为吉林大学本科“十三五”规划教材，并得到了吉林大学教材建设基金的资助，在此深表谢意。限于编者水平，书中难免有疏漏和欠妥之处，希望广大读者批评指正。

吉林大学理论力学教研室
2021年9月于吉林大学

目 录

第1章 动力学普遍方程和拉格朗日方程

经典力学按照研究力学问题的途径和方法，可分为矢量力学（即在牛顿基本定律基础上建立起来的牛顿力学）和分析力学。按照矢量力学的观点，约束对物体运动的影响是通过力来实现的，因此应用矢量力学方法建立的动力学方程中不可避免地会出现约束力，从而增加了方程中未知变量的数目。对于复杂约束系统和变形体的动力学问题，矢量力学能解决的问题是十分有限的。分析力学着眼于系统，用标量形式的广义坐标代替矢量力学的矢径，用能量与功来描述物体运动与相互作用之间的关系。它是求解复杂力学问题的普遍而有效的方法，具有更广泛的应用价值。动力学普遍方程和拉格朗日方程是分析动力学的内容，本书中所说的拉格朗日方程，是指第二类拉格朗日方程。

在达朗贝尔原理中，我们采用求解平衡问题的方法来处理动力学问题，而虚位移原理是解决质点系平衡问题的最一般的原理。可见，将虚位移原理和达朗贝尔原理结合起来，也可以解决动力学问题。本章将根据这两个原理推导出动力学普遍方程，在此基础上，再应用广义坐标和动能的概念，导出拉格朗日方程，用来解决非自由质点系的动力学问题。

1.1 动力学普遍方程

设质点系由 n 个质点组成，应用达朗贝尔原理，在每一质点 M_i 上加惯性力 $\boldsymbol{F}_{\mathrm{I}i}=-m_i\boldsymbol{a}_i$，则作用于质点系的所有主动力、约束力和惯性力组成平衡力系。当质点系具有理想约束时，根据虚位移原理，有

$$\sum_{i=1}^{n}(\boldsymbol{F}_i+\boldsymbol{F}_{\mathrm{I}i})\cdot\delta\boldsymbol{r}_i=0$$

或

$$\sum_{i=1}^{n}(\boldsymbol{F}_i-m_i\boldsymbol{a}_i)\cdot\delta\boldsymbol{r}_i=0 \tag{1-1}$$

式中，$\boldsymbol{F}_i$ 是作用于质点 M_i 上的主动力；m_i 和 $\boldsymbol{a}_i$ 分别为该质点的质量和加速度；$\delta\boldsymbol{r}_i$ 为质点 M_i 的虚位移。

式（1-1）的解析式为

$$\sum_{i=1}^{n}\left[(F_{ix}-m_i\ddot{x}_i)\delta x_i+(F_{iy}-m_i\ddot{y}_i)\delta y_i+(F_{iz}-m_i\ddot{z}_i)\delta z_i\right]=0 \tag{1-2}$$

式中，F_{ix}、F_{iy}、F_{iz}，$\ddot{x}_i$、$\ddot{y}_i$、$\ddot{z}_i$ 及 δx_i、δy_i、δz_i 分别为 $\boldsymbol{F}_i$、$\boldsymbol{a}_i$ 及 $\delta\boldsymbol{r}_i$ 在直角坐标轴 x、y、z

上的投影。

式（1-1）或式（1-2）称为**动力学普遍方程，也称为达朗贝尔-拉格朗日方程**。它表明：**具有理想约束的质点系，在运动的任何瞬时，作用于质点系上的主动力和所有质点的惯性力在任何虚位移中的虚功之和等于零**。

动力学普遍方程可以用来求解质点系的动力学问题。特别是对非自由质点系来说，不必考虑理想约束的未知约束力，从而求解过程大为简化。下面举例说明方程的应用。

例 1-1 离心调速器以匀角速度 ω 绕铅直固定轴 Oy 转动（图 1-1）。重球 A 和 B 重均为 P；套筒 C 重为 Q，可沿 Oy 轴上下移动；各杆长度均为 l，重量可略去不计。试求角速度 ω 与重球张开的偏角 φ 的关系。

解： 选取整个调速器为研究对象，系统所受的主动力有：两个重球的重力 $\boldsymbol{P}$ 和套筒的重力 $\boldsymbol{Q}$。当调速器匀速转动时，角 φ 保持为常量，于是，重球 A、B 在水平面内做匀速圆周运动，只有法向加速度 $a_A^{\mathrm{n}}=a_B^{\mathrm{n}}=\omega^2 l\sin\varphi$，而套筒 C 的加速度为零。因而两个重球的惯性力大小为

$$F_{\mathrm{I}A}=F_{\mathrm{I}B}=\frac{P}{g}\omega^2 l\sin\varphi \tag{a}$$

方向如图 1-1 所示。

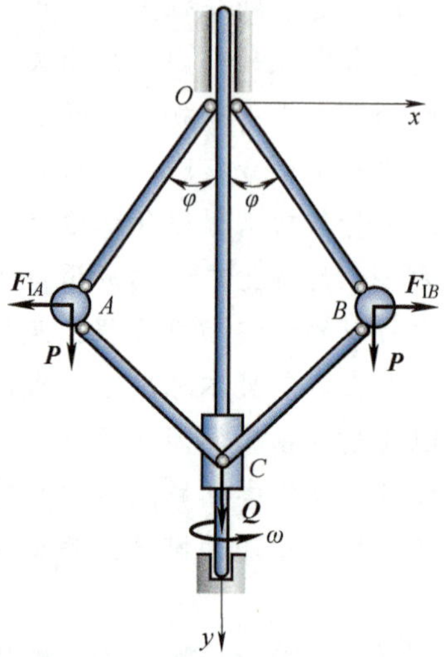

图 1-1

于是，由动力学普遍方程有

$$-F_{\mathrm{I}A}\delta x_A+F_{\mathrm{I}B}\delta x_B+P\delta y_A+P\delta y_B+Q\delta y_C=0 \tag{b}$$

计算系统的虚位移时，应将时间看作不变的常量，认为调速器在图示位置不转动，因而各质点的虚位移都在调速器平面 $OACB$ 内。各质点的坐标为

$$x_A=-l\sin\varphi,\ y_A=y_B=l\cos\varphi,\ x_B=l\sin\varphi,\ y_C=2l\cos\varphi$$

然后对以上各式取坐标变分，得

$$\delta x_A=-l\cos\varphi\delta\varphi,\ \delta y_A=\delta y_B=-l\sin\varphi\delta\varphi,\ \delta x_B=l\cos\varphi\delta\varphi,\ \delta y_C=-2l\sin\varphi\delta\varphi$$

将变分结果与式（a）代入式（b），化简后得

$$\left(\frac{2P\omega^2 l^2}{g}\cos\varphi-2Pl-2Ql\right)\sin\varphi\delta\varphi=0$$

因为 $\delta\varphi\neq0$，于是，由上式可解得

$$\omega=\sqrt{\frac{P+Q}{Pl\cos\varphi}g}$$

本例的系统具有两个自由度，但因绕轴 Oy 的转动为时间的已知规律，这样消除了一个自由度，由式（1-2）只得到一个有效的方程。

1.2 拉格朗日方程

应用动力学普遍方程求解复杂的非自由质点系的动力学问题往往很不方便，因为非自由质点系内各质点的虚位移或各质点直角坐标的变分不全是独立的，所以在解方程时还必须分

析各质点虚位移之间的关系。如果考虑系统的约束条件，用广义坐标表示动力学普遍方程，就可以得到与广义坐标数目相同的一组独立的运动微分方程，这就是著名的拉格朗日方程。

1.2.1　拉格朗日关系式

两个拉格朗日关系式是推演拉格朗日方程所必需的。

设有一个受理想、完整约束的质点系，由 n 个质点组成，具有 k 个自由度，取 k 个广义坐标 q_1，q_2，…，q_k 来确定质点系的位置。如果约束是非定常的，则质点系中各质点的矢径 $\boldsymbol{r}_i$ 可表示为广义坐标与时间 t 的函数，即

$$\boldsymbol{r}_i=\boldsymbol{r}_i(q_1,q_2,\cdots,q_k,t)\quad(i=1,2,\cdots,n)\tag{1-3}$$

将式（1-3）对时间 t 求导数，有

$$\boldsymbol{v}_i=\frac{\mathrm{d}\boldsymbol{r}_i}{\mathrm{d}t}=\sum_{j=1}^{k}\frac{\partial\boldsymbol{r}_i}{\partial q_j}\dot{q}_j+\frac{\partial\boldsymbol{r}_i}{\partial t}\tag{1-4}$$

式中，$\dot{q}_j=\dfrac{\mathrm{d}q_j}{\mathrm{d}t}$称为广义速度。因$\dfrac{\partial\boldsymbol{r}_i}{\partial t}$和$\dfrac{\partial\boldsymbol{r}_i}{\partial q_j}$仅是广义坐标和时间的函数，所以将式（1-4）对 $\dot{q}_j$ 求偏导数，得

$$\frac{\partial\boldsymbol{v}_i}{\partial\dot{q}_j}=\frac{\partial\boldsymbol{r}_i}{\partial q_j}\tag{1-5}$$

式（1-5）为第一个拉格朗日关系式，它表明：**任一质点的速度对广义速度的偏导数等于其矢径对广义坐标的偏导数。**

将式（1-4）对任一广义坐标 q_s 求偏导数，得

$$\frac{\partial\boldsymbol{v}_i}{\partial q_s}=\frac{\partial^2\boldsymbol{r}_i}{\partial t\partial q_s}+\sum_{j=1}^{k}\frac{\partial^2\boldsymbol{r}_i}{\partial q_j\partial q_s}\dot{q}_j$$

另一方面，将$\dfrac{\partial\boldsymbol{r}_i}{\partial q_s}$对时间 t 求导数，得

$$\frac{\mathrm{d}}{\mathrm{d}t}\left(\frac{\partial\boldsymbol{r}_i}{\partial q_s}\right)=\frac{\partial^2\boldsymbol{r}_i}{\partial q_s\partial t}+\sum_{j=1}^{k}\frac{\partial^2\boldsymbol{r}_i}{\partial q_s\partial q_j}\dot{q}_j$$

比较上两式，可得

$$\frac{\mathrm{d}}{\mathrm{d}t}\left(\frac{\partial\boldsymbol{r}_i}{\partial q_s}\right)=\frac{\partial\boldsymbol{v}_i}{\partial q_s}$$

把下标 s 换以 j 后，就得到

$$\frac{\mathrm{d}}{\mathrm{d}t}\left(\frac{\partial\boldsymbol{r}_i}{\partial q_j}\right)=\frac{\partial\boldsymbol{v}_i}{\partial q_j}\tag{1-6}$$

式（1-6）为第二个拉格朗日关系式。它表明：**任一质点的速度对广义坐标的偏导数等于其矢径对广义坐标的偏导数，再对时间的一阶导数。**

1.2.2　拉格朗日方程及应用

将式（12-8）[㊀]即 $\delta\boldsymbol{r}_i=\sum_{j=1}^{k}\dfrac{\partial\boldsymbol{r}_i}{\partial q_j}\delta q_j$ 代入动力学普遍方程中，得

㊀ 指《理论力学（Ⅰ）》中，下同。

$$\sum_{i=1}^{n}(\boldsymbol{F}_i+\boldsymbol{F}_{\mathrm{I}i})\cdot\sum_{j=1}^{k}\frac{\partial\boldsymbol{r}_i}{\partial q_j}\delta q_j=0$$

$$\sum_{i=1}^{n}\sum_{j=1}^{k}\left(\boldsymbol{F}_i\cdot\frac{\partial\boldsymbol{r}_i}{\partial q_j}+\boldsymbol{F}_{\mathrm{I}i}\cdot\frac{\partial\boldsymbol{r}_i}{\partial q_j}\right)\delta q_j=0 \tag{1-7}$$

$$\sum_{j=1}^{k}\left(\sum_{i=1}^{n}\boldsymbol{F}_i\cdot\frac{\partial\boldsymbol{r}_i}{\partial q_j}+\sum_{i=1}^{n}\boldsymbol{F}_{\mathrm{I}i}\cdot\frac{\partial\boldsymbol{r}_i}{\partial q_j}\right)\delta q_j=0$$

由式（12-15）知，$Q_j=\sum\limits_{i=1}^{n}\boldsymbol{F}_i\cdot\frac{\partial\boldsymbol{r}_i}{\partial q_j}$为对应于广义坐标 q_j 广义力，而$\sum\limits_{i=1}^{n}\boldsymbol{F}_{\mathrm{I}i}\cdot\frac{\partial\boldsymbol{r}_i}{\partial q_j}$称为对应于广义坐标 q_j 广义惯性力，用 $Q_{\mathrm{I}j}$表示。因此有

$$\sum_{j=1}^{k}(Q_j+Q_{\mathrm{I}j})\delta q_j=0 \tag{1-8}$$

由于 δq_j 的任意性，欲使上式成立，必须 δq_j 前的系数都等于零，即有

$$Q_j+Q_{\mathrm{I}j}=0\quad(j=1,2,\cdots,k) \tag{1-9}$$

式（1-9）中广义惯性力 $Q_{\mathrm{I}j}$可改用质点系的动能来表示：

$$Q_{\mathrm{I}j}=\sum_{i=1}^{n}\boldsymbol{F}_{\mathrm{I}i}\cdot\frac{\partial\boldsymbol{r}_i}{\partial q_j}=-\sum_{i=1}^{n}m_i\boldsymbol{a}_i\cdot\frac{\partial\boldsymbol{r}_i}{\partial q_j} \tag{1-10}$$

而

$$\begin{aligned}\sum_{i=1}^{n}m_i\boldsymbol{a}_i\cdot\frac{\partial\boldsymbol{r}_i}{\partial q_j}&=\frac{\mathrm{d}}{\mathrm{d}t}\left(m_i\boldsymbol{v}_i\cdot\frac{\partial\boldsymbol{r}_i}{\partial q_j}\right)-m_i\boldsymbol{v}_i\cdot\frac{\mathrm{d}}{\mathrm{d}t}\left(\frac{\partial\boldsymbol{r}_i}{\partial q_j}\right)\\&=\frac{\mathrm{d}}{\mathrm{d}t}\left(m_i\boldsymbol{v}_i\cdot\frac{\partial\boldsymbol{v}_i}{\partial\dot{q}_j}\right)-m_i\boldsymbol{v}_i\cdot\frac{\partial\boldsymbol{v}_i}{\partial q_j}\\&=\frac{\mathrm{d}}{\mathrm{d}t}\frac{\partial\left(\frac{1}{2}m_iv_i^2\right)}{\partial\dot{q}_j}-\frac{\partial}{\partial q_j}\left(\frac{1}{2}m_iv_i^2\right)\end{aligned}$$

再将此结果代入式（1-10），并注意$\sum\limits_{i=1}^{n}\frac{1}{2}m_iv_i^2$ 是质点系的动能 T，便得到 $Q_{\mathrm{I}j}$用 T 表示的关系式：

$$Q_{\mathrm{I}j}=-\frac{\mathrm{d}}{\mathrm{d}t}\frac{\partial T}{\partial\dot{q}_j}+\frac{\partial T}{\partial q_j} \tag{1-11}$$

于是，由式（1-9）得

$$\frac{\mathrm{d}}{\mathrm{d}t}\frac{\partial T}{\partial\dot{q}_j}-\frac{\partial T}{\partial q_j}=Q_j\quad(j=1,2,\cdots,k) \tag{1-12}$$

这就是**拉格朗日方程**。它是一组用广义坐标表示的二阶常微分方程。方程的个数等于质点系的自由度 k。将此方程组积分，就可求得用广义坐标表示的质点系的运动方程。其中包含有 $2k$ 个积分常数，由 $2k$ 个初始条件，即由 $t=0$ 的广义坐标和广义速度来决定。

如果作用于质点系上的主动力都是有势力，则质点系具有势能，由式（12-18）知广义力 Q_j 可通过质点系的势能来计算，即

$$Q_j=-\frac{\partial V}{\partial q_j}\quad(j=1,2,\cdots,k)$$

因而拉格朗日方程可写成

$$\frac{\mathrm{d}}{\mathrm{d}t}\frac{\partial T}{\partial \dot{q}_j}-\frac{\partial T}{\partial q_j}=-\frac{\partial V}{\partial q_j}\quad (j=1,2,\cdots,k) \tag{1-13}$$

由于势能 V 是广义坐标的函数，而与广义速度无关，因此有

$$\frac{\partial V}{\partial \dot{q}_j}=0$$

于是式（1-13）可改写为

$$\frac{\mathrm{d}}{\mathrm{d}t}\frac{\partial (T-V)}{\partial \dot{q}_j}-\frac{\partial (T-V)}{\partial q_j}=0$$

令

$$L=T-V \tag{1-14}$$

它表示质点系的动能和势能之差，称为**拉格朗日函数**或**动势**。于是有

$$\frac{\mathrm{d}}{\mathrm{d}t}\frac{\partial L}{\partial \dot{q}_j}-\frac{\partial L}{\partial q_j}=0\quad (j=1,2,\cdots,k) \tag{1-15}$$

式（1-15）是**保守系统的拉格朗日方程**。

拉格朗日方程为解决复杂约束系统动力学问题提供了一个普遍而统一的方法，一般用于建立系统的运动微分方程，也可用于求加速度或角加速度。解题时，研究对象是系统整体，无须分析系统内各质点的加速度或虚位移，只要写出系统的动能和广义力就可以计算出结果来。

应用拉格朗日方程解题的步骤：

1）选取研究对象（通常选取整个系统为研究对象），判断系统所受的约束是否为理想约束，而后确定系统的自由度，并选取适当的广义坐标。

2）根据所选的广义坐标，写出系统的动能、势能或广义力。当主动力为有势力时，可写出拉格朗日函数。

3）把动能、广义力或拉格朗日函数，代入拉格朗日方程，就得到与广义坐标数目相同的一组独立的二阶常微分方程，即系统的运动微分方程。

例 1-2　均质杆 AB 长为 l，在重力 $\boldsymbol{P}$ 的作用下在铅直面内运动，其 A 端与滑块铰接，如图 1-2 所示。滑块沿着倾角为 θ 的斜面无摩擦地滑下，不计滑块质量。试建立杆的运动微分方程，并问此杆能否在某种条件下做平动？若能则这个条件是什么？

解： 选取整个系统为研究对象，作用于系统的主动力只有 AB 杆的重力 $\boldsymbol{P}$（图 1-2a）。该系统有两个自由度。取滑块 A 沿斜面向下的位移 x 及杆与铅直线的偏角 φ 为广义坐标。对应于这两个广义坐标的广义力可如下求得。

首先令 $\delta x\neq 0$，$\delta\varphi=0$，（图 1-2c），则主动力之虚功可表示为

$$\sum \delta W_F=P\cos(90^\circ-\theta)\,\delta x=P\sin\theta\delta x$$

由此可得

$$Q_x=P\sin\theta=mg\sin\theta$$

再令 $\delta\varphi\neq 0$，$\delta x=0$，（图 1-2d），则主动力之虚功可表示为

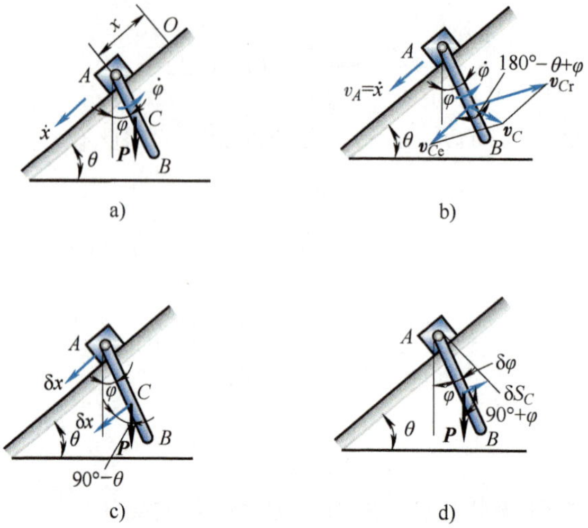

图　1-2

$$\sum \delta W_F = -P\sin\varphi\delta S_C = -\frac{Pl}{2}\sin\varphi\delta\varphi$$

由此可得
$$Q_\varphi = -\frac{Pl}{2}\sin\varphi = -\frac{mgl}{2}\sin\varphi$$

系统的动能
$$T=\frac{1}{2}mv_C^2+\frac{1}{2}J_C\omega^2$$

式中，$\omega=\dot{\varphi}$；$J_C=\frac{1}{12}ml^2$。而 v_C 可由速度分析（图 1-2b）得

$$v_C^2=v_{Ce}^2+v_{Cr}^2-2v_{Ce}v_{Cr}\cos(\theta-\varphi)=\dot{x}^2+\frac{l^2}{4}\dot{\varphi}^2-\dot{x}l\dot{\varphi}\cos(\theta-\varphi)$$

所以，动能表达为

$$T=\frac{m}{2}\left[\dot{x}^2+\frac{l^2\dot{\varphi}^2}{4}-l\dot{x}\dot{\varphi}\cos(\theta-\varphi)\right]+\frac{ml^2}{24}\dot{\varphi}^2$$

因而

$$\frac{\partial T}{\partial x}=0,\quad \frac{\partial T}{\partial \dot{x}}=m\dot{x}-\frac{ml\dot{\varphi}\cos(\theta-\varphi)}{2}$$

$$\frac{\partial T}{\partial \varphi}=0,\quad \frac{\partial T}{\partial \dot{\varphi}}=\frac{ml^2\dot{\varphi}}{4}-\frac{ml\dot{x}\cos(\theta-\varphi)}{2}+\frac{ml^2}{12}\dot{\varphi}$$

于是，根据拉格朗日方程，则

$$\begin{cases}\dfrac{\mathrm{d}}{\mathrm{d}t}\left(\dfrac{\partial T}{\partial \dot{x}}\right)-\dfrac{\partial T}{\partial x}=Q_x\\[2ex]\dfrac{\mathrm{d}}{\mathrm{d}t}\left(\dfrac{\partial T}{\partial \dot{\varphi}}\right)-\dfrac{\partial T}{\partial \varphi}=Q_\varphi\end{cases}$$

即得

$$\begin{cases}\dfrac{l}{3}\ddot{\varphi}-\dfrac{\ddot{x}\cos(\theta-\varphi)}{2}+\dfrac{g\sin\varphi}{2}=0\\ \ddot{x}-\dfrac{l}{2}\ddot{\varphi}\cos(\theta-\varphi)-\dfrac{l}{2}\dot{\varphi}^2\sin(\theta-\varphi)-g\sin\theta=0\end{cases}$$

这就是 AB 杆的运动微分方程。

若从以上两式中消去 $\ddot{x}$，可得

$$\frac{l}{3}\ddot{\varphi}-\frac{\cos(\theta-\varphi)}{2}\left[\frac{l\ddot{\varphi}\cos(\theta-\varphi)}{2}+\frac{l\dot{\varphi}^2\sin(\theta-\varphi)}{2}+g\sin\theta\right]+\frac{g}{2}\sin\varphi=0$$

要使 AB 杆做平动，则要求转角 φ 保持不变，这时必有 $\dot{\varphi}=\ddot{\varphi}=0$。由此可得

$$-\frac{\cos(\theta-\varphi)}{2}\cdot g\sin\theta+\frac{g}{2}\sin\varphi=0$$

亦即，当 $\cos(\theta-\varphi)=1$ 或 $\varphi=\theta$ 时，AB 杆的运动是平动。

【点评】

1. 本题因为主动力是有势力，故也可利用保守系统的拉格朗日方程进行求解。这时，只要写出系统的势能表达式为

$$V=-mgx\sin\theta-\frac{mgl}{2}\cos\varphi$$

而拉格朗日函数为

$$L=T-V=\frac{m}{2}\left[\dot{x}^2+\frac{l^2\dot{\varphi}^2}{4}-l\dot{x}\dot{\varphi}\cos(\theta-\varphi)\right]+\frac{ml^2}{24}\dot{\varphi}^2+mgx\sin\theta+\frac{mgl}{2}\cos\varphi$$

以此代入方程

$$\frac{\mathrm{d}}{\mathrm{d}t}\frac{\partial L}{\partial\dot{q}_j}-\frac{\partial L}{\partial q_j}=0$$

即可解出结果。

2. 本题当然也可应用动力学普遍定理进行求解，这时将显得比较繁复。读者可自行练习，并与拉格朗日方程的方法做一比较。

例 1-3　如图 1-3 所示单摆，摆长变化规律为 $l=l_0-vt$，其中 l_0 为运动开始时摆的长度，v 为常量。试建立此摆的微分方程。定滑轮 O 的大小可忽略不计。

解： 这是单自由度的非定常约束系统，约束方程为

$$x^2+y^2=(l_0-vt)^2$$

选取摆线与铅直线之间夹角 φ 为广义坐标，此摆的运动可以分解为随同坐标系 Ox_1y_1 的转动和相对 Ox_1 轴的直线运动，牵连角速度为 $\dot{\varphi}$，相对速度 $v_r=\dfrac{\mathrm{d}l}{\mathrm{d}t}=-v$，沿 x_1 轴反方向。摆锤 M 的速度为

$$\boldsymbol{v}_M=\boldsymbol{v}_e+\boldsymbol{v}_r$$

$$v_M=\sqrt{v_e^2+v_r^2}=\sqrt{(l_0-vt)^2\dot{\varphi}^2+v^2}$$

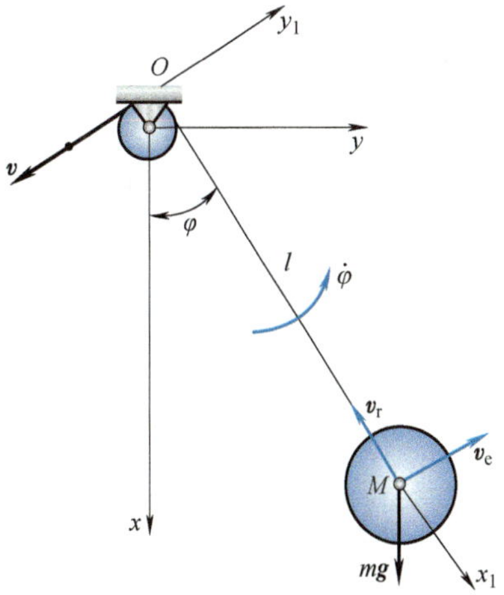

图　1-3

它的动能为

$$T=\frac{1}{2}mv_M^2=\frac{1}{2}m[(l_0-vt)^2\dot{\varphi}^2+v^2]$$

$$\frac{\partial T}{\partial\dot{\varphi}}=m(l_0-vt)^2\dot{\varphi},\quad \frac{\mathrm{d}}{\mathrm{d}t}\frac{\partial T}{\partial\dot{\varphi}}=m(l_0-vt)[(l_0-vt)\ddot{\varphi}-2v\dot{\varphi}]$$

$$\frac{\partial T}{\partial\varphi}=0$$

选取过定滑轮 O 轴的水平面为重力的零势能面。此单摆的势能函数及广义力分别为

$$V=-mg(l_0-vt)\cos\varphi$$

$$Q_\varphi=-\frac{\partial V}{\partial\varphi}=-mg(l_0-vt)\sin\varphi$$

由拉格朗日方程$\frac{\mathrm{d}}{\mathrm{d}t}\frac{\partial T}{\partial\dot{\varphi}}-\frac{\partial T}{\partial\varphi}=Q_\varphi$ 可整理得

$$(l_0-vt)\ddot{\varphi}-2v\dot{\varphi}+g\sin\varphi=0$$

这就是变摆长单摆的运动微分方程，是二阶变系数非线性微分方程。求出它的解析解很困难，目前，主要是用定性方法求它的近似解，或者用计算机求它的数值解。

例 1-4 如图 1-4 所示，均质杆 AB 长度为 l，质量为 m_1，A 端用铰链固定，B 端系一水平弹簧，弹簧的刚度系数为 k，在 AB 杆中点系一不可伸长的细绳，此细绳又绕过质量为 m_2、半径为 r 的均质圆轮 O，绳与圆轮之间无相对滑动。绳的另一端悬挂一质量为 m_3 的重物 D。设 AB 杆铅垂时为系统的平衡位置。试求系统在平衡位置附近做微振动的运动微分方程。

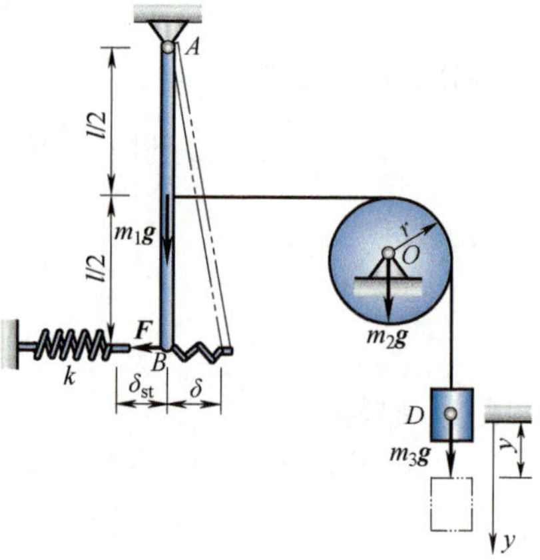

图 1-4

解： 选取系统为研究对象。系统具有理想约束，其自由度为 1，选取重物 D 的 y 坐标为广义坐标。

作用于系统上的力有重力 $m_1\boldsymbol{g}$、$m_2\boldsymbol{g}$、$m_3\boldsymbol{g}$ 以及弹性力 $\boldsymbol{F}$。它们均为有势力，故可用保守系统的拉格朗日方程形式来建立系统的运动微分方程。

将系统置于某一任意位置，如图 1-4 中双点画线所示。当重物 D 的广义速度为 $\dot{y}$ 时，圆轮 O 的角速度为 $\omega_O=\frac{\dot{y}}{r}$，摆杆的角速度为 $\dot{\varphi}=\frac{2\dot{y}}{l}$。于是，系统的动能为

$$\begin{aligned}T&=\frac{1}{2}m_3\dot{y}^2+\frac{1}{2}J_O\omega_O^2+\frac{1}{2}J_A\dot{\varphi}^2\\&=\frac{1}{2}m_3\dot{y}^2+\frac{1}{2}\cdot\frac{1}{2}m_2r^2\left(\frac{\dot{y}}{r}\right)^2+\frac{1}{2}\cdot\frac{1}{3}m_1l^2\left(\frac{2\dot{y}}{l}\right)^2\\&=\frac{1}{2}\left(m_3+\frac{1}{2}m_2+\frac{4}{3}m_1\right)\dot{y}^2\end{aligned}$$

系统的势能是重物 D 和 AB 杆的重力势能，以及弹性力的势能之和。取系统的平衡位置

$(y=0)$ 为势能的零位置，因弹簧变形 $\delta=2y$，故系统的势能为

$$V=-m_3gy+m_1g\left(\frac{l}{2}-\frac{l}{2}\cos\frac{2y}{l}\right)+\frac{1}{2}k[(\delta_{st}+2y)^2-\delta_{st}^2]$$

$$=(2k\delta_{st}-m_3g)y+m_1g\frac{l}{2}-m_1g\frac{l}{2}\cos\frac{2y}{l}+2ky^2$$

注意到系统处于平衡位置时，由杆 AB 的平衡条件，可列出平衡方程：

$$\sum M_A(\boldsymbol{F})=0,\ m_3g\frac{l}{2}-k\delta_{st}l=0$$

即

$$m_3g-2k\delta_{st}=0$$

代入上述势能 V 的表达式中得

$$V=m_1g\frac{l}{2}-m_1g\frac{l}{2}\cos\frac{2y}{l}+2ky^2$$

由此可列出系统的拉格朗日函数为

$$L=T-V=\frac{1}{2}\left(m_3+\frac{1}{2}m_2+\frac{4}{3}m_1\right)\dot{y}^2-m_1g\frac{l}{2}+m_1g\frac{l}{2}\cos\frac{2y}{l}-2ky^2$$

计算（偏）导数：

$$\frac{\partial L}{\partial\dot{y}}=\left(m_3+\frac{1}{2}m_2+\frac{4}{3}m_1\right)\dot{y}$$

$$\frac{\mathrm{d}}{\mathrm{d}t}\left(\frac{\partial L}{\partial\dot{y}}\right)=\left(m_3+\frac{1}{2}m_2+\frac{4}{3}m_1\right)\ddot{y}$$

$$\frac{\partial L}{\partial y}=-m_1g\sin\frac{2y}{l}-4ky$$

代入拉格朗日方程：

$$\frac{\mathrm{d}}{\mathrm{d}t}\left(\frac{\partial L}{\partial\dot{y}}\right)-\frac{\partial L}{\partial y}=0$$

并取 $\sin\frac{2y}{l}\approx\frac{2y}{l}$，化简得系统的运动微分方程为

$$\left(m_3+\frac{1}{2}m_2+\frac{4}{3}m_1\right)\ddot{y}+\left(m_1g\frac{2}{l}+4k\right)y=0$$

例 1-5　如图 1-5 所示，匀质圆轮的质量为 m_1，半径为 r，可在固定水平面上纯滚动。均质杆 AB 的质量为 m_2，长度为 l，其 A 端与轮心用光滑铰链连接。试求系统的运动微分方程。

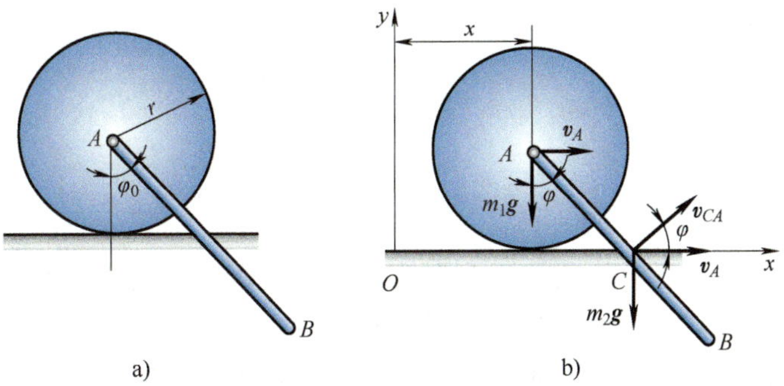

图　1-5

解： 选取整个系统为研究对象，圆轮与杆均做平面运动，该系统具有两个自由度，选取圆轮中心 A 的水平坐标 x 和杆 AB 的转角 φ 为广义坐标。因为作用在系统上的主动力 $m_1\boldsymbol{g}$ 和 $m_2\boldsymbol{g}$ 都是有势力，所以可用保守系统的拉格朗日方程（1-15）进行求解，有方程

$$\frac{\mathrm{d}}{\mathrm{d}t}\left(\frac{\partial L}{\partial\dot{\varphi}}\right)-\frac{\partial L}{\partial\varphi}=0 \tag{a}$$

$$\frac{\mathrm{d}}{\mathrm{d}t}\left(\frac{\partial L}{\partial\dot{x}}\right)-\frac{\partial L}{\partial x}=0 \tag{b}$$

以 A 点为基点分析 AB 杆质心 C 的速度有 $\boldsymbol{v}_C=\boldsymbol{v}_A+\boldsymbol{v}_{CA}$，其中 $v_A=\dot{x}$，$v_{CA}=\frac{l}{2}\dot{\varphi}$，所以系统的动能为

$$\begin{aligned}T&=\frac{1}{2}m_1v_A^2+\frac{1}{2}J_A\omega_A^2+\frac{1}{2}m_2v_C^2+\frac{1}{2}J_C\omega_{AB}^2\\&=\frac{1}{2}m_1\dot{x}^2+\frac{1}{2}\cdot\frac{1}{2}m_1r^2\left(\frac{\dot{x}}{r}\right)^2+\frac{1}{2}m_2\left[\left(\dot{x}+\frac{l}{2}\dot{\varphi}\cos\varphi\right)^2+\left(\frac{l}{2}\dot{\varphi}\sin\varphi\right)^2\right]+\frac{1}{2}\cdot\frac{1}{12}m_2l^2\dot{\varphi}^2\end{aligned}$$

整理得

$$T=\frac{1}{4}(3m_1+2m_2)\dot{x}^2+\frac{1}{2}m_2l\dot{x}\dot{\varphi}\cos\varphi+\frac{1}{6}m_2l^2\dot{\varphi}^2 \tag{c}$$

若选位置 A 为势能零点，则系统的势能

$$V=-m_2g\,\frac{l}{2}\cos\varphi \tag{d}$$

故系统的拉格朗日函数为

$$L=T-V=\frac{1}{4}(3m_1+2m_2)\dot{x}^2+\frac{1}{2}m_2l\dot{x}\dot{\varphi}\cos\varphi+\frac{1}{6}m_2l^2\dot{\varphi}^2+m_2g\,\frac{l}{2}\cos\varphi$$

计算（偏）导数：

$$\frac{\partial L}{\partial\dot{\varphi}}=\frac{1}{2}m_2l\dot{x}\cos\varphi+\frac{1}{3}m_2l^2\dot{\varphi}$$

$$\frac{\mathrm{d}}{\mathrm{d}t}\left(\frac{\partial L}{\partial\dot{\varphi}}\right)=\frac{1}{2}m_2l(\ddot{x}\cos\varphi-\dot{x}\dot{\varphi}\sin\varphi)+\frac{1}{3}m_2l^2\ddot{\varphi}$$

$$\frac{\partial L}{\partial\varphi}=-\frac{1}{2}m_2l\dot{x}\dot{\varphi}\sin\varphi-\frac{1}{2}m_2gl\sin\varphi$$

$$\frac{\partial L}{\partial\dot{x}}=\frac{1}{2}(3m_1+2m_2)\dot{x}+\frac{1}{2}m_2l\dot{\varphi}\cos\varphi$$

$$\frac{\mathrm{d}}{\mathrm{d}t}\left(\frac{\partial L}{\partial\dot{x}}\right)=\frac{1}{2}(3m_1+2m_2)\ddot{x}+\frac{1}{2}m_2l(\ddot{\varphi}\cos\varphi-\dot{\varphi}^2\sin\varphi)$$

$$\frac{\partial L}{\partial x}=0$$

将以上表达式代入式（a）、式（b），整理后即可得所求系统的运动微分方程：

$$3\ddot{x}\cos\varphi+2l\ddot{\varphi}+3g\sin\varphi=0$$

$$(3m_1+2m_2)\ddot{x}+m_2l(\ddot{\varphi}\cos\varphi-\dot{\varphi}^2\sin\varphi)=0$$

【点评】 本题也可应用拉格朗日方程式（1-12）进行求解。有方程：

$$\frac{\mathrm{d}}{\mathrm{d}t}\left(\frac{\partial T}{\partial \dot{\varphi}}\right)-\frac{\partial T}{\partial \varphi}=Q_{\varphi} \tag{e}$$

$$\frac{\mathrm{d}}{\mathrm{d}t}\left(\frac{\partial T}{\partial \dot{x}}\right)-\frac{\partial T}{\partial x}=Q_{x} \tag{f}$$

其中对应于广义坐标 φ 和 x 的广义力为

$$Q_{\varphi}=\frac{[\sum \delta W]_{\varphi}}{\delta \varphi}=\frac{-m_2 g\ \dfrac{l}{2}\sin\varphi\delta\varphi}{\delta\varphi}=-\frac{1}{2}m_2 gl\sin\varphi$$

$$Q_{x}=\frac{[\sum \delta W]_{x}}{\delta x}=0$$

或者，因为作用在系统上的主动力 $m_1\boldsymbol{g}$ 和 $m_2\boldsymbol{g}$ 都是有势力，所以上面的广义力也可由势能函数来进行如下计算：

$$Q_{\varphi}=-\frac{\partial V}{\partial \varphi}=-\frac{1}{2}m_2 gl\sin\varphi$$

$$Q_{x}=-\frac{\partial V}{\partial x}=0$$

将上述表达式以及由系统动能式（c）求得的（偏）导数代入（e）、（f）两式，整理即可得出同样的结果。

例 1-6　如图 1-6 所示，半径为 R、质量为 m_1 的均质圆桶，以角速度 $\dot{\theta}$ 绕其中心固定轴 O 转动。在圆桶内放一半径为 r、质量为 m_2 的均质圆柱。设圆柱与圆桶之间无相对滑动。选取 φ 角确定圆柱的位置，试建立系统的运动微分方程。

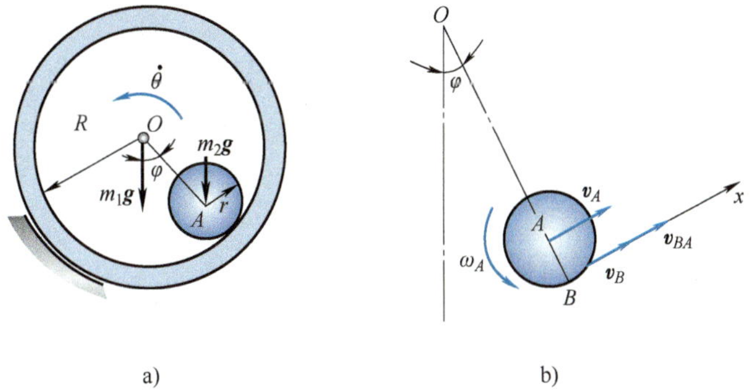

图　1-6

解： 选取整个系统为研究对象，系统具有理想约束，具有两个自由度。圆桶做定轴转动，圆柱做平面运动，选取圆桶转角 θ 及圆柱 A 的位置角 φ 为广义坐标。因为作用在系统上的主动力 $m_1\boldsymbol{g}$ 和 $m_2\boldsymbol{g}$ 都是有势力，所以可用保守系统的拉格朗日方程进行求解。

系统的动能为

$$T=\frac{1}{2}m_1R^2\dot{\theta}^2+\frac{1}{2}m_2v_A^2+\frac{1}{2}J_A\omega_A^2$$

为了将系统的动能表示为广义速度 $\dot{\theta}$ 和 $\dot{\varphi}$ 的函数，必须由运动学知识找出速度之间的关系式。

圆柱中心 A 点的速度为

$$v_A=(R-r)\dot{\varphi}$$

圆桶上 B 点的速度为

$$v_B=R\dot{\theta}$$

由于圆柱和圆桶接触点 B 的速度相等。所以做平面运动的圆柱上 A、B 两点的速度方向如图 1-6b 所示。以 A 点为基点，则由平面运动速度合成法，有

$$\boldsymbol{v}_B=\boldsymbol{v}_A+\boldsymbol{v}_{BA}$$

式中，$v_{BA}=r\omega_A$。取坐标轴 x 如图 1-6b 所示，将上述矢量式向 x 轴投影，得

$$v_B=v_A+v_{BA}$$

即

$$R\dot{\theta}=(R-r)\dot{\varphi}+r\omega_A$$

由此得

$$\omega_A=\frac{R\dot{\theta}-(R-r)\dot{\varphi}}{r}$$

代入系统动能表达式，得

$$\begin{aligned}T&=\frac{1}{2}m_1R^2\dot{\theta}^2+\frac{1}{2}m_2(R-r)^2\dot{\varphi}^2+\frac{1}{2}\cdot\frac{1}{2}m_2r^2\left[\frac{R\dot{\theta}-(R-r)\dot{\varphi}}{r}\right]^2\\&=\frac{1}{4}(2m_1+m_2)R^2\dot{\theta}^2+\frac{3}{4}m_2(R-r)^2\dot{\varphi}^2-\frac{1}{2}m_2R(R-r)\dot{\theta}\dot{\varphi}\end{aligned}$$

选取过 O 点的水平面为势能的零位置，则系统的势能为

$$V=-m_2g(R-r)\cos\varphi$$

故系统的拉格朗日函数为

$$\begin{aligned}L&=T-V\\&=\frac{1}{4}(2m_1+m_2)R^2\dot{\theta}^2+\frac{3}{4}m_2(R-r)^2\dot{\varphi}^2-\frac{1}{2}m_2R(R-r)\dot{\theta}\dot{\varphi}+m_2g(R-r)\cos\varphi\end{aligned}$$

计算（偏）导数：

$$\frac{\partial L}{\partial\dot{\theta}}=\frac{1}{2}(2m_1+m_2)R^2\dot{\theta}-\frac{1}{2}m_2R(R-r)\dot{\varphi}$$

$$\frac{\mathrm{d}}{\mathrm{d}t}\left(\frac{\partial L}{\partial\dot{\theta}}\right)=\frac{1}{2}(2m_1+m_2)R^2\ddot{\theta}-\frac{1}{2}m_2R(R-r)\ddot{\varphi}$$

$$\frac{\partial L}{\partial\theta}=0$$

$$\frac{\partial L}{\partial\dot{\varphi}}=\frac{3}{2}m_2(R-r)^2\dot{\varphi}-\frac{1}{2}m_2R(R-r)\dot{\theta},$$

$$\frac{\mathrm{d}}{\mathrm{d}t}\left(\frac{\partial L}{\partial\dot{\varphi}}\right)=\frac{3}{2}m_2(R-r)^2\ddot{\varphi}-\frac{1}{2}m_2R(R-r)\ddot{\theta}$$

$$\frac{\partial L}{\partial\varphi}=-m_2g(R-r)\sin\varphi$$

代入拉格朗日方程：

$$\frac{\mathrm{d}}{\mathrm{d}t}\left(\frac{\partial L}{\partial\dot{\theta}}\right)-\frac{\partial L}{\partial\theta}=0$$

$$\frac{\mathrm{d}}{\mathrm{d}t}\left(\frac{\partial L}{\partial \dot{\varphi}}\right)-\frac{\partial L}{\partial \varphi}=0$$

得系统的运动微分方程为

$$m_2(R-r)\ddot{\varphi}-(2m_1+m_2)R\ddot{\theta}=0 \tag{a}$$

$$3(R-r)\ddot{\varphi}-R\ddot{\theta}+2g\sin\varphi=0 \tag{b}$$

由式（a）求得

$$\ddot{\theta}=\frac{m_2(R-r)}{(2m_1+m_2)R}\ddot{\varphi}$$

代入式（b），当 $\sin\varphi\approx\varphi$ 时，可求得

$$\ddot{\varphi}+\frac{(2m_1+m_2)g}{(3m_1+m_2)(R-r)}\varphi=0$$

1.3 拉格朗日方程的首次积分

如上所述，对于一个具有完整约束的质点系来说，应用拉格朗日方程，可以建起该系统的二阶微分方程组，方程的数目与它的自由度的数目相等。一般情况下，这些微分方程是非线性的微分方程，求解它们的积分很困难。不过，在某些情况下，却可以比较方便地获得此微分方程组的某些首次积分，使部分微分方程降为一阶微分方程。这就是保守系统中，拉格朗日方程的首次积分问题。

1.3.1 能量积分

由式（1-4）知，质点系中各质点的速度为

$$\boldsymbol{v}_i=\frac{\mathrm{d}\boldsymbol{r}_i}{\mathrm{d}t}=\sum_{j=1}^{k}\frac{\partial \boldsymbol{r}_i}{\partial q_j}\dot{q}_j+\frac{\partial \boldsymbol{r}_i}{\partial t}$$

质点系的动能为

$$\begin{aligned}T&=\sum_{i=1}^{n}\frac{1}{2}m_i v_i^2=\frac{1}{2}\sum_{i=1}^{n}m_i\boldsymbol{v}_i\cdot\boldsymbol{v}_i\\&=\frac{1}{2}\sum_{i=1}^{n}m_i\left(\sum_{j=1}^{k}\frac{\partial \boldsymbol{r}_i}{\partial q_j}\dot{q}_j+\frac{\partial \boldsymbol{r}_i}{\partial t}\right)\cdot\left(\sum_{l=1}^{k}\frac{\partial \boldsymbol{r}_i}{\partial q_l}\dot{q}_l+\frac{\partial \boldsymbol{r}_i}{\partial t}\right)\end{aligned}$$

令

$$T_0=\frac{1}{2}\sum_{i=1}^{n}m_i\frac{\partial \boldsymbol{r}_i}{\partial t}\cdot\frac{\partial \boldsymbol{r}_i}{\partial t}$$

$$T_1=\frac{1}{2}\sum_{i=1}^{n}m_i\left(\sum_{j=1}^{k}\frac{\partial \boldsymbol{r}_i}{\partial q_j}\cdot\frac{\partial \boldsymbol{r}_i}{\partial t}\dot{q}_j+\sum_{l=1}^{k}\frac{\partial \boldsymbol{r}_i}{\partial q_l}\cdot\frac{\partial \boldsymbol{r}_i}{\partial t}\dot{q}_l\right)$$

$$T_2=\frac{1}{2}\sum_{i=1}^{n}m_i\left(\sum_{j=1}^{k}\sum_{l=1}^{k}\frac{\partial \boldsymbol{r}_i}{\partial q_j}\cdot\frac{\partial \boldsymbol{r}_i}{\partial q_l}\dot{q}_j\dot{q}_l\right)$$

则

$$T=T_2+T_1+T_0 \tag{1-16}$$

式中，T_2 为广义速度的二次齐次函数；T_1 为广义速度的一次齐次函数；T_0 与广义速度无关。

对于具有定常约束的质点系，矢径 $\boldsymbol{r}_i$ 不显含时间 t，即有

$$\boldsymbol{r}_i=\boldsymbol{r}_i(q_1,q_2,\cdots,q_k)$$

各质点速度为

$$\boldsymbol{v}_i=\frac{\mathrm{d}\boldsymbol{r}_i}{\mathrm{d}t}=\sum_{j=1}^{k}\frac{\partial \boldsymbol{r}_i}{\partial q_j}\dot{q}_j$$

这时质点系的动能为

$$\begin{aligned}T&=\sum_{i=1}^{n}\frac{1}{2}m_iv_i^2=\frac{1}{2}\sum_{i=1}^{n}m_i\left(\sum_{j=1}^{k}\frac{\partial \boldsymbol{r}_i}{\partial q_j}\dot{q}_j\right)\cdot\left(\sum_{l=1}^{k}\frac{\partial \boldsymbol{r}_i}{\partial q_l}\dot{q}_l\right)\\&=\frac{1}{2}\sum_{j=1}^{k}\sum_{l=1}^{k}\left(\sum_{i=1}^{n}m_i\frac{\partial \boldsymbol{r}_i}{\partial q_j}\cdot\frac{\partial \boldsymbol{r}_i}{\partial q_l}\right)\dot{q}_j\dot{q}_l\\&=\frac{1}{2}\sum_{j=1}^{k}\sum_{l=1}^{k}A_{jl}\dot{q}_j\dot{q}_l\end{aligned} \tag{1-17}$$

其中

$$A_{jl}=\sum_{i=1}^{n}m_i\frac{\partial \boldsymbol{r}_i}{\partial q_j}\cdot\frac{\partial \boldsymbol{r}_i}{\partial q_l} \tag{1-18}$$

是广义坐标的函数，称为**广义质量**。式（1-17）表明：在定常约束的情形下，质点系的动能是广义速度的二次齐次函数。

具有定常约束的质点系，拉格朗日函数 $L=T-V$ 是广义速度与广义坐标的函数，而不显含时间 t，即有

$$L=L(q_1,q_2,\cdots,q_k;\dot{q}_1,\dot{q}_2,\cdots,\dot{q}_k)$$

于是

$$\frac{\mathrm{d}L}{\mathrm{d}t}=\sum_{j=1}^{k}\left(\frac{\partial L}{\partial q_j}\frac{\mathrm{d}q_j}{\mathrm{d}t}+\frac{\partial L}{\partial \dot{q}_j}\frac{\mathrm{d}\dot{q}_j}{\mathrm{d}t}\right) \tag{1-19}$$

对于保守系统，拉格朗日方程（1-15）可改写为

$$\frac{\mathrm{d}}{\mathrm{d}t}\frac{\partial L}{\partial \dot{q}_j}=\frac{\partial L}{\partial q_j} \tag{1-20}$$

将式（1-20）代入式（1-19），得

$$\frac{\mathrm{d}L}{\mathrm{d}t}=\sum_{j=1}^{k}\left[\left(\frac{\mathrm{d}}{\mathrm{d}t}\frac{\partial L}{\partial \dot{q}_j}\right)\dot{q}_j+\frac{\partial L}{\partial \dot{q}_j}\frac{\mathrm{d}\dot{q}_j}{\mathrm{d}t}\right]=\sum_{j=1}^{k}\frac{\mathrm{d}}{\mathrm{d}t}\left(\frac{\partial L}{\partial \dot{q}_j}\dot{q}_j\right)$$

移项并整理后，得

$$\frac{\mathrm{d}}{\mathrm{d}t}\left(\sum_{j=1}^{k}\frac{\mathrm{d}}{\mathrm{d}t}\frac{\partial L}{\partial \dot{q}_j}\dot{q}_j-L\right)=0$$

因此

$$\sum_{j=1}^{k}\frac{\mathrm{d}}{\mathrm{d}t}\frac{\partial L}{\partial \dot{q}_j}\dot{q}_j-L=\text{常数} \tag{1-21}$$

因为势能 V 不依赖于广义速度，所以

$$\frac{\partial L}{\partial \dot{q}_j}=\frac{\partial (T-V)}{\partial \dot{q}_j}=\frac{\partial T}{\partial \dot{q}_j} \tag{1-22}$$

另根据欧拉齐次函数定理，有

$$\sum_{j=1}^{k}\frac{\partial T}{\partial \dot{q}_j}\dot{q}_j=2T \tag{1-23}$$

将式（1-22）、式（1-23）代入式（1-21），得到

$$2T-L=2T-(T-V)=T+V=\text{常数} \tag{1-24}$$

这就是定常保守系统的机械能守恒定律，也称为保守系统中拉格朗日方程的能量积分。

1.3.2　循环积分

若拉格朗日函数 L 中不显含某一广义坐标 q_j，则该坐标称为循环坐标。当 q_j 为循环坐标时，则有

$$\frac{\partial L}{\partial q_j}=0 \tag{1-25}$$

将上式代入式（1-15），则对应循环坐标 q_j 的拉格朗日方程为

$$\frac{\mathrm{d}}{\mathrm{d}t}\frac{\partial L}{\partial \dot{q}_j}=0$$

积分上式，得

$$\frac{\partial L}{\partial \dot{q}_j}=\text{常数} \tag{1-26}$$

式（1-26）称为拉格朗日方程的循环积分。利用式（1-22），还可以将循环积分表示为

$$\frac{\partial L}{\partial \dot{q}_j}=\frac{\partial T}{\partial \dot{q}_j}=p_j=\text{常数} \tag{1-27}$$

式中，p_j 称为广义动量。因此式（1-27）表明：对于循环坐标广义动量守恒。

在某一系统的拉格朗日函数中，有几个循环坐标，便有几个相应的循环积分。

能量积分和循环积分都是由原来的二阶微分方程积分一次而得到的，它们都是比原方程低一阶的微分方程。当应用拉格朗日方程解题时，应注意分析有无能量积分和循环积分存在。若存在上述积分，可以直接写出其积分形式，从而使解答的过程简化。

例 1-7　如图 1-7 所示，椭圆摆由质量为 m_1 的滑块 A 与质量为 m_2 的小球 B 构成。滑块 A 无摩擦地沿水平面滑动，小球 B 通过不计自重且长为 l 的刚杆与滑块 A 铰接。求此椭圆摆在重力作用下的首次积分。

解： 此系统具有两个自由度，广义坐标选取 x_A 和 φ（图 1-7）。系统动能为

$$T=\frac{1}{2}(m_1+m_2)\dot{x}_A^2+\frac{1}{2}m_2l^2\dot{\varphi}^2+m_2l\dot{\varphi}\dot{x}_A\cos\varphi$$

它是广义速度 $\dot{x}_A$、$\dot{\varphi}$ 的二次齐次函数。

取过 A 点的水平面为势能的零位置。重力势能为

$$V=-m_2gl\cos\varphi$$

拉格朗日函数为

$$L=T-V=\frac{1}{2}(m_1+m_2)\dot{x}_A^2+\frac{1}{2}m_2l^2\dot{\varphi}^2+m_2l\dot{\varphi}\dot{x}_A\cos\varphi+m_2gl\cos\varphi$$

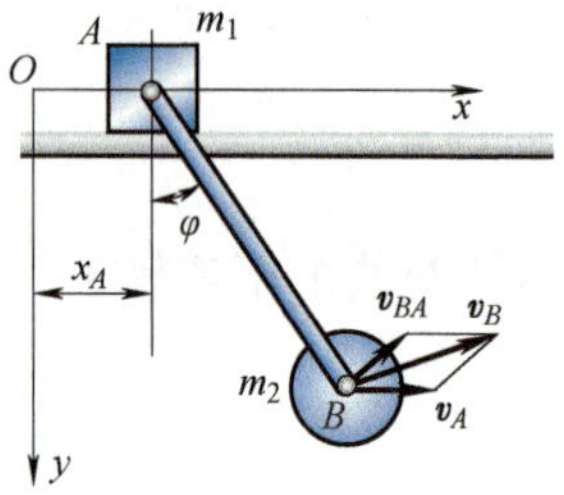

图 1-7

可以看出，拉格朗日函数中不显含 x_A，这表示 x_A 为循环坐标，因此具有对应的循环积分：

$$\frac{\partial L}{\partial \dot{x}_A}=(m_1+m_2)\dot{x}_A+m_2l\dot{\varphi}\cos\varphi=\text{常数}$$

这个积分表明了整个系统的动量在水平方向的投影守恒。常数可由运动的初始条件决定，它等于系统的初始动量在水平方向的投影。

另一方面，因为约束是定常的，动能 T 是广义速度的二次齐次函数，所以系统有能量积分：

$$T+V=\frac{1}{2}(m_1+m_2)\dot{x}_A^2+\frac{1}{2}m_2l^2\dot{\varphi}^2+m_2l\dot{\varphi}\dot{x}_A\cos\varphi-m_2gl\cos\varphi=\text{常量}$$

积分常量等于系统的初始机械总能。

思 考 题

1-1 达朗贝尔原理、虚位移原理和动力学普遍方程三者之间的关系是怎样的？

1-2 具有完整的理想约束的保守系统，其运动是否完全决定于拉格朗日函数？为什么？

1-3 确定如图 1-8 所示系统的自由度，选取合适的广义坐标并在图中画出。

1-4 如图 1-9 所示均质细杆 OA 长为 l，重为 P，在重力作用下可在铅垂平面内摆动，滑块 O 质量不计，斜面倾角 θ，略去各处摩擦，若取 x 及 φ 为广义坐标，求对应于 φ 的广义力。

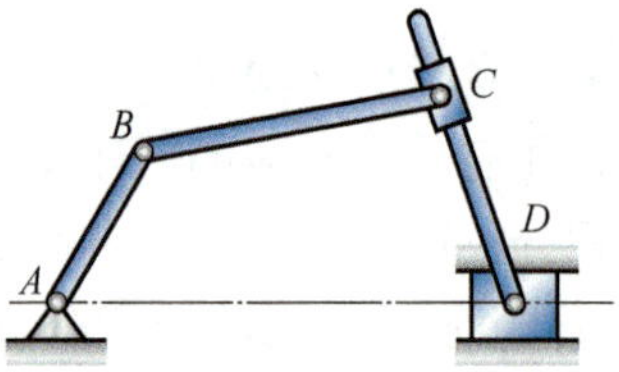

图 1-8

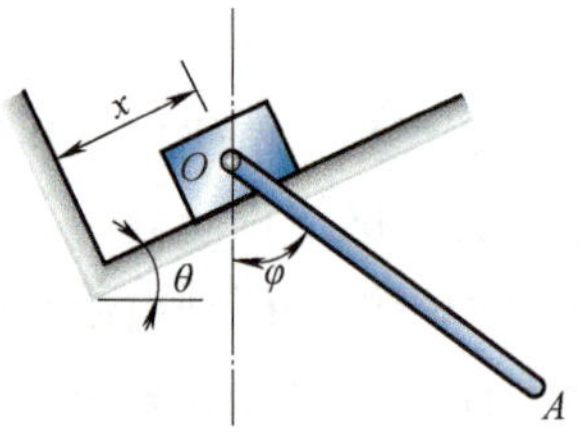

图 1-9

1-5 如图 1-10 所示在水平面内运动的行星齿轮机构，已知固定齿轮半径为 R，均质行星齿轮半径为 r，质量为 m_1，均质杆 OA 质量为 m_2，杆受矩为 M 的力偶作用而运动，若取 φ 为广义坐标，求相应的广义力。

1-6 如图 1-11 所示均质细杆 AB 长为 l，质量为 m_1，可在铅垂平面内绕 A 转动，小球 M 质量为 m_2，可在 AB 杆上滑动，弹簧原长为 l_0，刚度系数为 k，不计弹簧质量和所有各处摩擦。今取 x、φ 为广义坐标，求对应于广义坐标 x 和 φ 的广义力。

1-7 如图 1-12 所示，直角刚尺 AOB 在水平面内绕 O 轴转动，其边长 $OA=a$，$OB=3a$，A、B 两点分别作用有 $\boldsymbol{P}$ 和 $\boldsymbol{Q}$，方向如图 1-12 所示，试求对应于广义坐标 φ 的广义力。

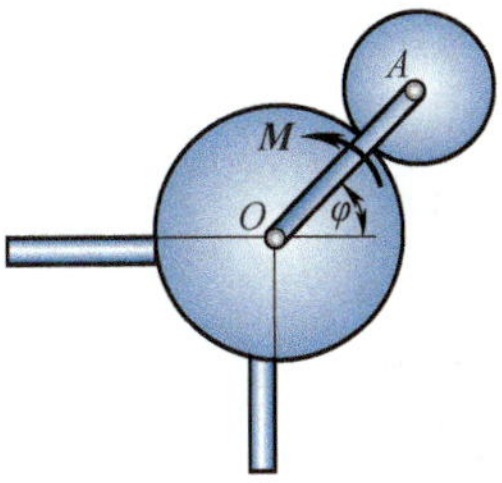

图 1-10

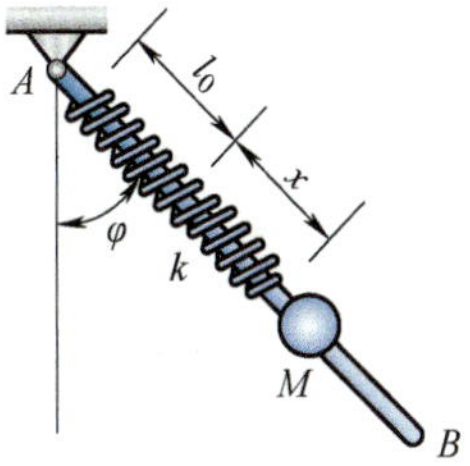

图 1-11

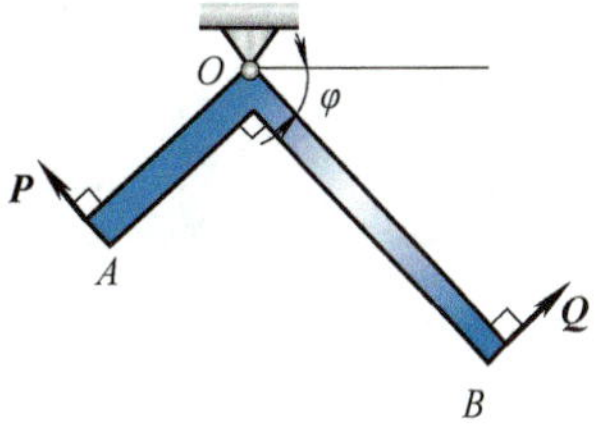

图 1-12

习 题

1-1 如题 1-1 图所示离心调速器以角速度 ω 绕铅直轴转动。每个球重均为 P，套管 O 重为 Q，杆重略去不计。$OC=EC=AC=OD=ED=BD=a$。求稳定旋转时，两臂 OA 和 OB 与铅直轴的夹角 θ。

1-2 如题 1-2 图所示，质量为 m、半径为 r 的均质圆柱体，在半径为 R 的固定圆柱面内纯滚动。求圆柱体在其平衡位置附近微幅运动的运动微分方程。

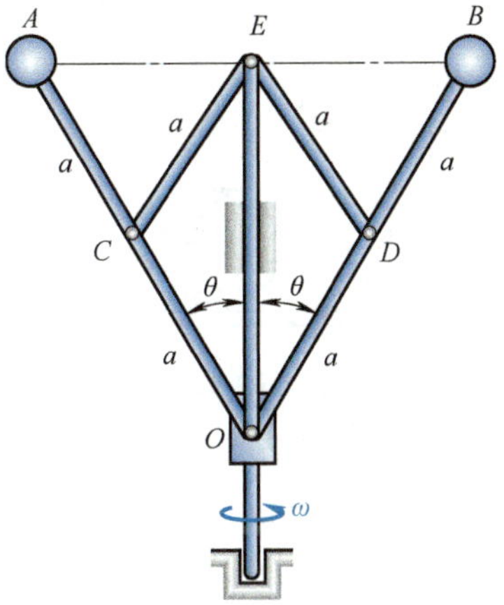

题 1-1 图

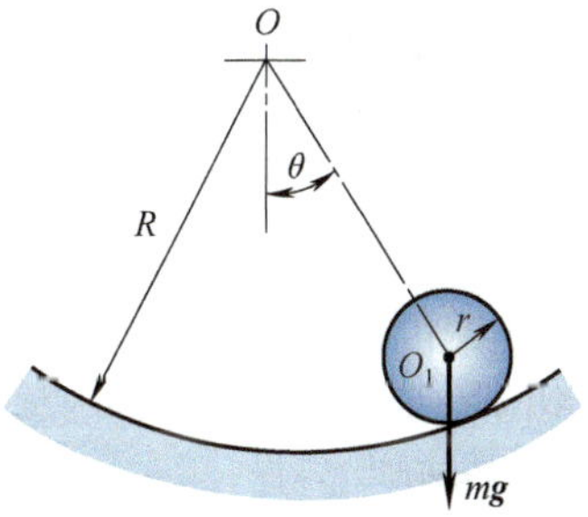

题 1-2 图

1-3 如题 1-3 图所示，物体系统由定滑轮 A、动滑轮 B 以及三个用不可伸长的绳挂起的重物 M_1、M_2 和 M_3 所组成。各重物的质量分别为 m_1、m_2 和 m_3，且 $m_1<m_2+m_3$；滑轮的质量不计；各重物的初速度均为零。求质量 m_1、m_2 和 m_3 应具有何种关系，重物 M_1 方能下降？并求维持重物 M_1 的绳子的张力。

1-4 如题 1-4 图所示，绞盘 C 的半径为 R，转动惯量为 J，作用在其上的力矩为 M。在滑轮组上悬挂重物 A 和 B，其质量分别为 m_1 和 m_2，定滑轮和动滑轮的半径均为 R。忽略滑轮的质量和摩擦，求绞盘的角加速度。

1-5 如题 1-5 图所示系统中，已知：均质圆柱 A 的质量为 m_1、半径为 R，物块 B 的质量为 m_2，光滑斜面的倾角为 β，滑轮质量忽略不计，并假设斜绳段与斜面平行。若以 θ 和 y 为广义坐标，试分别用动力学普遍方程和第二类拉格朗日方程求：(1) 系统的运动微分方程；(2) 圆柱 A 的角加速度和物块 B 的加速度。

1-6 如题 1-6 图所示，系统由均质圆柱和平板 AB 组成，圆柱体重为 P、半径为 R，平板 AB 重为 Q，AC 与 BD 两悬绳相互平行，$AC=BD=l$，且圆柱相对于平板只滚不滑。试用第二类拉格朗日方程求该系统在平衡位置附近做微摆动的运动微分方程。

1-7 在题 1-7 图所示系统中，已知：均质圆轮 A 的质量为 m_1、半径为 r，摆球 B 的质量为 m_2，摆长为 b，弹簧刚度系数为 k，弹簧及刚杆 AB 质量忽略不计，圆轮在水平面上做纯滚动。若选取 φ 和 θ 作为系统的广义坐标，试分别用动力学普遍方程和第二类拉格朗日方程建立系统的运动微分方程。

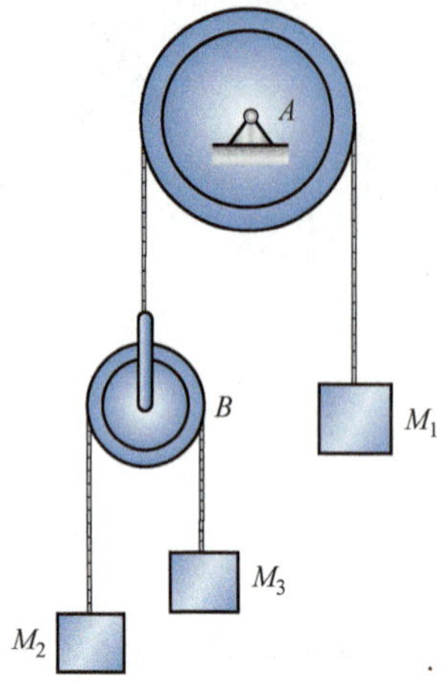

题 1-3 图

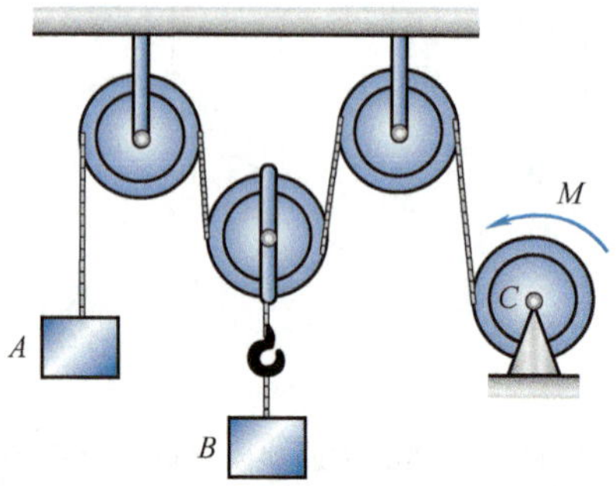

题 1-4 图

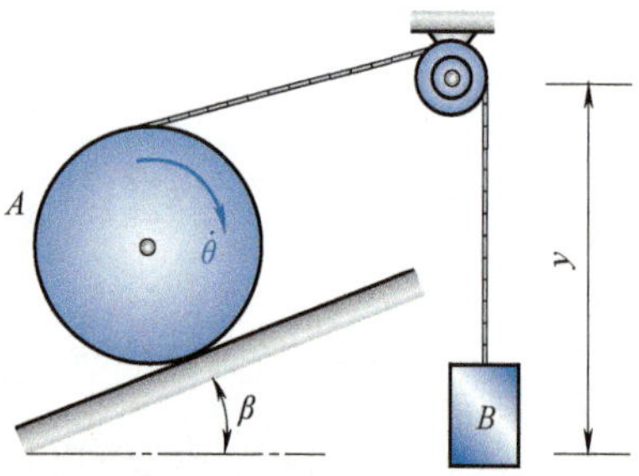

题 1-5 图

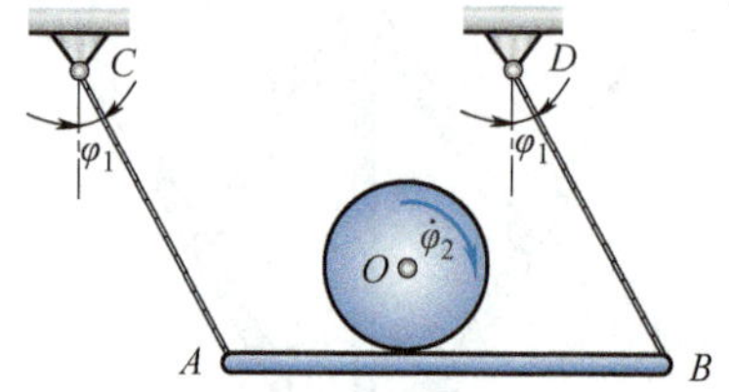

题 1-6 图

1-8 如题 1-8 图所示，系统由摆长为 l、质量为 m 的摆球和两根刚度系数为 k 的弹簧组成，弹簧、滑块 A 及刚杆 AB 的质量均忽略不计，水平面光滑。若选取 x 和 θ 作为系统的广义坐标，试用第二类拉格朗日方程建立系统的运动微分方程。

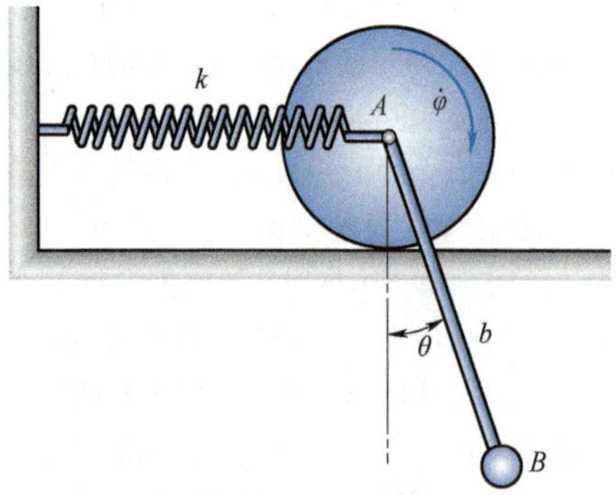

题 1-7 图

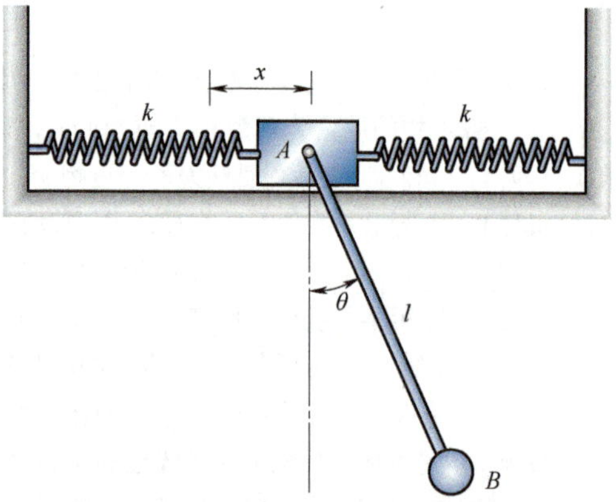

题 1-8 图

1-9 在如题 1-9 图所示行星齿轮机构中，以 O_1 为轴的轮不动，其半径为 r。全机构在同一水平面内。设两动轮皆为均质圆盘，半径均为 r，质量均为 m。如作用在曲柄 O_1O_2 上的转动力矩为 M，不计曲柄的质量。求曲柄的角加速度。

1-10　三个齿轮相互啮合，其质量分别为 m_1、m_2 和 m_3，如题 1-10 图所示。各齿轮可视为均质圆盘，其半径分别为 r_1、r_2 和 r_3。在第一个齿轮上作用转动力矩 M_1，而在其余两个齿轮上分别作用阻力矩 M_2 和 M_3，其转向如图所示。求齿轮 1 的角加速度和齿轮 1、2 之间的相互作用力。

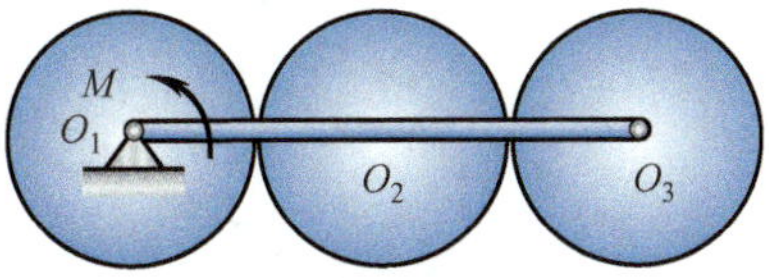

题 1-9 图

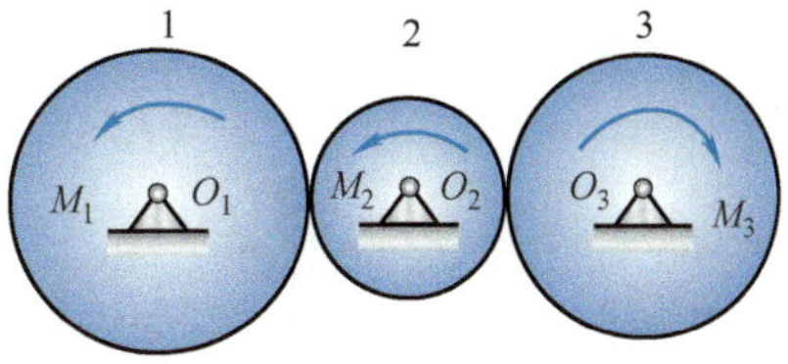

题 1-10 图

1-11　质量为 m 的小球系于绳上，绳的另一端绕在半径为 R 的固定圆柱体上，构成一摆，如题 1-11 图所示。设在平衡位置时，绳的下垂部分长度为 l，且不计绳的质量。求小球的运动微分方程。

1-12　如题 1-12 图所示，滑块 A 与小球 B 重均为 P，系于绳子的两端，绳长为 l。滑块 A 放在光滑的水平面上。用手托住 B 球，并使其偏离铅直位置一微小角度，然后放手。设滑块 A 与小球 B 的大小不计，求 A、B 的运动微分方程。

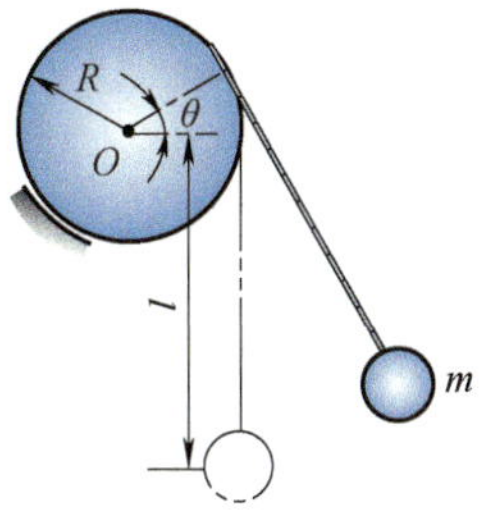

题 1-11 图

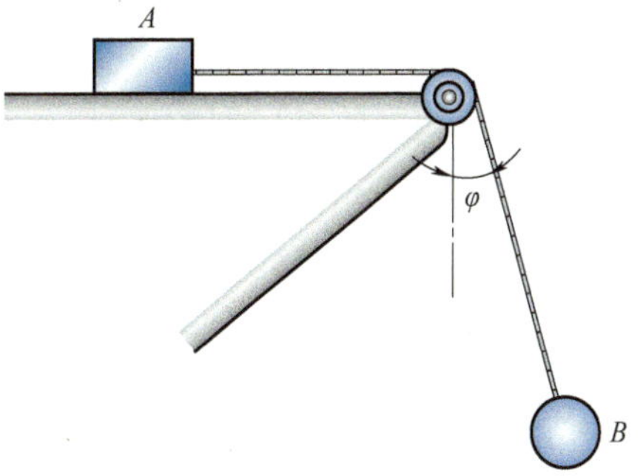

题 1-12 图

1-13　在题 1-13 图所示系统中，已知：物块 A 的质量为 m_1，均质圆柱 B 的质量为 m_2、半径为 r，弹簧刚度系数为 k，弹簧原长为 d，圆柱 B 相对于物块 A 做纯滚动，物块 A 沿光滑水平面运动。若选取 x 和 φ 作为系统的广义坐标，试用第二类拉格朗日方程建立系统的运动微分方程。

1-14　在题 1-14 图所示系统中，已知：摆球 B 的质量为 m，摆长为 b，弹簧的刚度系数为 k，其他物体质量不计。若选取 y（从点 A 的静平衡位置算起）和 θ 作为系统的广义坐标，试用第二类拉格朗日方程建立系统的运动微分方程。

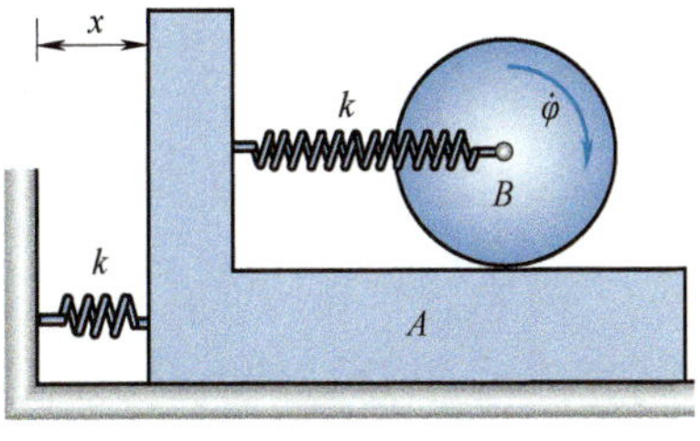

题 1-13 图

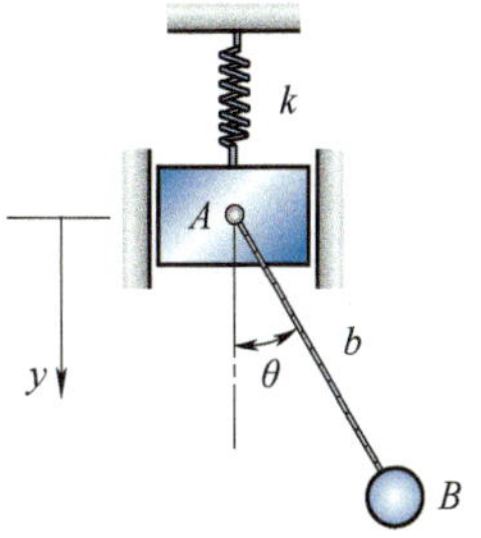

题 1-14 图

1-15 如题 1-15 图所示，重为 P_1 的楔块 B 放在光滑水平面上，铅直杆重为 P_2，均质圆盘重为 P_3，在楔块上作用一水平力 $\boldsymbol{F}$。若圆盘在楔块斜面上做纯滚动，斜面与水平面的夹角为 β，试求楔块的加速度。

1-16 在题 1-16 图所示系统中，已知：均质杆 AB 的质量为 m、长为 b，光滑斜面的倾角为 β，滚轮 A 的质量忽略不计。若选取 x 和 φ 作为系统的广义坐标，试用第二类拉格朗日方程建立系统的运动微分方程。

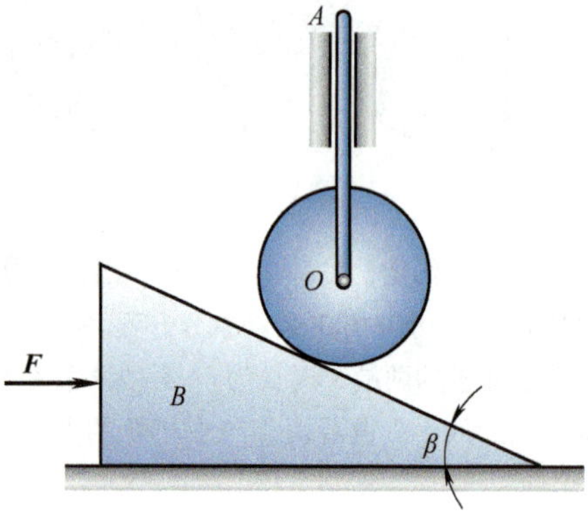

题 1-15 图

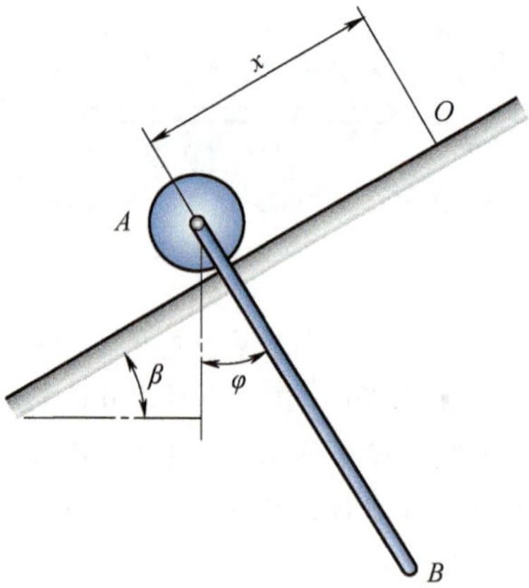

题 1-16 图

第 2 章 刚体的空间运动和陀螺近似理论

本章将讨论刚体的两种空间运动：刚体绕定点运动和自由刚体的一般运动。平动和绕定点运动是刚体的两种基本运动，由这两种运动可合成刚体的一般运动。本章首先研究刚体绕定点运动的运动方程、角速度以及定点运动刚体上任一点的速度和加速度，然后用合成运动的观点分析自由刚体的运动即一般运动，最后研究高速运动陀螺的动力学近似理论。

2.1 刚体绕定点运动

在某些机构和仪器中，有的刚体在运动过程中只有一个点固定不动，如图 2-1 所示研磨机的滚子、雷达天线等。如果刚体在运动过程中，刚体上有一点固定不动（称为定点），则刚体做**定点运动**。图 2-1 所示实例中，滚子和雷达天线的运动是刚体绕定点的运动，这种运动更加复杂，分析过程中将涉及一些新的概念。研究刚体绕定点运动具有特殊而重要的理论与实际应用意义。下面，我们将讨论刚体绕定点运动的一些运动特性。

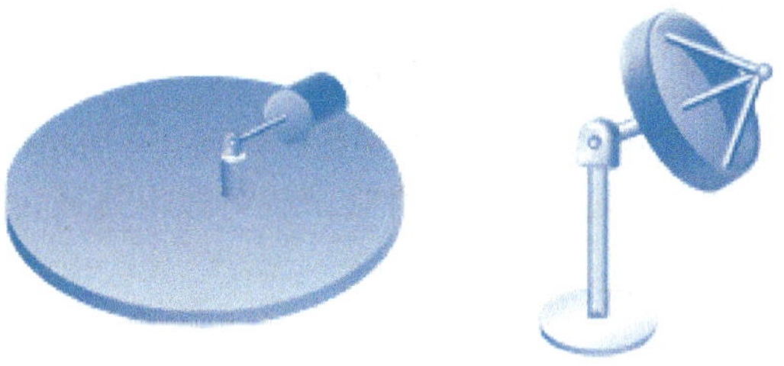

a)　　b)

图 2-1

2.1.1 定点运动的运动方程

为了确定绕定点运动的刚体在空间中的位置，以定点 O 为原点，建立定坐标系 $Oxyz$，然后建立与刚体固结的随时间变化的动坐标系 $OXYZ$，称为**随体坐标系**，如图 2-2 所示。只要确定了动坐标系 $OXYZ$ 在定坐标系 $Oxyz$ 中的位置，则刚体的位置也随之确定。主要通过刚体绕随体坐标系的有限次转动来确定动坐标系最终位置，下面仅介绍一种常用的方法。

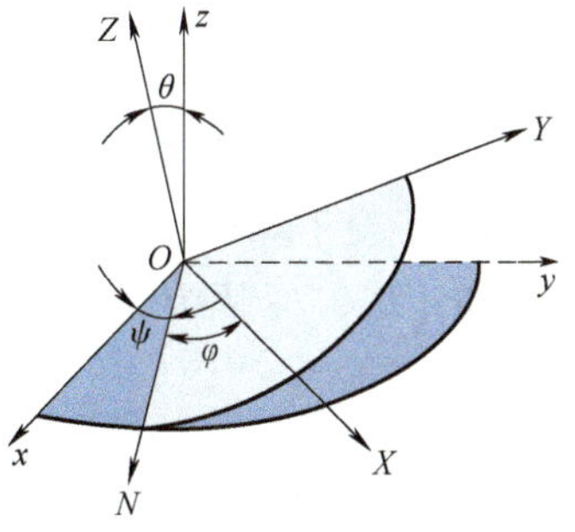

图 2-2

动坐标平面 OXY 与定坐标平面 Oxy 的交线用 ON 表示，称为**节线**。节线垂直于 Oz 和 OZ，它的正向如图 2-2 所示。节线与定轴 Ox 间的夹角 ψ 称为**进动角**，节线与动轴 OX 间的夹角 φ 称为**自转角**，动轴 OZ 和定轴 Oz 间的夹角 θ 称为**章动角**，这三个角称为 ZXZ **欧拉角**。

绕定点运动的刚体在空间的位置或者姿态用这三个欧拉

角可以完全确定：①设运动开始时，动坐标系与定坐标系重合；②令动坐标系按着图示方向先绕定轴 Oz 转过 ψ，此时动坐标系与 OX_1Y_1z 重合；③再绕节线 $ON(OX_1)$ 转过 θ 角；④最后绕动轴 OZ 转过 φ 角，就到了图示的确定位置。这 3 个角是相互独立的，所以绕定点运动的刚体有 3 个自由度。

欧拉角 ψ、θ 和 φ 的正向，按照右手螺旋法则，定义为转动时的逆时针方向。当刚体绕定点运动时，欧拉角是时间的单值连续函数，即

$$\left.\begin{aligned}\psi&=f_1(t)\\\theta&=f_2(t)\\\varphi&=f_3(t)\end{aligned}\right\}\tag{2-1}$$

式（2-1）就是**刚体绕定点运动的运动方程**。

2.1.2 欧拉定理

欧拉定理（或欧拉有限转动定理）：绕定点运动的刚体，从某一位置到另一位置的任何位移，可以绕通过定点的某一轴转动一次而实现。

证明：刚体绕定点运动时，刚体内各点在半径不同的球面上运动，定点是这些球面的球心。

任取部分球面，它与刚体相交截出球面图形 S，如图 2-3 所示。要确定刚体的位置，只需确定球面图形 S 的位置就可以了。而球面图形 S 的位置，又可由图形上任意两点 A、B 之间的大圆弧 AB 的位置来确定。

假设 t 瞬时，大圆弧 AB 在如图 2-4 所示的位置，在 $t+\Delta t$ 瞬时，大圆弧运动到圆弧 $A'B'$。现在证明从圆弧 AB 到圆弧 $A'B'$ 可以由绕通过定点 O 的某一轴的转动来实现。

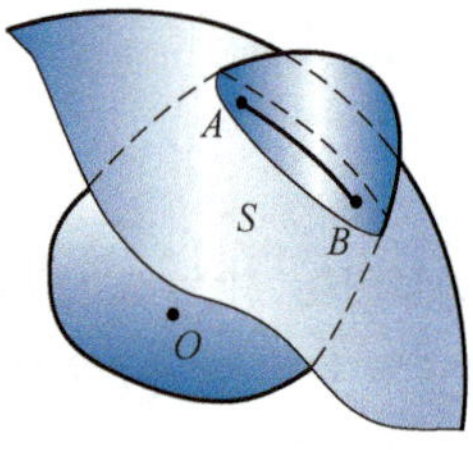

图 2-3

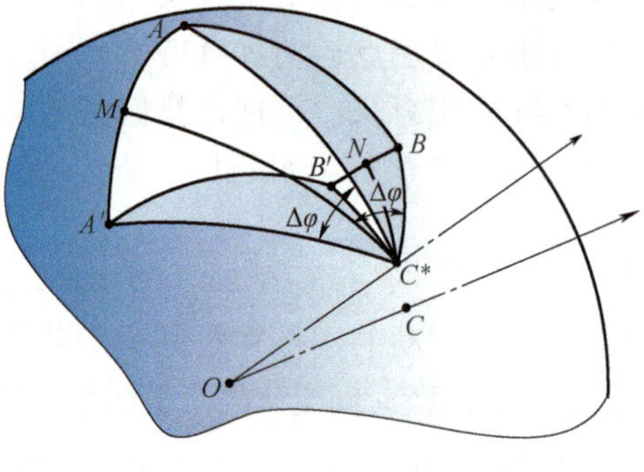

图 2-4

过大圆弧 AA' 和 BB' 的中点 M 和 N，分别作出与这两段大圆弧相垂直的大圆弧 MC^* 和 NC^*，它们交于球面上的点 C^*。再作大圆弧 AC^*、BC^*、$A'C^*$ 和 $B'C^*$，得球面三角形 ABC^* 和 $A'B'C^*$。因为这两个三角形的对应弧长相等，所以两球面三角形全等，于是得

$$\angle AC^*B=\angle A'C^*B'$$

且有

$$\angle AC^*B+\angle AC^*B'=\angle A'C^*B'+\angle AC^*B'$$

即

$$\angle BC^*B' = \angle AC^*A' = \Delta\varphi$$

直线连接 O、C^* 两点。若将球面三角形 ABC^* 绕轴 OC^* 转过角 $\Delta\varphi$，必定与球面三角形 $A'B'C^*$ 完全重合，因此大圆弧 AB 绕通过定点 O 的 OC^* 轴经过一次转动即到达 $A'B'$ 的位置。欧拉定理得证。

2.1.3　瞬时转动轴 · 角速度 · 角加速度

由欧拉定理可知：绕定点运动刚体的任一位移都可视为绕某一轴 OC^* 的转动位移。设经过时间 Δt，此转动角位移为 $\Delta\varphi$，当 Δt 减小时，$\Delta\varphi$ 随之减小，轴 OC^* 的位置也随着改变。当 Δt 趋近于零时，$\Delta\varphi$ 也趋近于零，轴 OC^* 趋近于某一极限位置 OC，如图 2-4 所示。轴 OC 称为刚体在该瞬时的**瞬时转动轴**，简称**瞬时轴**。在不同瞬时，刚体的瞬时轴位置不同。刚体绕定点的运动可以看成顺次绕通过定点 O 的一系列瞬时轴做一系列转动。

由于瞬时轴在空间的方位是不断变化的，此时角速度应理解为矢量，以 $\boldsymbol{\omega}$ 表示。$\boldsymbol{\omega}$ 的大小为

$$|\boldsymbol{\omega}| = \lim \frac{\Delta\varphi}{\Delta t} \tag{2-2}$$

矢量沿瞬时轴，方向按右手法则规定，如图 2-4 所示。角速度矢量符合矢量合成法则（多边形法则）。

由于瞬时轴的位置随时间 t 改变，因此角速度 $\boldsymbol{\omega}$ 的大小和方向都随时间变化。角速度 $\boldsymbol{\omega}$ 对时间的一阶导数，称为**刚体绕定点运动的角加速度**，用 $\boldsymbol{\alpha}$ 表示，即

$$\boldsymbol{\alpha} = \lim_{\Delta t \to 0} \frac{\Delta\boldsymbol{\omega}}{\Delta t} = \frac{\mathrm{d}\boldsymbol{\omega}}{\mathrm{d}t} \tag{2-3}$$

$\boldsymbol{\alpha}$ 也是一个矢量。它的方向沿着角速度矢 $\boldsymbol{\omega}$ 的矢端曲线的切线，如图 2-5 所示。一般情况下，$\boldsymbol{\alpha}$ 与 $\boldsymbol{\omega}$ 不共线，这与刚体绕定轴转动是不同的。

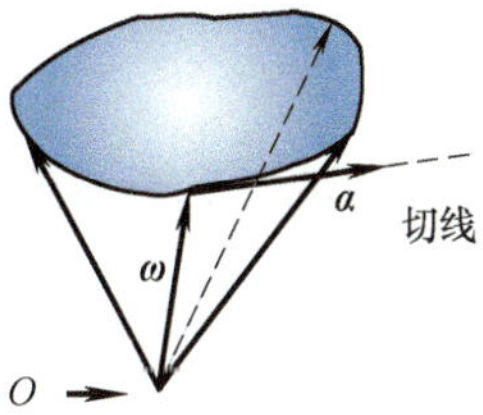

图　2-5

2.1.4　定点运动刚体上各点的速度和加速度

设刚体绕定点 O 转动，瞬时角速度和角加速度分别为 $\boldsymbol{\omega}$ 与 $\boldsymbol{\alpha}$，如图 2-6 所示。

刚体内任一点 M 的矢径为 $\boldsymbol{r}$，它到 $\boldsymbol{\alpha}$ 与 $\boldsymbol{\omega}$ 的垂直距离分别为 h_1 和 h_2，则点 M 的速度为

$$\boldsymbol{v} = \boldsymbol{\omega} \times \boldsymbol{r} \tag{2-4}$$

它的大小为 ωh_1，方向如图 2-6 所示。

点 M 的加速度为

$$\boldsymbol{a} = \frac{\mathrm{d}\boldsymbol{v}}{\mathrm{d}t} = \frac{\mathrm{d}\boldsymbol{\omega}}{\mathrm{d}t} \times \boldsymbol{r} + \boldsymbol{\omega} \times \frac{\mathrm{d}\boldsymbol{r}}{\mathrm{d}t}$$

即

$$\boldsymbol{a} = \boldsymbol{\alpha} \times \boldsymbol{r} + \boldsymbol{\omega} \times \boldsymbol{v} \tag{2-5}$$

式（2-5）等号右端第一项

$$\boldsymbol{a}_1 = \boldsymbol{\alpha} \times \boldsymbol{r}$$

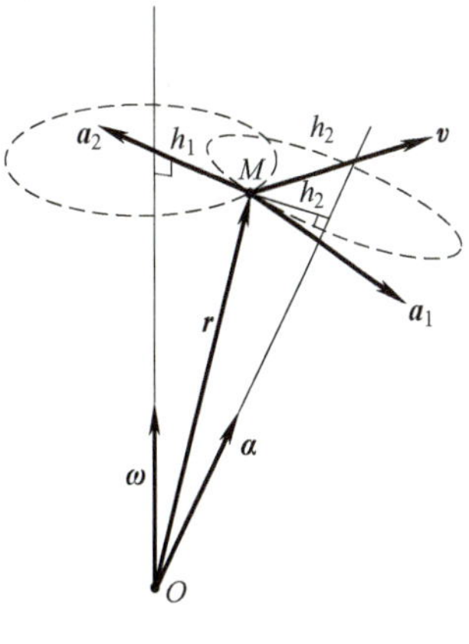

图　2-6

称为**转动加速度**，其大小为 αh_2，方向垂直于 $\boldsymbol{\alpha}$ 和 $\boldsymbol{r}$，指向如图 2-6 所示。右端第二项

$$\boldsymbol{a}_2=\boldsymbol{\omega}\times\boldsymbol{v}$$

称为**向轴加速度**，其大小为 $\omega^2 h_1$，方向垂直于 $\boldsymbol{\omega}$ 和 $\boldsymbol{v}$，指向瞬时轴。

于是得结论：**刚体绕定点运动时，刚体内任一点的速度等于绕瞬时轴转动的角速度与矢径的矢量积；该点的加速度等于转动轴向加速度与转动切向加速度的矢量和。**

可以看出，式（2-3）、式（2-4）和式（2-5）与刚体绕定轴转动的公式在形式上完全一样。但是应该注意到，刚体绕定轴转动时，角速度矢量 $\boldsymbol{\omega}$ 和角加速度矢量 $\boldsymbol{\alpha}$ 都沿着固定的轴线；而刚体绕定点运动时，角速度矢量 $\boldsymbol{\omega}$ 的大小和方向都将不断地变化，角加速度矢量 $\boldsymbol{\alpha}$ 沿 $\boldsymbol{\omega}$ 的矢端曲线的切线，在一般情况下，它不与角速度矢量 $\boldsymbol{\omega}$ 重合。如图 2-6 所示，转动切向加速度矢量 $\boldsymbol{a}_1=\boldsymbol{\alpha}\times\boldsymbol{r}$ 的方向既不与速度矢量 $\boldsymbol{v}$ 的方向相重合，也不垂直于向轴加速度矢量 $\boldsymbol{a}_2=\boldsymbol{\omega}\times\boldsymbol{v}$。因此，$\boldsymbol{a}_1$ 不是点 M 的切向加速度，$\boldsymbol{a}_2$ 也不是点 M 的法向加速度。

例 2-1 行星锥齿轮 BC 在曲柄 OA 带动下沿固定的锥齿轮 CD 滚动，如图 2-7a 所示。已知锥齿轮 BC 的节圆半径 $R=10\sqrt{2}\,\text{cm}$，顶角为 90°，中心 A 的速度为常数 $v_A=20\text{cm/s}$。求锥齿轮 BC 上的点 B、C 的速度与加速度。

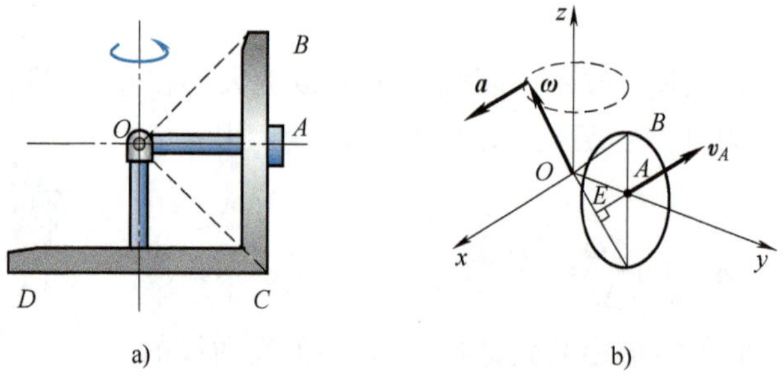

图 2-7

解： 锥齿轮 BC 做绕 O 的定点运动（O 位于 BC 的扩大体上），由于纯滚动，$v_C=0$，因而 OC 连线是锥齿轮 BC 的转动瞬轴。瞬时角速度矢量 $\boldsymbol{\omega}$ 的作用线沿 OC 连线，其大小为

$$\omega=\frac{v_A}{AE}=\frac{20}{10}\text{rad/s}=2\text{rad/s}$$

再根据右手定则，可画出矢量 $\boldsymbol{\omega}$ 如图 2-7b 所示。建立坐标系 $Oxyz$，其 z 轴铅直，y 轴沿 OA，则矢量 $\boldsymbol{\omega}$ 的表达式为

$$\boldsymbol{\omega}=(-\sqrt{2}\boldsymbol{j}+\sqrt{2}\boldsymbol{k})\ \text{rad/s}$$

角速度矢量 $\boldsymbol{\omega}$ 绕 z 轴做圆锥运动，其矢量端点的速度即为角加速度 $\boldsymbol{\alpha}$：

$$\boldsymbol{\alpha}=\left(\frac{\sqrt{2}}{2}\omega\right)\left(\frac{v_A}{OA}\right)\boldsymbol{i}=2\boldsymbol{i}\ \text{rad/s}^2$$

各点速度分析：

$$\overrightarrow{OB}=(10\sqrt{2}\boldsymbol{j}+10\sqrt{2}\boldsymbol{k})\ \text{cm}$$

$$\overrightarrow{OC}=(10\sqrt{2}\boldsymbol{j}-10\sqrt{2}\boldsymbol{k})\ \text{cm}$$

$$\boldsymbol{v}_B=\boldsymbol{\omega}\times\overrightarrow{OB}=-40\boldsymbol{i}\quad \text{cm/s},\quad \boldsymbol{v}_C=0$$

各点加速度分析：

$$\boldsymbol{a}_B=\boldsymbol{\alpha}\times\overrightarrow{OB}+\boldsymbol{\omega}\times\boldsymbol{v}_B=(-60\sqrt{2}\boldsymbol{j}-20\sqrt{2}\boldsymbol{k})\quad \text{cm/s}^2$$

$$\boldsymbol{a}_C=\boldsymbol{\alpha}\times\overrightarrow{OC}+\boldsymbol{\omega}\times\boldsymbol{v}_C=(20\sqrt{2}\boldsymbol{j}+20\sqrt{2}\boldsymbol{k})\quad \text{cm/s}^2$$

2.2 自由刚体的一般运动

本节研究刚体最一般形式的运动——自由刚体的一般运动。工程中，有一些刚体，如飞机、火箭、人造卫星等，它们可以在空间中做任意运动，这样的刚体称为**自由刚体**。为了确定自由刚体在空间的位置，取定坐标系 $Oxyz$ 和与刚体固结的动坐标系 O_1XYZ 后，只要确定了动坐标系的位置，刚体的位置也就确定了，如图 2-8 所示。按照基点法，将空间一般运动分解为随基点的平移运动和绕定点的转动，再进行运动合成。

动坐标系的原点 O_1 是任意选取的，称为**基点**。在基点建立一个始终保持平动的坐标系 $O_1\xi\eta\zeta$，则自由刚体的运动可分解为随基点的平动和绕基点的转动。与平面运动结论一样，刚体一般运动进行分解时，平动部分与基点选择有关，而转动部分与基点选择无关，特别是，刚体绕基点转动的角速度 $\boldsymbol{\omega}$ 与基点选择无关。$\boldsymbol{\omega}$ 称为刚体一般运动的角速度。显然，它是自由矢量。

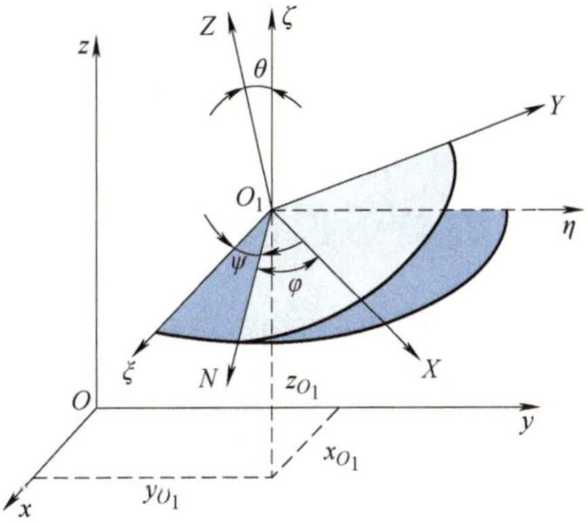

图　2-8

设基点 O_1 在定坐标系中的坐标为 x_{O_1}、y_{O_1} 和 z_{O_1}，刚体相对于动坐标系 $O_1\xi\eta\varsigma$ 的位置由 3 个欧拉角 ψ、θ 和 φ 确定，于是刚体的位置完全由这 6 个参数确定，即空间自由刚体有 6 个自由度。当刚体运动时，这 6 个参数都是时间的单值连续函数，即

$$\left.\begin{aligned}&x_{O_1}=f_1(t),\quad y_{O_1}=f_2(t),\quad z_{O_1}=f_3(t)\\&\psi=f_4(t),\quad \theta=f_5(t),\quad \varphi=f_6(t)\end{aligned}\right\}\tag{2-6}$$

式（2-6）称为**自由刚体的运动方程**。

自由刚体内任一点 M 的速度，按照速度合成定理有

$$\boldsymbol{v}_\text{a}=\boldsymbol{v}_\text{e}+\boldsymbol{v}_\text{r}$$

式中，$\boldsymbol{v}_\text{e}=\boldsymbol{v}_{O_1}$。设动点 M 在动坐标系 $O_1\xi\eta\zeta$ 中的矢径为 $\boldsymbol{r}'$，如图 2-9 所示。刚体绕基点 O_1 转动的瞬时角速度为 $\boldsymbol{\omega}_\text{r}$，则 $\boldsymbol{v}_\text{r}=\boldsymbol{\omega}_\text{r}\times\boldsymbol{r}'$。于是，自由刚体内任一点的速度公式为

$$\boldsymbol{v}_M=\boldsymbol{v}_{O_1}+\boldsymbol{\omega}_\text{r}\times\boldsymbol{r}'$$

由于牵连运动为平动，自由刚体内任一点的加速度合成式为

$$\boldsymbol{a}_\text{a}=\boldsymbol{a}_\text{e}+\boldsymbol{a}_\text{r}$$

式中，$\boldsymbol{a}_\text{e}=\boldsymbol{a}_{O_1}$，$\boldsymbol{a}_\text{r}=\boldsymbol{\alpha}_\text{r}\times\boldsymbol{r}'+\boldsymbol{\omega}_\text{r}\times\boldsymbol{v}_\text{r}$，$\boldsymbol{\alpha}_\text{r}$ 为刚体绕基点 O_1 转动的瞬时角加速度，如图 2-10 所示。

于是，自由刚体内任一点的加速度公式为

$$\left.\begin{aligned}\boldsymbol{a}_M&=\boldsymbol{a}_{O_1}+\boldsymbol{a}_1+\boldsymbol{a}_2\\ \boldsymbol{a}_1&=\boldsymbol{\alpha}_r\times\boldsymbol{r}'\\ \boldsymbol{a}_2&=\boldsymbol{\omega}_r\times\boldsymbol{v}_r\end{aligned}\right\}$$

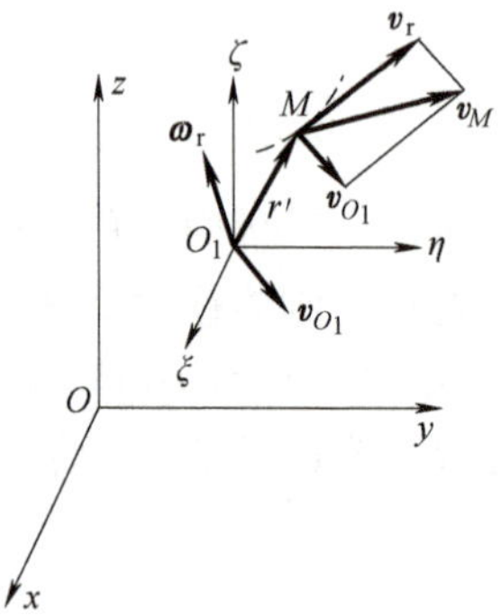

图 2-9

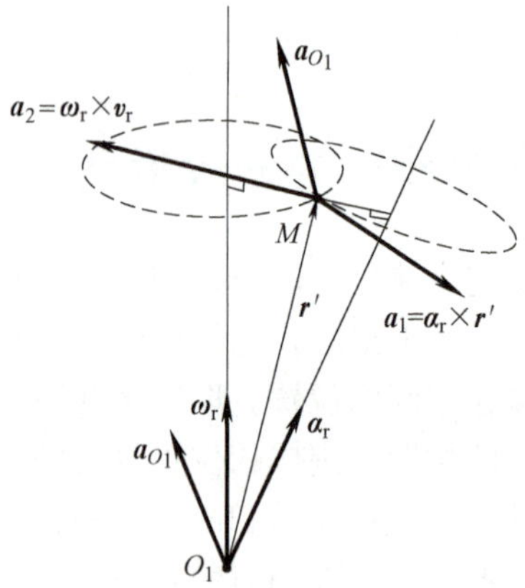

图 2-10

2.3 陀螺近似理论

在力学里，任何绕定点转动的刚体都可称为陀螺。而在工程中，有旋转对称轴，且绕该轴高速旋转的物体均称为陀螺。安装在飞行器中的陀螺仪常被用于确定载体的姿态。

2.3.1 陀螺运动的近似分析方法

前面我们介绍了描述刚体定点运动的三个欧拉角，即 φ、θ、ψ（其中，φ 为自转角，θ 为章动角，ψ 为进动角），如图 2-11 所示。与之相对应的欧拉角速度 $\boldsymbol{\omega}_\varphi$、$\boldsymbol{\omega}_\theta$、$\boldsymbol{\omega}_\psi$，分别称为自转角速度、章动角速度、进动角速度。刚体绕定点 O 运动时其绝对角速度为

$$\boldsymbol{\omega}_a=\boldsymbol{\omega}_\varphi+\boldsymbol{\omega}_\theta+\boldsymbol{\omega}_\psi$$

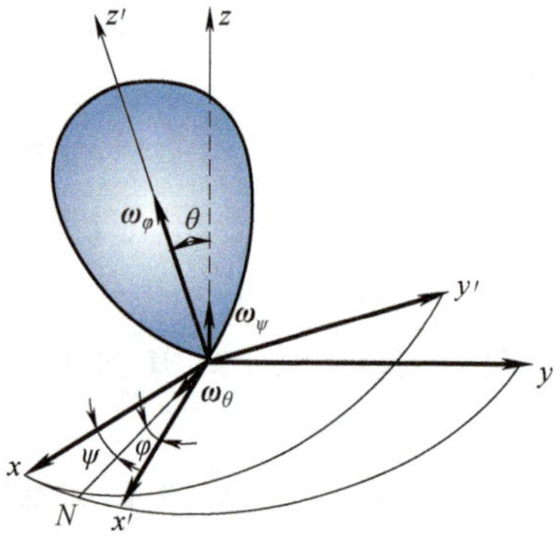

图 2-11

工程中遇到的陀螺都是绕自身对称轴做高速转动的刚体，其自转角速度高达每分钟数万转，则有 $\omega_\varphi \gg \omega_\theta+\omega_\psi$，因此可以近似地认为 $\boldsymbol{\omega}_a\approx\boldsymbol{\omega}_\varphi$，即陀螺的绝对角速度可以近似地由自转角速度 $\boldsymbol{\omega}_\varphi$ 确定。于是，陀螺对于定点 O 的动量矩矢 $\boldsymbol{L}_O$ 可用下列近似公式表示：

$$\boldsymbol{L}_O\approx J_z\boldsymbol{\omega}_\varphi \tag{2-7}$$

式中，J_z 为陀螺对其对称轴的转动惯量。该式表明：对于高速自转的陀螺而言，可近似认为其动量矩矢大小为 $J_z\omega_\varphi$，方向与陀螺对称轴垂合。

在许多工程技术领域内，陀螺的近似理论具有足够的准确性，得到了广泛的应用。

2.3.2 赖柴定理

质点运动过程中，其动量矩是变化的，如以矢径$\overrightarrow{OA}$表示质点系对固定点 O 的动量矩 $\boldsymbol{L}_O$，$\overrightarrow{OA}$将固连于 O 点而在空间不断变动，如图 2-12 所示。按运动学理解，该矢径对时间的一阶导数相当于矢端 A 点的速度 $\boldsymbol{u}$，即

$$\boldsymbol{u}=\frac{\mathrm{d}\boldsymbol{L}_O}{\mathrm{d}t}$$

代入动量矩定理，得

$$\boldsymbol{u}=\boldsymbol{M}_O^{(\mathrm{e})} \tag{2-8}$$

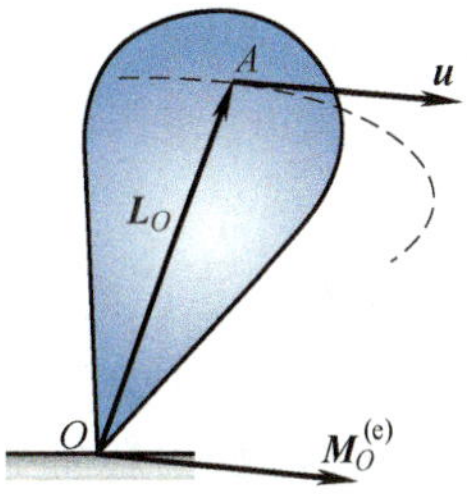

图　2-12

式（2-8）是质点系动量矩定理的运动学解释：质点系对某定点的动量矩矢端的速度，等于外力对于同一点的主矩，称为赖柴定理。即动量矩矢端点 A 的速度大小与外力主矩的大小相等，方向与外力主矩的方向相同。按陀螺近似理论，其动量矩矢与对称轴重合，因此，外力主矩也就决定了对称轴的运动。

2.3.3 陀螺运动的力学特征

1. 定轴性

自由陀螺保持自身对称轴在惯性参考系中的方位不变。如图 2-13 所示的陀螺由固定圆环中的两个可动圆环支持，以保持其质心 O 不动。不计摩擦，外力对其质心 O 的力矩为零，这种陀螺称为自由陀螺。由于 $\boldsymbol{M}_O^{(\mathrm{e})}=\boldsymbol{0}$，$\dfrac{\mathrm{d}\boldsymbol{L}_O}{\mathrm{d}t}=\boldsymbol{0}$，得

$$\boldsymbol{L}_O=恒量$$

对于高速自转的陀螺，动量矩矢 $\boldsymbol{L}_O$ 的方向与自转轴 O'_z 重合，因此动量矩矢方向不变，也就是对称轴的方位保持不变。

在现代的工程技术中，这一性质得到了广泛的应用。例如，鱼雷中安装的导向系统多用自由陀螺作为该系统的定向元件。当鱼雷在发射器中瞄准后，陀螺仪的转子开始绕自己的对称轴高速转动。如果陀螺对称轴指向目标，鱼雷发射后一旦偏离了目标，由于自由陀螺的定向性，对称轴仍指向目标，这时鱼雷的纵轴（前进方向）与陀螺的对称轴产生相对偏角 β（图 2-14），此时调节系统开始工作，对鱼雷的前进方向做适当调整，以保证命中目标。类似的陀螺仪在航空仪表中也作为定向元件以指示飞机的姿态。

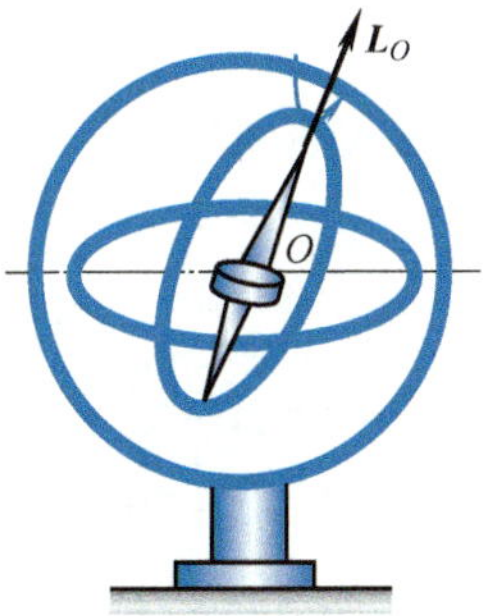

图　2-13

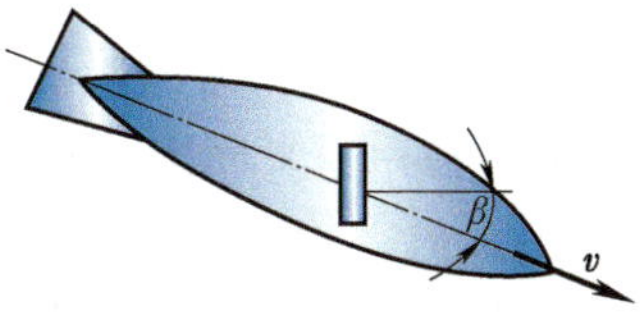

图　2-14

2. 进动性

陀螺受力矩作用，当力矩矢与对称轴不重合时，对称轴将进动。这一性质称为进动性。

如图 2-15 所示的陀螺重 W，对自身对称轴的转动惯量为 J_z，自转角速度为 ω_φ，定点 O 至陀螺质心 C 的距离 $OC=l$。初始时刻陀螺对称轴 z' 与固定轴 z 夹角为 θ，ω_ψ 为进动角速度。

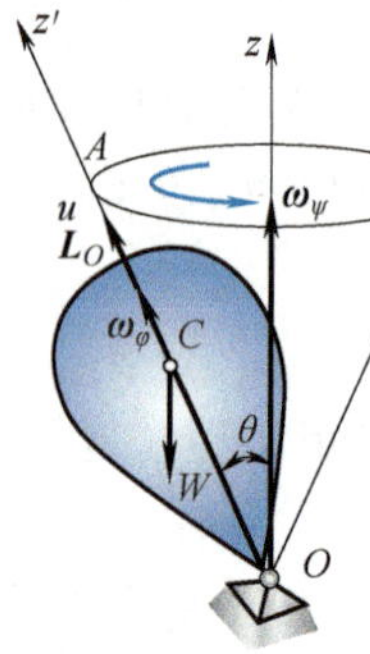

图 2-15

根据赖柴定理，陀螺动量矩矢端 A 点的速度 $\boldsymbol{u}$ 等于重力 $\boldsymbol{W}$ 对于点 O 的矩，即

$$\boldsymbol{u}=\boldsymbol{M}_O(\boldsymbol{W})$$

其方向与 $\boldsymbol{W}$ 垂直，而不改变 θ 角，在重力 $\boldsymbol{W}$ 的持续作用下，对称轴 Oz' 将绕定轴 Oz 转动，这种运动称为进动。由图可见，在重力作用下，陀螺对称轴 Oz' 不是直观地倒下，而是沿圆锥面进动。

陀螺在任意力矩作用下，只要力矩矢与对称轴不重合，都会发生进动现象，其对称轴上点的运动方向与力矩矢的方向一致，与作用力的方向垂直。

由赖柴定理

$$\frac{\mathrm{d}\boldsymbol{L}_O}{\mathrm{d}t}=\boldsymbol{u}=\boldsymbol{M}_O$$

$$\boldsymbol{\omega}_\psi \times \boldsymbol{L}_O=\boldsymbol{M}_O$$

其中，第二式的等号左边项是根据陀螺做规则进动时，$\boldsymbol{L}_O$ 端点 A 做圆周运动写出的。上式用标量式表示为

$$\omega_\psi J_{z'}\omega_\varphi \sin\theta = Wl\sin\theta$$

$$\omega_\psi=\frac{Wl}{J_{z'}\omega_\varphi} \tag{2-9}$$

式（2-9）表明：自转角速度 $\boldsymbol{\omega}_\varphi$ 越高，进动角速度 ω_ψ 越低。ω_ψ 与运动初始时刻的章动角 θ 无关。

我们可以在一艘小船上来做这个实验。如图 2-16 所示，当实验员通过抬起左手和降低右手沿他的手臂方向施加一个力矩 M 时，所产生的陀螺力矩就会使他扭离双足，我们会发现小船开始慢慢地向左偏航，其转轴 z 就称为进动轴。

图 2-16

3. 陀螺效应和陀螺力矩

若环境迫使陀螺的对称轴改变方向产生进动，则陀螺必对迫使其运动的物体施加一力矩，这一力矩称为陀螺力矩，这种现象称为陀螺效应。

设转子以角速度 $\boldsymbol{\omega}_\varphi$ 绕对称轴 z 高速转动，如图 2-17 所示，它的动量矩矢 $\boldsymbol{L}_z=J_z\boldsymbol{\omega}_\varphi$，方向沿此对称轴。当轴线不动时，轴承约束力在铅直平面内，并与重力平衡。

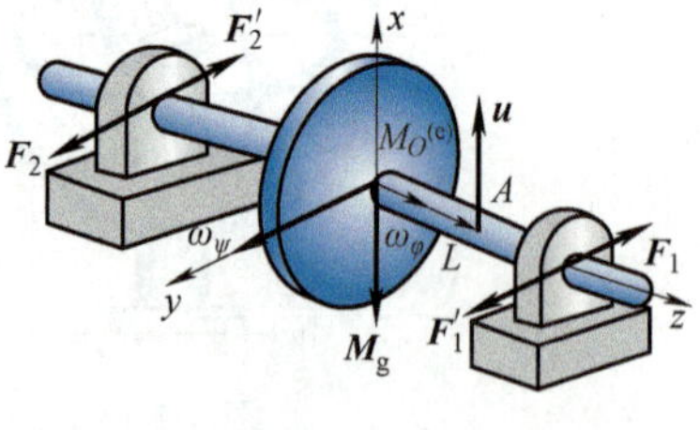

图 2-17

如果转子安装在飞机、轮船或其他可动的物体上，这些物体的运动会迫使对称轴 z 改变方向。如果 z 以角速度 $\boldsymbol{\omega}_\psi$ 绕 y 轴转动，则动量矩矢端点 A 获得速度 $\boldsymbol{u}$，即

$$\boldsymbol{u}=\boldsymbol{\omega}_{\psi}\times\boldsymbol{L}$$

根据赖柴定理知，这时作用于转子的外力主矩矢量的方向与 $\boldsymbol{u}$ 一致，由于重力矩等于零，显然外力主矩 $\boldsymbol{M}_O^{(e)}$ 就是轴承的动约束力 $\boldsymbol{F}_1$ 和 $\boldsymbol{F}_2$ 所组成的力偶的矩，这两个力与 $\boldsymbol{u}$ 垂直，在水平平面内，指向如图 2-17 所示。于是得

$$\boldsymbol{M}_O^{(e)}=\boldsymbol{u}=\boldsymbol{\omega}_{\psi}\times J_z\boldsymbol{\omega}_{\varphi}$$

根据作用与反作用定律，转子同时对轴承作用两个力 $\boldsymbol{F}_1'$ 和 $\boldsymbol{F}_2'$，它们与轴承约束力 $\boldsymbol{F}_1$ 和 $\boldsymbol{F}_2$ 等值而反向。由与 $\boldsymbol{F}_2'$ 组成的力偶的矩称为陀螺力矩（或称回转力矩），以 $\boldsymbol{M}_g$ 记之，显然

$$\boldsymbol{M}_g=-\boldsymbol{M}_O^{(e)}=J_z\boldsymbol{\omega}_{\varphi}\times\boldsymbol{\omega}_{\psi} \tag{2-10}$$

由此可知，当机械中高速转动部件的对称轴被迫在空间改变方位时，即对称轴被迫进动时，转动部件必对约束作用一个附加力偶，这种现象称为陀螺效应。只要高速旋转物体的自转轴被迫在空间改变方向（即发生强迫进动），就会产生陀螺力矩，出现陀螺效应。

例 2-2　喷气发动机转子的质量 $m=90\text{kg}$，对自转轴 z 的回转半径 $\rho=0.23\text{m}$，绕轴 z 的转速 $n=12000\text{r/min}$。转轴 z 沿飞机的纵轴安装，轴承 A、B 间的距离 $l=1.2\text{m}$（图 2-18）。设飞机以速度 $v=720\text{km/h}$ 在水平面沿半径 $r=1200\text{m}$ 的圆弧进行左盘旋，求这时发动机转子的陀螺力矩以及轴承 A 和 B 上由陀螺力矩引起的动压力。

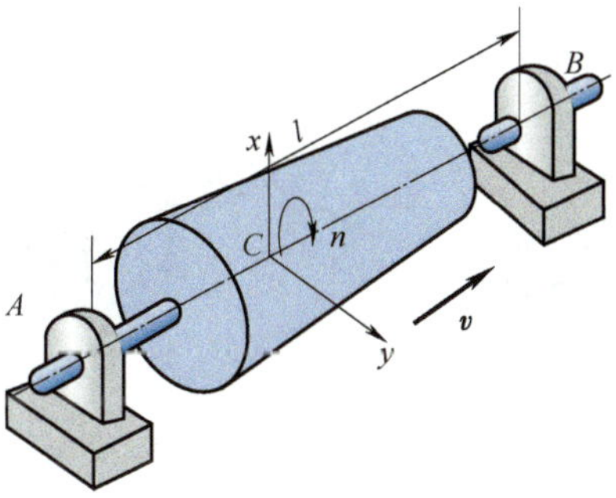

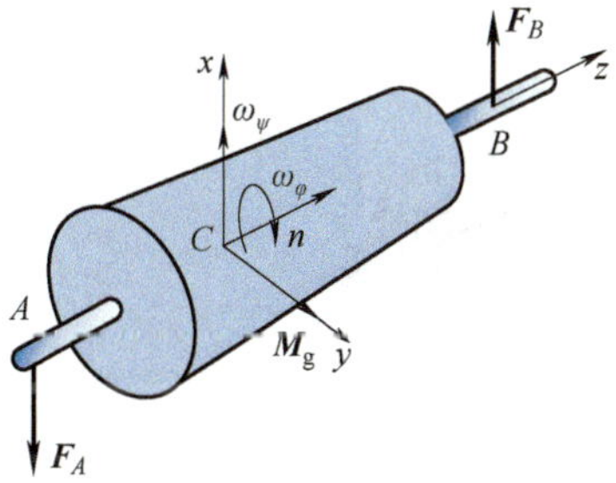

图　2-18

解：转子的自转角速度

$$\omega_{\varphi}=\frac{2\pi n}{60}=\frac{2\pi\times12000}{60}\text{rad/s}=400\pi\ \text{rad/s}$$

因为飞机的速度

$$v=720\times\frac{1000}{60\times60}\text{m/s}=200\text{m/s}$$

所以飞机盘旋角速度（即转子轴的进动角速度）

$$\omega_{\psi}=\frac{v}{r}=\frac{200}{1200}\text{rad/s}=0.167\text{rad/s}$$

由式（2-10）得陀螺力矩

$$\boldsymbol{M}_g=J_z\boldsymbol{\omega}_{\varphi}\times\boldsymbol{\omega}_{\psi}$$

它的大小

$$M_g = J_z\omega_\varphi\omega_\psi\sin 90° = (90\times 0.23^2\times 400\pi\times 0.167)\,\text{N}\cdot\text{m} = 1000\text{N}\cdot\text{m}$$

其方向沿轴 y 正向（图 2-18）。再次指出，陀螺力矩不是作用在转子上，而是作用在轴承上。

陀螺力矩 $\boldsymbol{M}_g$ 在轴承 A 和 B 上引起压力

$$F_A = F_B = \frac{M_O}{l} = \frac{1000}{1.2}\text{N} = 833\text{N}$$

方向如图 2-18 所示。显然，力偶（$\boldsymbol{F}_A,\boldsymbol{F}_B$）会影响飞机的运动，迫使它的头部仰起。为了保持水平盘旋，驾驶员必须做相应操纵，以使在机翼上产生附加空气动力，来平衡这个力偶。

例 2-3 海轮上的汽轮机转子的质量 $m=4000\text{kg}$，对于其转轴的回转半径 $\rho=0.6\text{m}$，转速 $n=3000\text{r/min}$，且转轴平行于海轮的纵轴 z（图 2-19）。轴承 A 和 B 间的距离 $l=2\text{m}$。设船体绕横轴 y 发生俯仰摇摆，船头的俯仰角 β 按下列规律变化：

$$\beta = \beta_0\sin\left(\frac{2\pi}{\tau}t\right)$$

其中，最大俯仰角 $\beta_0=\frac{\pi}{30}\text{rad}$，摇摆周期 $\tau=8\text{s}$。求汽轮机转子的陀螺力矩以及它在轴承 A 和 B 上引起的动压力。

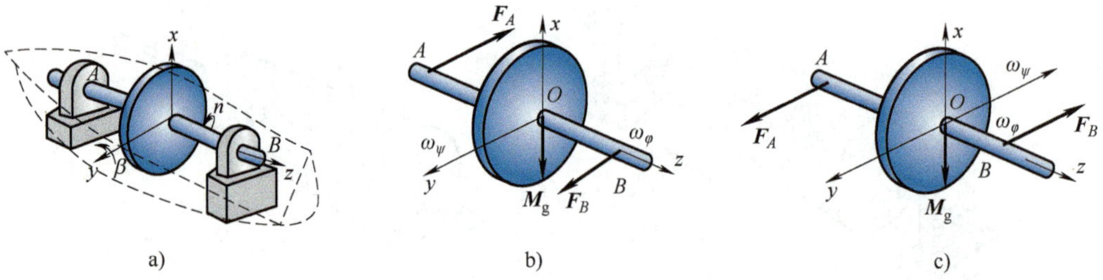

图 2-19

解： 转子的自转角速度

$$\omega_\varphi = \frac{2\pi n}{60} = \frac{2\pi\times 3000}{60} = 100\pi\ \text{rad/s}$$

而船体绕横轴 y 的俯仰摇摆角速度

$$\omega_\psi = \frac{d\beta}{dt} = \beta_0\frac{2\pi}{\tau}\cos\left(\frac{2\pi}{\tau}t\right)$$

由于 $\omega_\varphi \gg |\omega_\psi|$，可以用本节的近似理论求解。根据式（2-10），可得陀螺力矩的数值

$$M_g = J_z\omega_\varphi\omega_\psi\sin 90° = J_z\omega_\varphi\beta_0\frac{2\pi}{\tau}\cos\left(\frac{2\pi}{\tau}t\right)$$

其方向沿轴 x。至于陀螺力矩 $\boldsymbol{M}_g$ 是指向轴 x 的负端还是正端，取决于 ω_ψ 是指向轴 y 的正端还是负端（图 2-19b、c）。

陀螺力矩 $\boldsymbol{M}_g$ 在轴承 A 和 B 上引起的动压力

$$F'_A = F'_B = \frac{M_g}{l} = \frac{2\pi\beta_0 J_z \omega_\varphi}{l\tau}\cos\left(\frac{2\pi}{\tau}t\right)$$

可见，进动角速度 ω_φ、陀螺力矩 M_g 及轴承的动压力 $\boldsymbol{F}'_A$ 和 $\boldsymbol{F}'_B$ 的数值，都随时间 t 按余弦规律而变化。

陀螺力矩的最大值为

$$M_{g\max} = m\rho^2\omega_\varphi\beta_0\frac{2\pi}{\tau} = \left(4000\times0.6^2\times100\pi\times\frac{\pi}{300}\times\frac{2\pi}{8}\right)\text{N}\cdot\text{m} = 37200\text{N}\cdot\text{m} = 37.2\text{kN}\cdot\text{m}$$

陀螺力矩 $\boldsymbol{M}_g$ 在轴承 A 和 B 上引起的最大动压力

$$F'_{A\max} = F'_{B\max} = \frac{M_{O\max}}{l} = \frac{37200}{2}\text{N} = 18600\text{N} = 18.6\text{kN}$$

从上面数据可知，即使船舶摇摆不大，陀螺效应也是相当显著的，而且陀螺力矩在轴承中产生的动压力随转子的自转动量矩和摇摆角速度的增大而增大。它不仅是一个较大的力，还是一个交变的力。因此，在工程设计中应考虑这种陀螺效应的影响。

习　题

2-1　如题 2-1 图所示，高度 $h = 4\text{cm}$ 和底面半径 $r = 3\text{cm}$ 的圆锥以其顶点 O 为固定点在平面上滚动而不滑动。如圆锥底面中心的速度 $v_C = 48\text{cm/s} =$ 常数，求圆锥的角速度和角加速度。

2-2　如题 2-2 图所示，圆盘以角速度 ω_1 绕水平轴 CD 转动，同时 CD 轴又以角速度 ω_2 绕通过圆盘中心 O 点的铅垂轴 AB 转动。已知 $\omega_1 = 5\text{rad/s}$，$\omega_2 = 3\text{rad/s}$，求圆盘瞬时角速度 $\boldsymbol{\omega}$ 和瞬时角加速度 $\boldsymbol{\alpha}$ 的大小和方向。

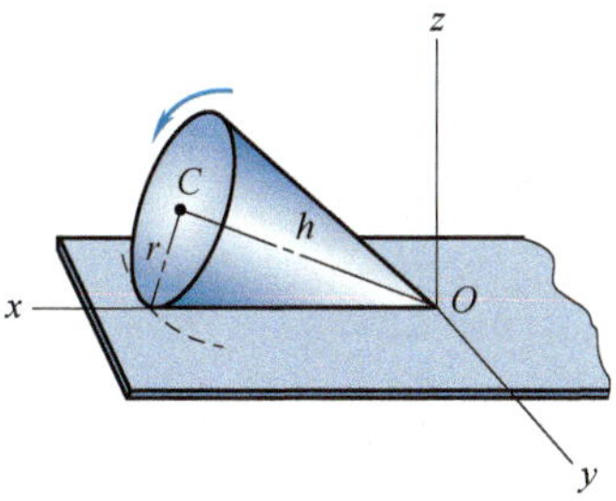

题 2-1 图

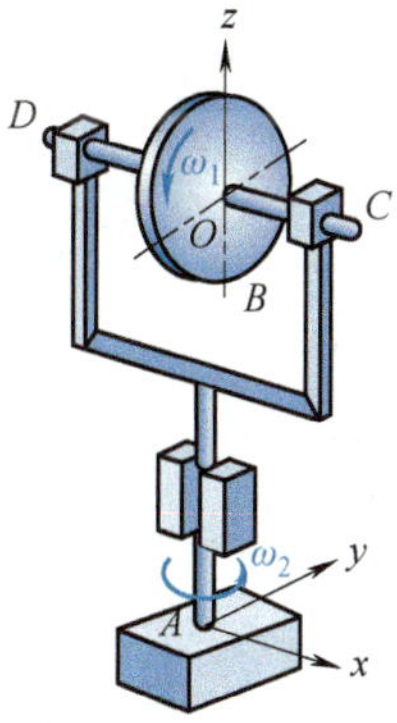

题 2-2 图

2-3　如题 2-3 图所示，桥的转动部分放在锥齿轮形的滚子 K 上，滚子的轴装在环形框 L 内，这些轴的延长线相交于平面支承齿轮的几何中心上，滚子 K 在此支承齿轮上滚动。如滚子的底半径 $r = 25\text{cm}$，顶角为 2β，且 $\cos\beta = 84/85$，求锥形滚子的角速度、角加速度以及 A、B、C 三点的速度。已知环形框绕铅直轴转动的角速度 $\omega_0 =$ 常数 $= 0.1\text{rad/s}$。

2-4　如题 2-4 图所示，双重差动机构造如下：曲柄Ⅲ可绕固定轴 AB 转动，在曲柄上活动地套一行星齿轮Ⅳ，此行星齿轮由两个半径分别为 $r_1 = 5\text{cm}$、$r_2 = 2\text{cm}$ 的锥齿轮牢固地叠合而成，这锥齿轮又分别与半径为 $R_1 = 10\text{cm}$ 和 $R_2 = 5\text{cm}$ 的两个锥齿轮Ⅰ和Ⅱ啮合，齿轮Ⅰ和齿轮Ⅱ可绕 AB 轴转动，但不与曲柄相连，两齿轮的角速度分别为 $\omega_1=4.5\text{rad/s}$、$\omega_2=9\text{rad/s}$。如两齿轮的转动方向相同，求曲柄Ⅳ的角速度 ω_3 和行星齿轮对于曲柄的相对角速度 ω_{43}。

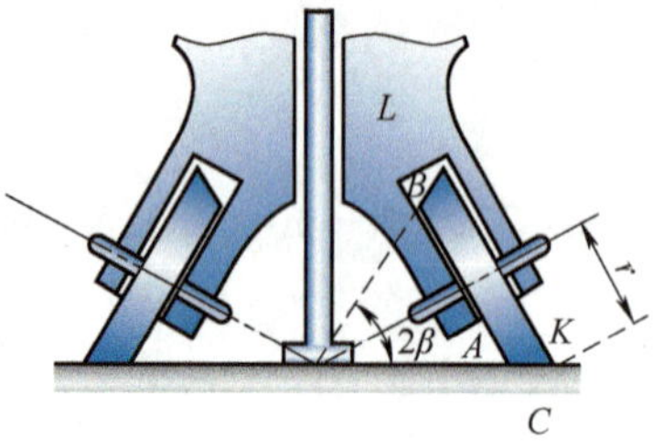

题 2-3 图

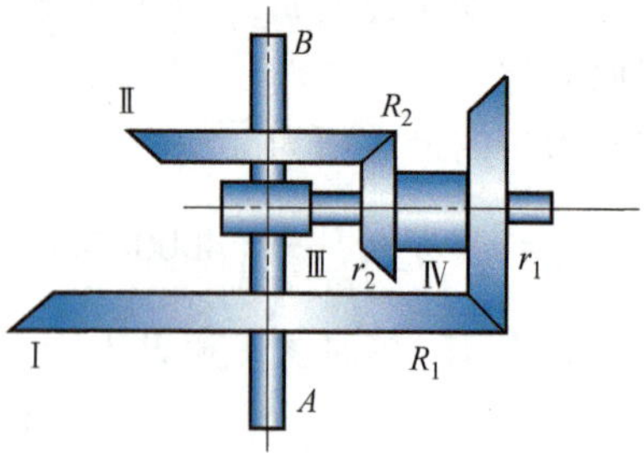

题 2-4 图

2-5 如题 2-5 图所示，电风扇仰角为 30°，叶片以 900r/min 转动，同时绕铅垂轴以角速度 $\omega=\sin\dfrac{\pi t}{5}$ (rad/s) 来回摆动。试将叶片的绝对角速度和绝对角加速度的大小 ω_a、α_a 表示为时间的函数。

2-6 如题 2-6 图所示，回转仪圆盘以匀角速度 $\Omega=60\text{rad/s}$ 绕圆盘中心轴转动，外框架以匀角速度 $\omega_0=1\text{rad/s}$ 绕铅垂轴转动。当 $\theta=90°$、$\dot{\theta}=10\text{rad/s}$、$\ddot{\theta}=0\text{rad/s}^2$ 时，试求圆盘的绝对角速度 ω 和绝对角加速度 α。

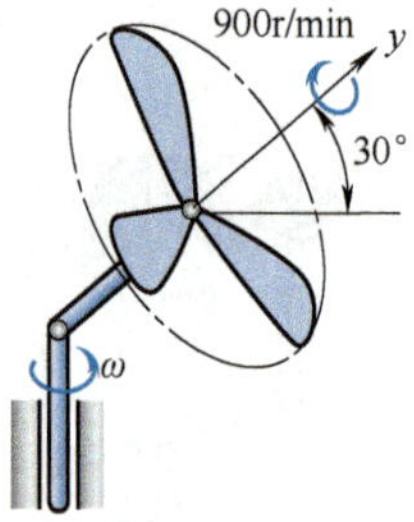

题 2-5 图

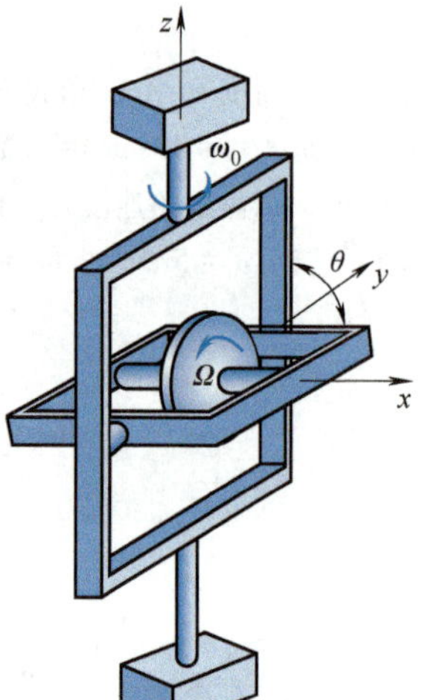

题 2-6 图

2-7 如题 2-7 图所示，歼击机向右侧倾斜俯冲，其前倾角速度为 $\omega_p=0.5\text{rad/s}$，滚翻角速度为 $\omega_{ro}=0.3\text{rad/s}$，滚翻角加速度为 $\varepsilon_{ro}=-0.6\text{rad/s}^2$。试求：(1) 歼击机的绝对角速度 ω 和绝对角加速度 α；(2) 机翼端点 A 相对于飞机重心 G 的速度 $\boldsymbol{v}_A$ 和加速度 $\boldsymbol{a}_A$。

2-8 如题 2-8 图所示，巨型邮船前进时，重心 C 的速度为 $v_C=6\text{m/s}$，由于波浪作用，船身不断前后倾斜，左右滚翻，并绕铅垂轴偏转。设坐标系 $Oxyz$ 与船身固结，在此瞬时正好处于水平或铅垂位置。已知：$\omega_x=0.08\text{rad/s}$，$\omega_y=0.04\text{rad/s}$，$\omega_z=0.02\text{rad/s}$，且均处于最大值。试求船首的速度 $\boldsymbol{v}$ 和加速度 $\boldsymbol{a}$。设船首位于 C 点前 120m、高于 C 点 15m 处。

2-9 如题 2-9 图所示，转子的质量是 m，半径是 r，可看成是匀质圆盘，以角速度绕对称轴高速转动，对称轴水平地装在轴承 A 和 B 上；而轴承支架又以角速度 ω_1 绕通过转子中心 O 的铅直轴线转动。两轴之间的距离 $|AB|=l$，求转子的陀螺力矩以及它在轴承 A 和 B 上引起的动压力。

2-10 如题 2-10 图所示，某飞机发动机的涡轮转子对自转轴的转动惯量 $J=12.3\mathrm{kg}\cdot\mathrm{m}^2$，转速 $n=18000\mathrm{r/min}$；轴承 A 和 B 间的距离 $l=0.8\mathrm{m}$。当飞机以角速度 $\omega_\psi=0.3\mathrm{rad/s}$ 在水平面内右盘旋时求涡轮转子的陀螺力矩以及它在轴承 A 和 B 上引起的动压力。

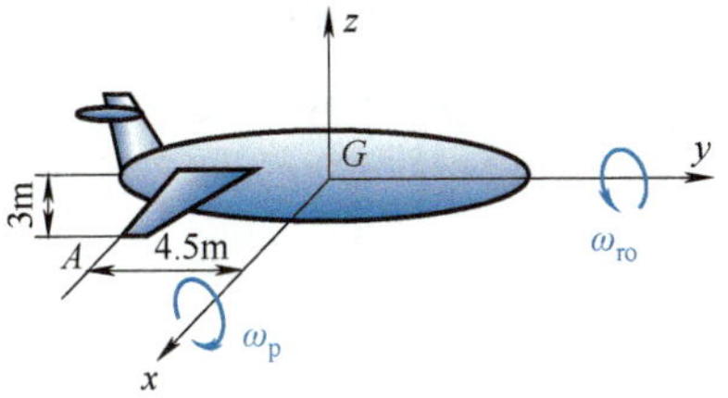

题 2-7 图

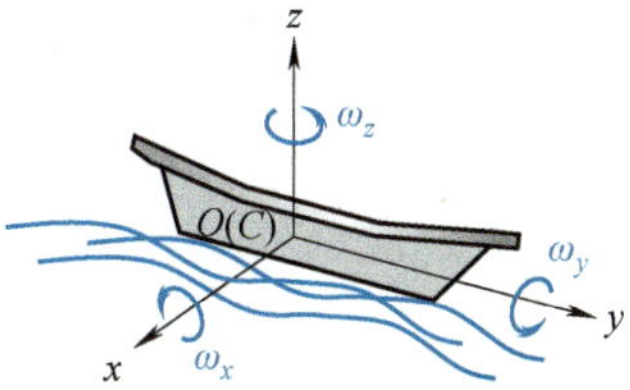

题 2-8 图

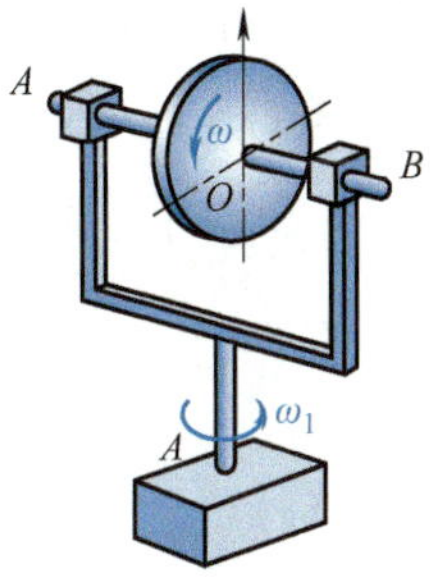

题 2-9 图

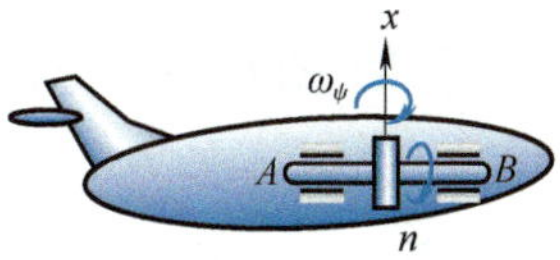

题 2-10 图

第 3 章
机械振动的基本理论

振动是在日常生活和工程实际中普遍存在的一种现象，也是整个动力学中最重要的研究领域之一。所谓机械振动是指物体（或系统）在其平衡位置（或平均位置）附近来回往复的运动。根据组件的力学性质，忽略了质量的弹簧称为弹性元件，用刚度系数 k 表示它的力学特性；忽略了弹性的物块（质点）称为惯性元件，用质量 m 表示。本章以最简单的单自由度振动系统为例，介绍振动理论。

3.1 无阻尼单自由度系统的自由振动

3.1.1 振动微分方程

某单自由度质量-弹簧系统的模型如图 3-1 所示。物体质量为 m，弹簧刚度系数为 k，原长为 l_0，静变形（重力作用下弹簧的静伸长）为 δ_{st}。考虑静平衡条件，故有

$$mg = k\delta_{st} \tag{3-1}$$

为研究方便，取物体的平衡位置 O 为坐标原点，x 轴铅直向下为正。设在任意瞬时 t，物体在位置 x 处，弹性力 F 在 x 轴上投影为

$$F = -k(x+\delta_{st}) \tag{3-2}$$

由动量定理，物体的动力学微分方程为

$$m\ddot{x} = mg - k(x+\delta_{st}) \tag{3-3}$$

考虑式（3-1），上式简化为

$$m\ddot{x} = -kx \tag{3-4}$$

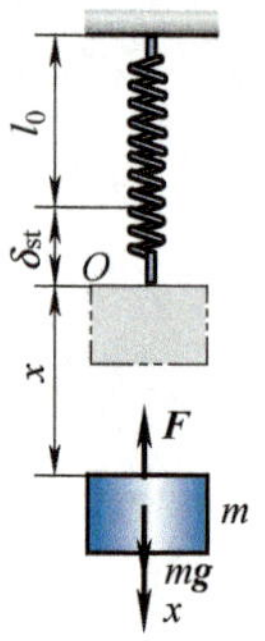

图 3-1

式中，$-kx$ 是弹性力与重力的合力在 x 轴上的投影。当 x 为正值时，$-kx$ 为负值，此合力的方向指向平衡位置 O；当 x 为负值时，$-kx$ 为正值，此合力的方向也指向平衡位置 O。这种在运动过程中总指向物体平衡位置的力，称为**恢复力**。在线性振动条件下，恢复力的大小与物体的位移大小成正比。当受到初干扰（初位移或初速度）后，物体（或系统）只在恢复力作用下的振动称为**自由振动**。

式（3-4）可变形为

$$m\ddot{x} + kx = 0 \tag{3-5}$$

ω_n 称为**圆频率**或**角频率**，单位为弧度/秒（rad/），定义为

$$\omega_n = \sqrt{k/m} \tag{3-6}$$

则式（3-5）可写为

$$\ddot{x}+\omega_n^2x=0 \tag{3-7}$$

式（3-7）是单自由度系统自由振动微分方程的标准形式，是二阶齐次线性常系数微分方程，其通解为

$$x=C_1\cos\omega_nt+C_2\sin\omega_nt \tag{3-8}$$

式中，积分常数 C_1、C_2 由运动的初始条件确定。

设 $t=0$ 时，有初始条件：　$x=x_0$，$\dot{x}=v_0$

则式（3-8）的积分常数为　$C_1=x_0$，$C_2=\dfrac{v_0}{\omega_n}$

3.1.2　自由振动的特点

将式（3-8）改写为

$$x=A\sin(\omega_nt+\theta) \tag{3-9}$$

式（3-9）也是单自由度系统自由振动时的解析解，曲线如图 3-2 所示。

式（3-9）中 A 为振幅，表示物体偏离平衡位置的最大距离；$\omega_nt+\theta$ 称为相位，θ 称为初相位，且有

$$A=\sqrt{x_0^2+\frac{v_0^2}{\omega_n^2}},\quad \tan\theta=\frac{\omega_nx_0}{v_0} \tag{3-10}$$

由式（3-10）可知，自由振动的振幅和初相位与运动的初始条件有关。

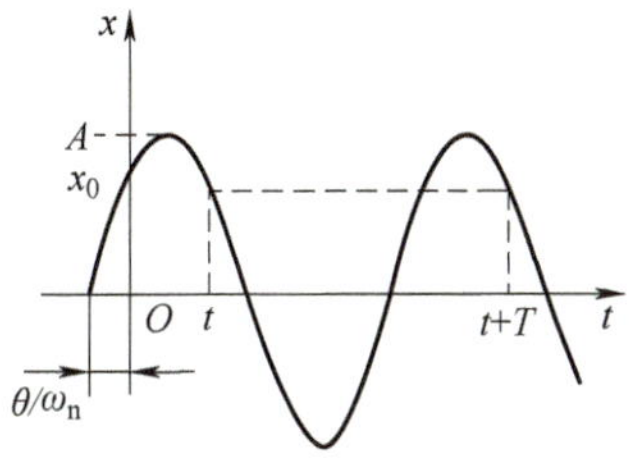

图　3-2

自由振动是一种周期运动，物体振动一次所需的时间称为**周期**，以 T 表示，单位为秒（s）。在简谐运动情况下，每经过一个周期，相位就增加 2π，故有

$$[\omega_n(t+T)+\theta]-(\omega_nt+\theta)=2\pi$$

自由振动的周期为

$$T=\frac{2\pi}{\omega_n}=2\pi\sqrt{\frac{m}{k}} \tag{3-11}$$

物体在每秒内振动的次数称为**振动频率**，以 f 表示，单位为次/秒（1/s）或赫兹（Hz），于是有

$$f=\frac{1}{T}=\frac{1}{2\pi}\sqrt{\frac{k}{m}} \tag{3-12}$$

ω_n 和 T 与运动条件无关，仅取决于系统的参数（质量 m 和弹簧刚度系数 k），反映了振动系统的固有特性，故 ω_n 和 T 又称为**固有圆频率**和**固有周期**。

3.1.3　其他类型的单自由度振动系统

除质量-弹簧振动系统，工程中还有很多振动系统如摆振系统、扭振系统等，它们的表现形式虽然不同，但它们的运动微分方程却具有相同的形式，其解和运动规律也具有相同的形式，所以研究质量-弹簧系统的振动具有普遍的理论意义。

例 3-1 铅垂钢轴上端固定，下端装有水平圆盘，组成扭摆如图 3-3 所示。已知钢轴的扭转刚度系数为 k_n，它表示圆盘产生单位转角所需的扭矩，单位为牛·米/弧度（N·m/rad）。不计钢轴质量，圆盘的转动惯量为 J。当 $t=0$ 时，扭角及其导数为 $\varphi=\varphi_0$，$\dot{\varphi}=\dot{\varphi}_0$，试建立扭摆的振动微分方程并求解。

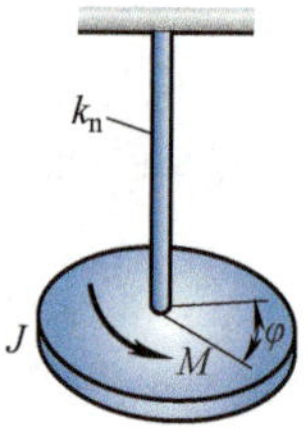

图 3-3

解： 在振动中，钢轴作用在圆盘上的扭矩为 $M_z=-k_n\varphi$，负号表示扭矩的方向与扭转角度的方向相反。由动量矩定理，有

$$J\ddot{\varphi}=-k_n\varphi$$

上式变为

$$\ddot{\varphi}+\frac{k_n}{J}\varphi=0$$

可见，扭摆与质量-弹簧系统的振动微分方程（3-7）具有相同的形式。扭摆振动的固有频率为

$$\omega_n=\sqrt{\frac{k_n}{J}}$$

扭转角度的通解为

$$\varphi=A\sin(\omega_n t+\theta)$$

其中

$$A=\sqrt{\varphi_0^2+\left(\frac{\dot{\varphi}_0}{\omega_n}\right)^2},\quad \theta=\arctan\frac{\varphi_0\omega_n}{\dot{\varphi}_0}$$

例 3-2 某弹簧摆如图 3-4a 所示，摆锤是质量为 m 的小球，摆杆长为 l，忽略其质量。在距铰链 O 为 a 的摆杆两侧各安置一个刚度系数为 k 的弹簧，以相对于杆平衡位置的角坐标 φ 描述摆的运动，其初始条件为 $\varphi=\varphi_0$，$\dot{\varphi}=\dot{\varphi}_0$。试建立系统的自由振动微分方程并求解。

解： 摆偏离平衡位置微小角度 φ 时，所受的力有重力 $m\boldsymbol{g}$ 和弹力 $\boldsymbol{F}_1$、$\boldsymbol{F}_2$（图 3-4b）。由动量矩定理，有

$$ml^2\ddot{\varphi}=-mgl\sin\varphi-F_1a-F_2a$$

式中，弹性力 $F_1=F_2=ka\varphi$。当 φ 很小时，$\sin\varphi\approx\varphi$，则有

$$ml^2\ddot{\varphi}=-mgl\varphi-2ka^2\varphi$$

整理得系统自由振动微分方程为

$$\ddot{\varphi}+\left(\frac{2ka^2}{ml^2}+\frac{g}{l}\right)\varphi=0$$

系统的固有频率为

$$\omega_n=\sqrt{\frac{2ka^2}{ml^2}+\frac{g}{l}}$$

方程的解为

$$\varphi=A\sin(\omega_n t+\theta)$$

式中，$A=\sqrt{\varphi_0^2+\left(\frac{\dot{\varphi}_0}{\omega_n}\right)^2}$。

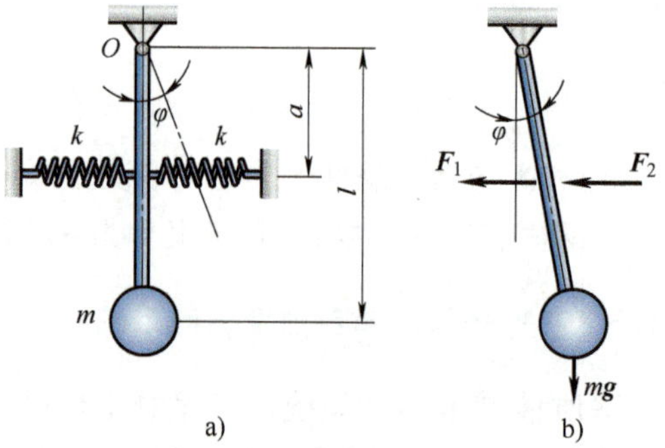

图 3-4

3.2 三种计算固有频率的方法

固有频率是表征振动特性的重要物理量，确定固有频率是研究系统振动问题的重要内容之一。确定单自由度系统固有频率的方法常见以下三种。

3.2.1 用振动微分方程求固有频率

不同的自由振动系统具有共同的特点。自由振动系统存在恢复力（力矩）的作用。若以广义坐标 q 描述系统的振动，假设恢复力（力矩）是广义坐标 q 的线性函数，且冠以负号。负号说明恢复力（力矩）总与广义坐标变化的方向相反。广义坐标 q 前的系数可理解为广义刚度，以 K 表示。振动系统不同，惯性参数也不同，广义加速度 $\ddot{q}$ 前的系数可理解为广义质量，以 M 表示。单自由度系统自由振动微分方程可表示为

$$M\ddot{q}+Kq=0 \tag{3-13}$$

其标准形式可写成

$$\ddot{q}+\omega_n^2 q=0 \tag{3-14}$$

故单自由度系统固有频率为

$$\omega_n=\sqrt{K/M} \tag{3-15}$$

3.2.2 用静变形法求固有频率

对于质量-弹簧系统，其固有频率除用式（3-6）计算外，还可用弹簧的静变形来计算。

由式（3-1），可得

$$k=\frac{mg}{\delta_{st}}$$

代入式（3-6）可得

$$\omega_n=\sqrt{\frac{g}{\delta_{st}}} \tag{3-16}$$

若已知 δ_{st}，则可按式（3-16）求系统的固有频率。桥梁工程上常用这种方法确定固有频率。

3.2.3 用能量法求固有频率

能量法的理论基础是机械能守恒定律。

在无阻尼自由振动中，系统仅受恢复力的作用，恢复力是有势力，因此振动系统是保守系统。在保守系统中，系统的机械能是守恒的，即

$$T+V=常量$$

如果取平衡位置为势能零点，平衡位置时，系统的势能为零，其动能 T_{max} 就是全部机械能。而在振动的极端位置时，系统的动能为零，其势能 V_{max} 等于其全部机械能。由机械能守恒定律，有

$$T_{max}=V_{max} \tag{3-17}$$

上式就是能量法计算固有频率的依据。下面以图 3-1 所示的质量-弹簧系统为例，来说

明这一方法。设物体的运动规律为

$$x=A\sin(\omega_n t+\theta)$$

则速度为

$$\dot{x}=\omega_n A\cos(\omega_n t+\theta)$$

于是系统的动能为

$$T=\frac{1}{2}m\dot{x}^2=\frac{1}{2}m\omega_n^2A^2\cos^2(\omega_n t+\theta)$$

物体所受的力（重力、弹性力）都为有势力，取平衡位置 O 为零势能点，则系统的势能为

$$V=-mgx+\frac{1}{2}k[(x+\delta_{st})^2-\delta_{st}^2]$$

注意到 $k\delta_{st}=mg$，于是有

$$V=\frac{1}{2}kx^2=\frac{1}{2}kA^2\sin^2(\omega_n t+\theta)$$

当物体经过平衡位置 O 时，$x=0$，$\dot{x}=\dot{x}_{max}=\omega_n A$，系统势能为零，而动能具有最大值，并等于这时系统的全部机械能，即

$$T_{max}=\frac{1}{2}m\omega_n^2A^2$$

当物体偏离平衡位置 O 的极端位置时，$|x|=x_{max}=A$，$\dot{x}=0$，动能为零，而势能具有最大值，并等于这时系统的全部机械能，即

$$V_{max}=\frac{1}{2}kA^2$$

由式（3-17），可得系统的固有频率为

$$\omega_n=\sqrt{\frac{k}{m}}$$

例 3-3 两弹簧的刚度系数分别为 k_1 和 k_2，试求下列两种情况下（图 3-5a、b）系统固有频率和等效弹簧刚度系数：(1) 两弹簧并联；(2) 两弹簧串联。设弹簧悬挂的物体质量为 m。

解：(1) 两弹簧并联

如图 3-5a 所示，物体在重力 mg 作用下平动，设静变形为 δ_{st}，两弹簧的拉力分别为 $\boldsymbol{F}_1$、$\boldsymbol{F}_2$，于是有

$$F_1=k_1\delta_{st},\ F_2=k_2\delta_{st} \tag{*}$$

物体平衡时，有

$$mg=F_1+F_2$$

将式（*）代入上式后，有

$$mg=(k_1+k_2)\delta_{st}$$

若用另一个刚度系数为 k_{eq} 的弹簧来代替原来的两个并联弹簧，如图 3-5c 所示，使两个系统在悬挂同一物体时具有相同的静伸长 δ_{st}，即有

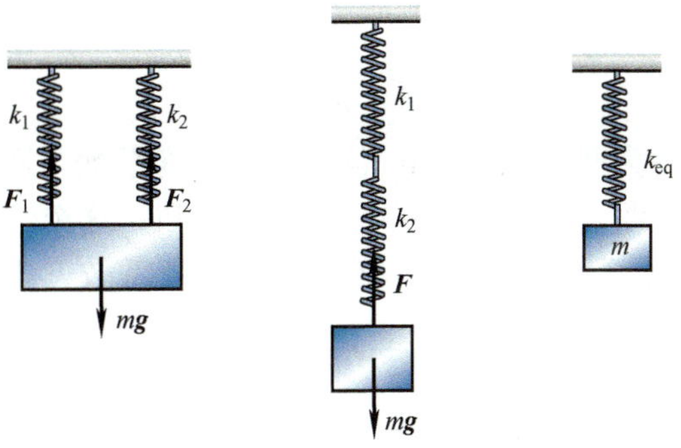

图　3-5

$$\delta_{st}=\frac{mg}{k_{eq}}=\frac{mg}{k_1+k_2}$$

于是，得

$$k_{eq}=k_1+k_2 \tag{3-18}$$

式中，k_{eq}称为等效弹簧刚度系数。

两个弹簧并联时，其等效弹簧刚度系数等于两弹簧刚度系数之和，此结论可推广到多个弹簧并联的情况。由式（3-18）可知，并联弹簧的等效刚度系数，比原来各弹簧的刚度系数都大。

该并联系统的固有频率为

$$\omega_n=\sqrt{\frac{k_{eq}}{m}}=\sqrt{\frac{k_1+k_2}{m}}$$

（2）两弹簧串联

如图 3-5b 所示，当物体平衡时，两弹簧所受的力均等于 mg，设它们的静变形分别为 δ_{st1} 及 δ_{st2}，则有

$$k_1\delta_{st1}=k_2\delta_{st2}=mg$$

而串联弹簧的总的静变形为

$$\delta_{st}=\delta_{st1}+\delta_{st2}=\frac{mg}{k_1}+\frac{mg}{k_2}=mg\left(\frac{1}{k_1}+\frac{1}{k_2}\right)$$

即

$$mg=\frac{k_1k_2}{k_1+k_2}\delta_{st}$$

若用另一个刚度系数为 k_{eq}的弹簧来代替原来的两个串联弹簧，如图 3-5c 所示，使两个系统在悬挂同一物体时具有相同的静伸长 δ_{st}，即有

$$\delta_{st}=\frac{mg}{k_{eq}}=mg\left(\frac{1}{k_1}+\frac{1}{k_2}\right)$$

于是，得

$$k_{eq}=\frac{k_1k_2}{k_1+k_2} \tag{3-19}$$

或

$$\frac{1}{k_{eq}}=\frac{1}{k_1}+\frac{1}{k_2} \tag{3-20}$$

式（3-19）中的 k_{eq} 称为两串联弹簧的等效弹簧刚度系数。两个弹簧串联时，其等效弹簧刚度系数的倒数等于两个弹簧刚度系数的倒数之和，这个结论亦可推广到多个弹簧串联的情况。从式（3-19）可知，串联弹簧的等效刚度系数，比原来各弹簧的刚度系数都小。

于是，该串联系统的固有频率为

$$\omega_n=\sqrt{\frac{k_{eq}}{m}}=\sqrt{\frac{k_1k_2}{m(k_1+k_2)}}$$

例 3-4 不计质量的钢制弹性悬臂梁，在其自由端放置重量为 $\boldsymbol{Q}=m\boldsymbol{g}$ 的重物，如图 3-6所示。已知梁长为 l，截面惯性矩为 J，弹性模量为 E，试求此系统的固有频率。不计阻力。

解： 该弹性悬臂梁相当于一个弹簧，其自由端的挠度相当于弹簧的静变形。根据材料力学中悬臂梁的挠度公式，在 $\boldsymbol{Q}=m\boldsymbol{g}$ 的静力作用下，悬臂梁自由端的静挠度为

$$\delta_{st}=\frac{Ql^3}{3EJ}=\frac{mgl^3}{3EJ}$$

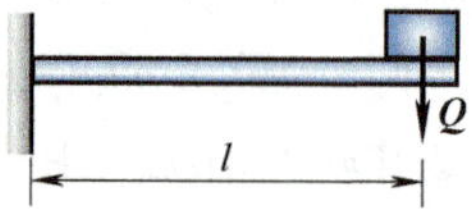

图 3-6

代入式（3-16），于是有

$$\omega_n=\sqrt{\frac{3EJ}{mgl^3}}$$

例 3-5 某记录竖直振动的仪器如图 3-7 所示，带有质量为 m 的重物的刚性框架 AOB 可绕 O 点转动。略去框架和弹簧的质量，试确定系统在微小竖直振动时的固有频率。

解： 当刚性框架绕 O 点转动微小角度 φ 时，可求出弹簧变形的近似值。

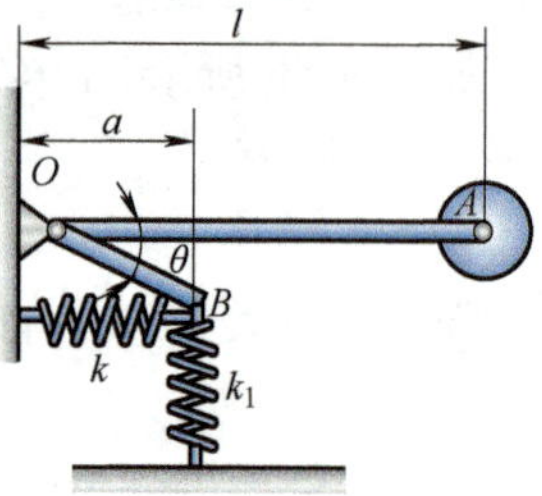

图 3-7

B 点的垂直位移 $\quad \dfrac{a}{\cos\theta}\varphi\cos\theta=a\varphi$

B 点的水平位移 $\quad \dfrac{a}{\cos\theta}\varphi\sin\theta=a\varphi\tan\theta$

由此可求得该系统的势能和动能分别为

$$V_{max}=\frac{1}{2}k_1a^2\varphi_m^2+\frac{1}{2}k_2(a\tan\theta)^2\varphi_m^2$$

$$T_{max}=\frac{1}{2}m(l\dot{\varphi}_m)^2=\frac{1}{2}m(l\omega_n\varphi_m)^2$$

可得

$$k_1a^2+k_2(a\tan\theta)^2=ml^2\omega_n^2$$

解得

$$\omega_n=\sqrt{\frac{k_1a^2+k_2(a\tan\theta)^2}{ml^2}}$$

例 3-6 如图 3-8 所示，质量为 m、半径为 r 的均质圆柱体，在半径 R 的圆弧槽上围绕

平衡位置 A 做无滑动的往复滚动，设往复滚动是微小的，试建立该圆柱的振动微分方程并求固有频率。

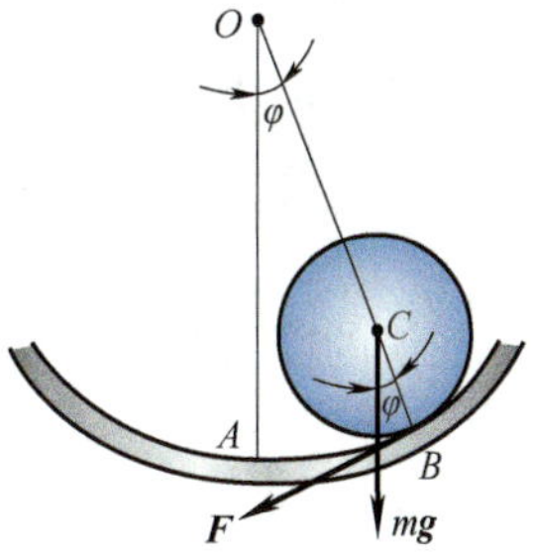

图　3-8

解：设圆柱体运动至任一位置时，圆柱体中心 C 与圆槽中心 O 的连线 OC 与铅直线 OA 的夹角为 φ，系统有一个自由度，φ 取为广义坐标。圆柱中心 C 的速度及加速度大小分别为 $v_C=(R-r)\dot{\varphi}$，$a_C=(R-r)\ddot{\varphi}$，由运动学知，当圆柱体做纯滚动时，其角速度与角加速度分别为

$$\omega=\frac{R-r}{r}\dot{\varphi},\quad \alpha=\frac{(R-r)\ddot{\varphi}}{r}$$

圆柱体受约束力 $\boldsymbol{F}_{\mathrm{N}}$、摩擦力 $\boldsymbol{F}$ 及重力 $m\boldsymbol{g}$，由动量定理得

$$m(R-r)\ddot{\varphi}=-mg\sin\varphi-F \tag{a}$$

由动量矩定理，得

$$J_C\frac{(R-r)\ddot{\varphi}}{r}=Fr \tag{b}$$

式中，$J_C=\frac{1}{2}mr^2$。

联立式（a）式（b），并考虑到微振动时 $\sin\theta\approx\theta$，最后得圆柱体的振动微分方程为

$$\ddot{\varphi}+\frac{2g}{3(R-r)}\varphi=0 \tag{c}$$

还可以利用拉格朗日方程建立系统的运动微分方程，系统的动能为

$$T=\frac{1}{2}mv_C^2+\frac{1}{2}J_C\omega^2=\frac{1}{2}m(R-r)^2\dot{\varphi}^2+\frac{1}{2}\left(\frac{1}{2}mr^2\right)\left[\frac{(R-r)}{r}\dot{\varphi}\right]^2$$

整理后可得

$$T=\frac{3}{4}m(R-r)^2\dot{\varphi}^2 \tag{d}$$

系统的势能为重力势能，若我们选取圆柱体中心 C 在运动过程中的最低点为零势能点，则系统的势能为

$$V=mg(R-r)(1-\cos\varphi)=2mg(R-r)\sin^2\frac{\varphi}{2}$$

当圆柱体做微振动时，$\sin\frac{\varphi}{2}\approx\frac{\varphi}{2}$，因此系统的势能为

$$V=\frac{1}{2}mg(R-r)\varphi^2 \tag{e}$$

联立式（d）、式（e）可得系统的拉格朗日函数为

$$L=T-V=\frac{3}{4}m(R-r)^2\dot{\varphi}^2-\frac{1}{2}mg(R-r)\varphi^2 \tag{f}$$

将式（f）代入拉格朗日方程，即

$$\frac{\mathrm{d}}{\mathrm{d}t}\frac{\partial L}{\partial\dot{\varphi}}-\frac{\partial L}{\partial\varphi}=0$$

可得与式（c）相同的系统运动微分方程，即

$$\ddot{\varphi}+\frac{2g}{3(R-r)}\varphi=0$$

由式（3-15）知，系统的固有频率为

$$\omega_n=\sqrt{\frac{2g}{3(R-r)}}$$

系统的固有频率也可以用能量法计算，设系统做自由振动时 φ 的变化规律为

$$\varphi=A\sin(\omega_n t+\theta)$$

由式（d），系统的最大动能

$$T_{max}=\frac{3m}{4}(R-r)^2\omega_n^2A^2$$

由式（e），系统的最大势能

$$V_{max}=\frac{1}{2}mg(R-r)A^2$$

由式（3-17），即有 $T_{max}=V_{max}$，解得系统的固有频率为

$$\omega_n=\sqrt{\frac{2g}{3(R-r)}}$$

3.3 有阻尼单自由度系统的自由振动

对于单自由度无阻尼自由振动系统，系统保持简谐的等幅运动，即振动一经发生，便可无休止地振动下去。然而，实际上自由振动的振幅总是随时间增加而减小，直至振动完全停止。这表明振动系统除受恢复力作用外，还受到某种影响振动的阻力，它将不断地消耗系统的能量，使振动逐渐衰减直至最后完全消失。振动过程中的阻力习惯上称为阻尼。有阻尼的自由振动，称为**衰减振动**。

阻尼有各种不同的形式，其机制很复杂，要精确地描述它是困难的。这里只讨论线性阻尼，即物体以较小的速度在介质中运动时，可以认为阻尼力与速度的一次方成正比，则黏性阻尼的阻力 $\boldsymbol{F}_c$，可以表示为

$$\boldsymbol{F}_c=-c\boldsymbol{v}$$

式中，c 为阻尼系数，它决定于振动物体的形状大小和介质的性质，其单位为牛·秒/米（N·s/m），负号表示阻尼力与速度的方向相反。

如图 3-9a 所示为单自由度系统衰减运动的力学模型。设物体质量为 m，弹簧刚度系数为 k。取物体的平衡位置为坐标原点，坐标轴 x 向下为正，如图 3-9b 所示。物体所受的力除恢复力 $\boldsymbol{F}_k$ 外，还有黏性阻尼力 $\boldsymbol{F}_c$，它们在 x 轴上投影分别为

$$F_k=-kx,\quad F_c=-cv_x=-c\dot{x}$$

于是物体的运动微分方程为

$$m\ddot{x}=-kx-c\dot{x}$$

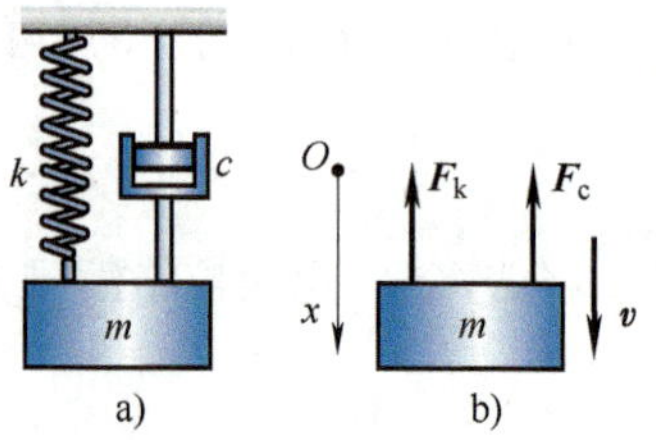

图 3-9

令

$$\omega_n^2=\frac{k}{m},\ 2n=\frac{c}{m}$$

则

$$\ddot{x}+2n\dot{x}+\omega_n^2x=0 \tag{3-21}$$

式（3-21）就是单自由度系统衰减振动微分方程的标准形式。它是二阶齐次线性常系数微分方程，设其解为

$$x=e^{rt}$$

代入式（3-21），得到特征方程

$$r^2+2nr+\omega_n^2=0 \tag{3-22}$$

解得特征方程的两个根

$$r_1=-n+\sqrt{n^2-\omega_n^2}$$
$$r_2=-n-\sqrt{n^2-\omega_n^2}$$

下面按阻尼大小的不同分三种情况来讨论。

3.3.1　小阻尼情况

$n<\omega_n$（即 $c<2\sqrt{mk}$），这时特征方程的根为一对共轭复根，即

$$\left.\begin{aligned}r_1=-n+i\sqrt{\omega_n^2-n^2}\\ r_2=-n-i\sqrt{\omega_n^2-n^2}\end{aligned}\right\} \tag{3-23}$$

式中，$i=\sqrt{-1}$。微分方程（3-21）的通解为

$$x=Ae^{-nt}\sin(\sqrt{\omega_n^2-n^2}\,t+\theta)$$

令

$$\omega_d=\sqrt{\omega_n^2-n^2} \tag{3-24}$$

则

$$x=Ae^{-nt}\sin(\omega_dt+\theta) \tag{3-25}$$

式中，积分常数 A、θ 由运动的初始条件确定；ω_d 表示衰减振动的角频率。

设 $t=0$ 瞬时：$x=x_0$，$\dot{x}=v_0$，代入上式可求得

$$A=\sqrt{x_0^2+\frac{(v_0+nx_0)^2}{\omega_d^2}} \tag{3-26}$$

$$\tan\theta=\frac{x_0\omega_d}{v_0+nx_0} \tag{3-27}$$

式（3-22）为小阻尼衰减振动的运动方程，其运动曲线如图 3-10 所示。

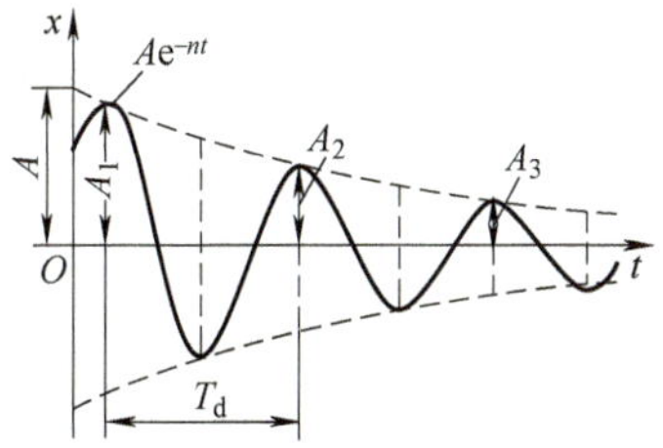

图　3-10

由图 3-10 可见，小阻尼衰减振动时，物体仍在平衡位置附近往复运动，还具有振动的特点，但已不是等幅的简谐运动。物体偏离平衡位置的距离被包络在$\pm Ae^{-nt}$两条曲线之间，随着时间的增加，振动将逐渐衰减。在小阻尼情况

下，阻尼对自由振动的影响表现在以下两个方面。

（1）振动的周期增大，频率减小

由于衰减振动的等时性，仍把往复振动一次所需的时间称为周期，即

$$T_d=\frac{2\pi}{\omega_d}=\frac{2\pi}{\sqrt{\omega_n^2-n^2}} \tag{3-28}$$

与无阻尼自由振动的周期 $T=\frac{2\pi}{\omega_n}$ 相比，在振动系统的惯性、弹性等同的情况下，T_d 比 T 略大。另外，由式（3-28）可以看出，衰减振动的角频率 ω_d 总是小于自由振动的角频率 ω_n。但普通材料的 n 都很小，如钢结构 $n=0.003\omega_n\sim0.024\omega_n$，混凝土结构 $n=0.016\omega_n\sim0.048\omega_n$。通常阻尼对系统自由振动的频率的影响是很小的，一般可以近似地认为 $\omega_d=\omega_n$，$T_d=T$。

（2）振幅按几何级数衰减

由式（3-25）可见，衰减振动的振幅为

$$A_d=Ae^{-nt}$$

设相邻两次振动的振幅分别为 A_i、A_{i+1}：

$$A_i=Ae^{-nt_i},\quad A_{i+1}=Ae^{-n(t_i+T_d)}$$

相邻两振幅之比为

$$\frac{A_i}{A_{i+1}}=\frac{Ae^{-nt_i}}{Ae^{-n(t_i+T_d)}}=e^{nT_d} \tag{3-29}$$

对于确定的系统，n、T_d 有确定的值，则 e^{nT_d} 为常量。可见，衰减振动的振幅按几何级数递减，e^{nT_d} 称为**振幅减缩率**（或称**减幅系数**）。

例如，当 $n=0.05\omega_n$ 时，可算得 $e^{nT_d}=1.37$，则

$$A_{i+1}=\frac{A_i}{1.37}=0.73A_i$$

可见，每振动一次振幅就减小 27%。从上述分析可以看出，在小阻尼情况下，频率和周期变化虽然微小，但振幅却迅速衰减。

振幅衰减的快慢程度，常以减幅系数的自然对数来表示，即

$$\delta=\ln\frac{A_i}{A_{i+1}}=nT_d \tag{3-30}$$

式中，δ 称为**对数减缩率**（或称**对数减幅系数**）。

3.3.2 大阻尼情况

$n>\omega_n(c>2\sqrt{mk})$，这时特征方程（3-23）的根为两个不等实根，即

$$r_1=-n+\sqrt{n^2-\omega_n^2},\quad r_2=-n-\sqrt{n^2-\omega_n^2}$$

则微分方程（3-21）的解为

$$x=e^{-nt}\left(C_1e^{\sqrt{n^2-\omega_n^2}}+C_2e^{-\sqrt{n^2-\omega_n^2}}\right) \tag{3-31}$$

式中，积分常数 C_1、C_2 由运动的初始条件确定。

由式（3-31）可见，其变化规律已不是周期性的，物体的运动曲线如图 3-11 所示。

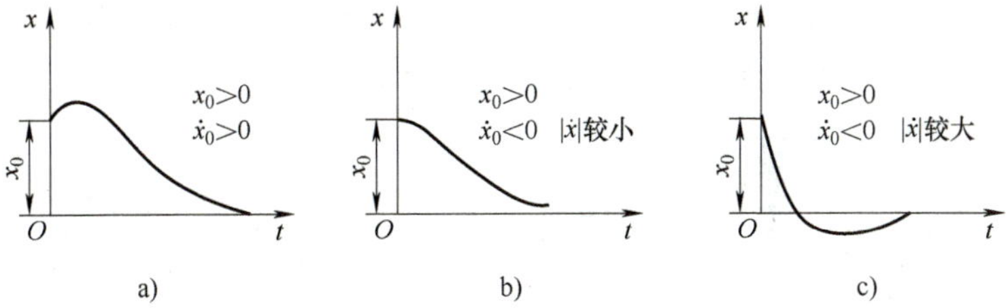

图　3-11

3.3.3　临界阻尼情况

当 $n=\omega_n$（即 $c=2\sqrt{mk}$）时，系统的阻尼系数用 c_c 表示，称为临界阻尼系数。在临界阻尼情况下，特征方程（3-22）的根为两个相等的负实根，即

$$r_1=r_2=-n$$

则微分方程（3-21）的解为

$$x=e^{-nt}(C_1+C_2t) \tag{3-32}$$

式中，积分常数 C_1、C_2 由运动的初始条件确定。

图 3-12 表示在临界阻尼情况下的运动曲线。可见，此时物体的运动也不具有振动的特性。

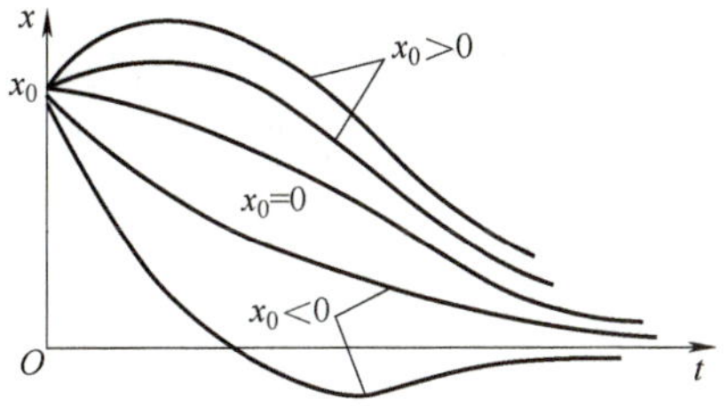

图　3-12

例 3-7　一重为 5N 的重物，挂于刚度系数为 2N/cm 的弹簧上，由于系统具有黏性阻尼，故重物经过 4 次振动后，振幅减到原来的 1/12。试求该系统的周期和对数减缩率。

解： 由题意知，本题属于小阻尼衰减振动的情况。先求系统的对数减缩率 δ，设某瞬时 t 重物的振幅为

$$A_1=e^{-nt}$$

经过 4 次振动后，即 $t+4T_d$ 瞬时重物的振幅为

$$A_5=e^{-n(t+4T_d)}$$

由题设条件：$\dfrac{A_5}{A_1}=\dfrac{1}{12}$，改写为

$$\frac{A_1}{A_5}=e^{4nT_d}=12$$

两边取自然对数得

$$4nT_d=\ln12$$

根据式（3-30），有

$$\delta=nT_d=\frac{1}{4}\ln12=0.621 \tag{a}$$

再求系统的振动周期 T_d。根据式（3-28），有

$$T_d=\frac{2\pi}{\sqrt{\omega_n^2-n^2}}=\frac{2\pi}{\sqrt{\dfrac{k}{m}-n^2}}=\frac{2\pi}{\sqrt{\dfrac{200\times9.8}{5}-n^2}}=\frac{2\pi}{\sqrt{392-n^2}} \tag{b}$$

联立式（a）、式（b），解得衰减振动的周期为 $T_d=0.319\text{s}$。

例 3-8　质量为 m 的小球，置于长为 l 的细杆的端点，杆的另一端 O 为铰接，在 A 点与

弹簧和阻尼装置相连，如图3-13a所示。已知弹簧刚度系数为k，黏性阻尼系数为c。试建立系统的振动微分方程，并求临界阻尼系数。杆的质量略去不计。

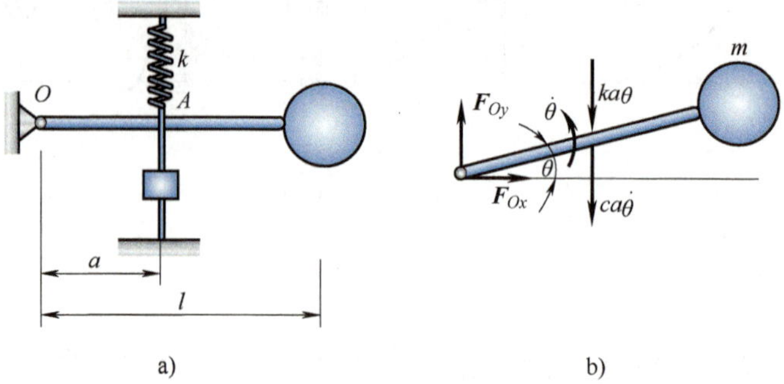

图 3-13

解： 杆的转角θ从平衡位置量起，则重力和与之相抵消的弹性力可以不计。系统的受力如图3-13b所示。写出系统对O点的动量矩定理，得系统的振动微分方程

$$ml^2\ddot{\theta}=-ka\theta a-ca\dot{\theta}a$$

或

$$\ddot{\theta}+\frac{ca^2}{ml^2}\dot{\theta}+\frac{ka^2}{ml^2}\theta=0$$

其特征方程为

$$r^2+\frac{ca^2}{ml^2}r+\frac{ka^2}{ml^2}=0$$

在临界阻尼的情况下，特征方程有重根，其判别式应为零，故

$$\left(\frac{ca^2}{ml^2}\right)^2-4\frac{ka^2}{ml^2}=0$$

解得

$$c=\frac{2l}{a}\sqrt{mk}$$

这就是临界阻尼系数c_c。

3.4 单自由度系统的受迫振动

3.4.1 受迫振动微分方程及其解

系统在外加激振力作用下的振动，称为受迫振动。

激振力是外加于振动系统的，它们通常是机械运转的不平衡、直接作用系统上的激振力或基础支承的运动等。就确定性振动而言，激振动力可分为周期性与非周期性变化的两类。本节只讨论按简谐规律变化的周期激振力，即简谐激振力，它是理解复杂激励情况的基础。简谐激振力可以表示为

$$F=H\sin\omega t \tag{3-33}$$

式中，H 为激振力的力幅；ω 为激振力的角频率。

图 3-14 所示为单自由度系统受迫振动的力学模型。设物体的质量为 m，弹簧刚度系数为 k，黏性阻尼系数为 c。以物体的平衡位置为坐标原点，坐标轴铅直向下为正。物体所受的恢复力 $\boldsymbol{F}_k$、阻尼力 $\boldsymbol{F}_c$ 和激振力 $\boldsymbol{F}$ 在 x 轴上投影分别为

$$F_k=-kx$$
$$F_c=-c\dot{x}$$
$$F=H\sin\omega t$$

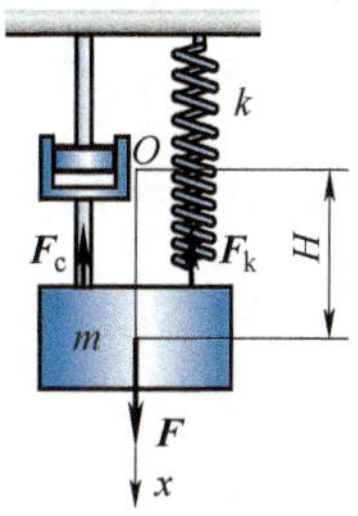

图 3-14

物体的运动微分方程为

$$m\ddot{x}=-kx-c\dot{x}+H\sin\omega t$$

令 $\omega_n^2=\dfrac{k}{m}$，$2n=\dfrac{c}{m}$，$h=\dfrac{H}{m}$，则上式可写为

$$\ddot{x}+2n\dot{x}+\omega_n^2x=h\sin\omega t \tag{3-34}$$

式（3-34）是单自由度系统受迫振动微分方程的标准形式。它是二阶非齐次线性常系数微分方程，其解由两部分组成，即

$$x=x_1+x_2$$

式中，x_1 是对应于齐次方程的通解。假设 $n<\omega_n$，则

$$x_1=Ae^{-nt}\sin(\omega_d t+\theta)$$

而 x_2 是方程（3-34）的特解，为求此特解，可设

$$x_2=b\sin(\omega t-\varepsilon) \tag{3-35}$$

式中，b 和 ε 是待定的常数。将 x_2 代入方程（3-34），得

$$-b\omega^2\sin(\omega t-\varepsilon)+2nb\omega\cos(\omega t-\varepsilon)+\omega_n^2b\sin(\omega t-\varepsilon)=h\sin\omega t$$

经移项变换后，上式可化为

$$[b(\omega_n^2-\omega^2)-h\cos\varepsilon]\sin(\omega t-\varepsilon)+[2nb\omega-h\sin\varepsilon]\cos(\omega t-\varepsilon)=0$$

上式在任意时刻恒等于零，故 $\sin(\omega t-\varepsilon)$ 和 $\cos(\omega t-\varepsilon)$ 前的系数都应为零，故得

$$b(\omega_n^2-\omega^2)-h\cos\varepsilon=0$$
$$2nb\omega-h\sin\varepsilon=0$$

以上两式联立，解得

$$b=\frac{h}{\sqrt{(\omega_n^2-\omega^2)^2+4n^2\omega^2}} \tag{3-36}$$

$$\tan\varepsilon=\frac{2n\omega}{\omega_n^2-\omega^2} \tag{3-37}$$

于是方程（3-34）的通解为

$$x=Ae^{-nt}\sin(\omega_d t+\theta)+b\sin(\omega t-\varepsilon) \tag{3-38}$$

式中，积分常数 A 和 θ 由运动的初始条件确定。

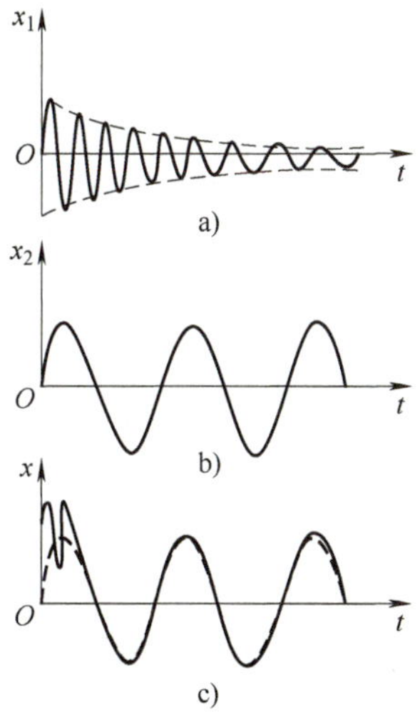

图 3-15

式（3-38）右端第一项为衰减振动（图 3-15a），它随时间的增加而迅速衰减，很快消失。第二项为受迫振动，又称稳态振动（图 3-15b），它不随时间的增加而衰减。在两种振动同时存在的阶段，叠加结果不是周期性振动，称此阶段为过渡阶段（图 3-15c）。过渡阶段一般是很短暂的，以后系统按稳态振动

进行。下面主要讨论稳态振动，即

$$x_2 = b\sin(\omega t-\varepsilon)$$

可见，在简谐激振力作用下受迫振动也是简谐运动。振动的频率与激振力的频率相同。物体的位移落后于激振力一个相位 ε，式（3-36）和式（3-37）表明：受迫振动的振幅 b 和相位差 ε 只决定于系统本身的特性和激振力的性质，与运动的初始条件无关。

3.4.2 受迫振动的振幅

受迫振动振幅的大小在工程实际中具有明显的作用。为了能控制振幅的大小，就应了解各有关参量对振幅的影响程度和规律性。为此，将振幅表达式（3-36）改写为

$$b=\frac{h}{\omega_n^2}\frac{1}{\sqrt{\left[1-\left(\frac{\omega}{\omega_n}\right)^2\right]^2+4\left(\frac{n}{\omega_n}\right)^2\left(\frac{\omega}{\omega_n}\right)^2}}$$

令 $b_0=\frac{h}{\omega_n^2}=\frac{H/m}{k/m}=\frac{H}{k}$，它表示在激振力幅值 H 的静力作用下，物体偏离平衡位置的距离；令 $\lambda=\frac{\omega}{\omega_n}$，称为频率比；令 $\xi=\frac{n}{\omega_n}$，称为阻尼比。于是上式写成为无量纲形式：

$$\beta=\frac{b}{b_0}=\frac{1}{\sqrt{(1-\lambda^2)^2+4\xi^2\lambda^2}} \tag{3-39}$$

式中，β 称为动力放大系数。可见 β 的变化取决于 λ 和 ξ。为便于分析，取 ξ 为参变量，根据式（3-39）绘制出 β 随 λ 变化的曲线，如图 3-16 所示，称为幅频特性曲线（或称共振曲线）。它是表征受迫振动特性的很重要的曲线。下面对照曲线分析受迫振动振幅的特征。

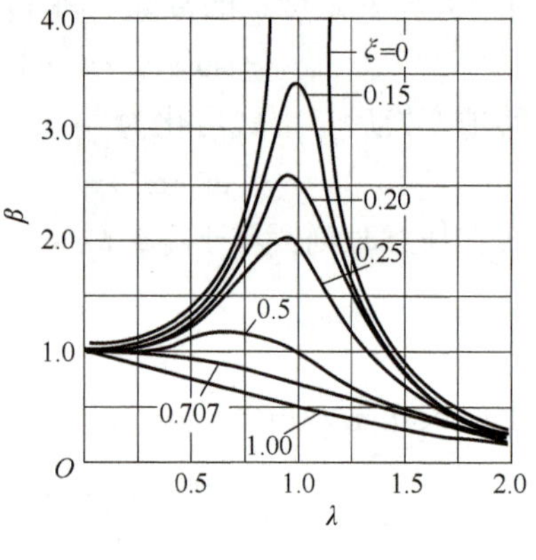

图 3-16

1）当 $\lambda\ll1(\omega\ll\omega_0)$ 时，即当激振力的频率很低时，不论 ξ 为何值（即不论阻尼大小如何），$\beta\to1$，即 $b\to b_0$，也就是说缓慢交变的激振力的动力作用接近于其静力作用，这时可以忽略系统的阻尼而当作无阻尼受迫振动处理。

2）当 $\xi=0$，$\lambda=1(\omega=\omega_n)$ 时，即无阻尼情况下激振力频率与系统固有频率相等时，β 趋向无穷大，即受迫振动的振幅趋向于无穷大，这种现象称为共振。

3）当 $\lambda\to1(\omega\to\omega_n)$ 时，即当激振力的频率与系统固有频率接近时，对于 $\xi<0.707$ 的各条曲线，β 有一最大值，这时振幅 b 出现峰值。为求 β 的最大值 β_{max}，只要对式（3-39）求极值，即由 $\frac{d\beta}{d\lambda}=0$，可求得对应于 β_{max} 的 λ 值为

$$\lambda=\sqrt{1-2\xi^2} \tag{3-40}$$

将此值代入式（3-39），即可求得

$$\beta_{max}=\frac{1}{2\xi\sqrt{1-\xi^2}} \tag{3-41}$$

由此可知，振幅 b 的最大值为

$$b_{\max}=b_0\beta_{\max}=\frac{b_0}{2\xi\sqrt{1-\xi^2}} \tag{3-42}$$

可见，有阻尼时，振幅的最大值并不发生在 $\lambda=1$，而是稍小于 1 处，并且振幅不再趋向无穷大，而是一个有限值。一般情况下，阻尼比 $\xi\ll1$，因此可以近似地认为 $\lambda=1$ 时，发生共振，其共振振幅为

$$b_{\max}=\frac{b_0}{2\xi} \tag{3-43}$$

由于 $\lambda=1$ 的邻域内，受迫振动的振幅取一个较大值，所以通常取 $0.75<\lambda<1.25$ 的区间为共振区。由图中各条曲线可见，阻尼在共振区对振幅的影响极为显著，加大阻尼，可以减小共振时的振幅。当 $\xi>0.707$ 时，β 将随 λ 增大而单调下降，振幅已不再有峰值，共振现象也就不存在了。

共振现象是在工程中需要研究的重要课题。一般来说，共振是有害的，它使机器或结构物产生过大的变形，甚至引起破坏。共振也有有利的一面，如利用共振来制造各种振动机械、实测某些结构物的固有频率等。

4）当 $\lambda\gg1(\omega\gg\omega_n)$ 时，即当激振力频率远大于系统固有频率时，不论 ξ 为何值（即不论阻尼大小如何），$\beta\to0$，即受迫振动的振幅 $b\to0$。这表明，当激振力频率很高时，物体由于惯性而几乎来不及振动。这时又可以忽略阻尼，将系统当作无阻尼系统处理。

3.4.3　相位差与阻尼和激振力频率之间的关系

将式（3-37）改写成无量纲形式：

$$\varepsilon=\arctan\frac{2\xi\lambda}{1-\lambda^2} \tag{3-44}$$

仍取 ξ 为参变量，绘制 ε 随 λ 变化的曲线，如图 3-17 所示，称为**相频特性曲线**。由图可见，ε 随 λ 的增加而连续变化，变化范围为 $0\sim\pi$，且为一单调上升曲线。当 $\lambda\ll1$ 时，$\varepsilon\to0$，即受迫振动与激振力基本同相位。在 $\lambda\to1$ 的附近，即在共振区内，ε 的变化非常显著。当 λ，即共振时，不论阻尼多大，$\varepsilon=\pi/2$，这是共振时的一个重要特征。这时激振力的相位比受迫振动位移的相位超前 $\pi/2$。当 $\lambda\gg1$ 时，$\varepsilon\to\pi$，这时受迫振动的位移与激振力反相位。

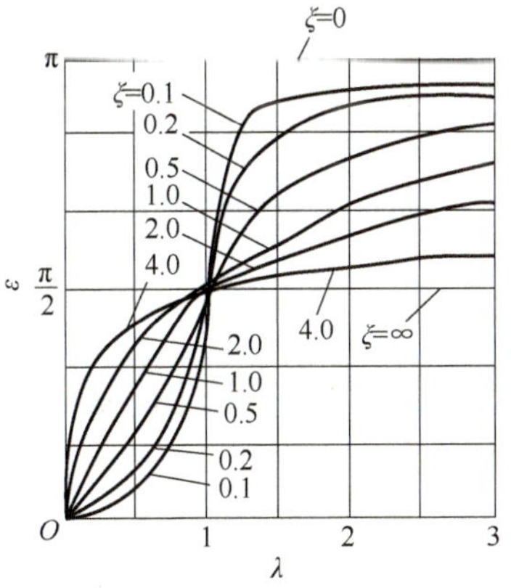

图　3-17

3.4.4　无阻尼系统的共振解

在上述分析中，当无阻尼系统的 $\lambda=1(\omega=\omega_n)$ 时，系统将发生共振，其振幅趋向于无穷大。然而，振幅也不是突然地增至无穷大，而是有一个时间过程。由式（3-34）可得无阻尼系统受迫振动微分方程为

$$\ddot{x}+\omega_n^2x=h\sin\omega t \tag{3-45}$$

从微分方程理论可知，当 $\omega=\omega_n$ 时，微分方程式（3-45）特解为

$$x_2=bt\cos\omega_n t \tag{3-46}$$

将上式代入方程式（3-45）中，得 $b=-\dfrac{h}{2\omega_n}$

则有

$$x_2=-\frac{h}{2\omega_n}t\cos\omega_n t=\frac{h}{2\omega_n}t\sin\left(\omega_n t-\frac{\pi}{2}\right) \tag{3-47}$$

由此可见，当 $\omega=\omega_n$ 时，即系统共振时，受迫振动的振幅随时间成比例地无限增大，其运动图线如图 3-18 所示。位移 x_2 的相位较激振力落后 $\pi/2$。

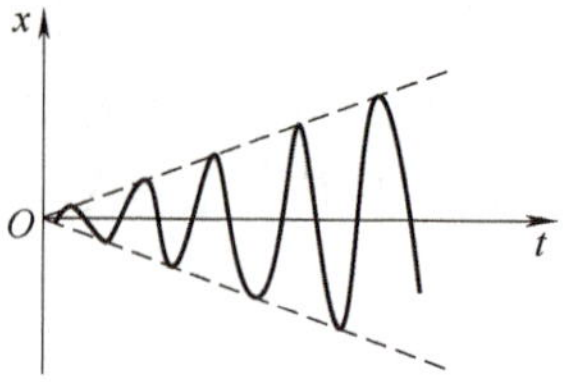

图 3-18

例 3-9 某电机安装在弹性基础上，如图 3-19 所示，有两个偏心质量 $m/2$ 以匀角速度 ω 按相反方向转动。采用两个按相反方向转动的相等质量的目的在于使这两个质量所激励的水平分量彼此抵消，而其激励的铅垂分量则相加起来。转子的偏心距为 e，电机总质量为 $m_{总}$，支持弹簧的刚度系数为 k，黏性阻尼系数为 c。试求电机受迫振动的幅频特性。

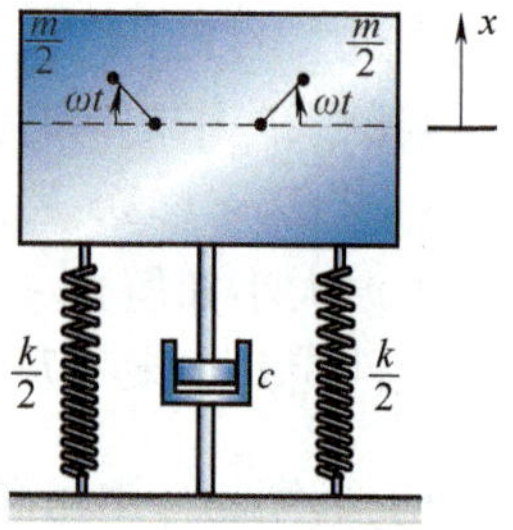

图 3-19

解： 以电机整体为研究对象，取电机平衡位置为坐标原点，x 轴铅直向上为正。由质心运动定理得运动微分方程为

$$(m_{总}-m)\ddot{x}+m\frac{d^2}{dt^2}[x+e\sin\omega t]=c\dot{x}-kx$$

整理后，得电机受迫振动微分方程的标准形式：

$$\ddot{x}+2n\dot{x}+\omega_n^2x=h\sin\omega t \tag{a}$$

其中

$$\omega_n^2=\frac{k}{m_{总}},\quad 2n=\frac{c}{m_{总}},\quad h=\frac{me\omega^2}{m_{总}}$$

根据式（3-36），可求出电机受迫振动的振幅为

$$b=\frac{h}{\sqrt{(\omega_n^2-\omega^2)^2+4n^2\omega^2}}=\frac{h/\omega_n^2}{\sqrt{(1-\lambda^2)^2+4\xi^2\lambda^2}}=\frac{\dfrac{me\omega^2}{m_{总}\omega_n^2}}{\sqrt{(1-\lambda^2)^2+4\xi^2\lambda^2}}$$

改写为

$$\frac{b}{\dfrac{me}{m_{总}}}=\frac{\lambda^2}{\sqrt{(1-\lambda^2)^2+4\xi^2\lambda^2}} \tag{b}$$

根据式（b）可绘出幅频特性曲线，如图 3-20 所示。由图可见，当阻尼比较小时，在 $\lambda=1$ 附近，$\dfrac{m_{总}b}{me}$ 变化剧烈，振幅出现峰值，即发生共振。可见，共振现象发生于当电机的转速 ω 等于振动系统的固有频率 ω_n 之时。这个转速，称为电机的临

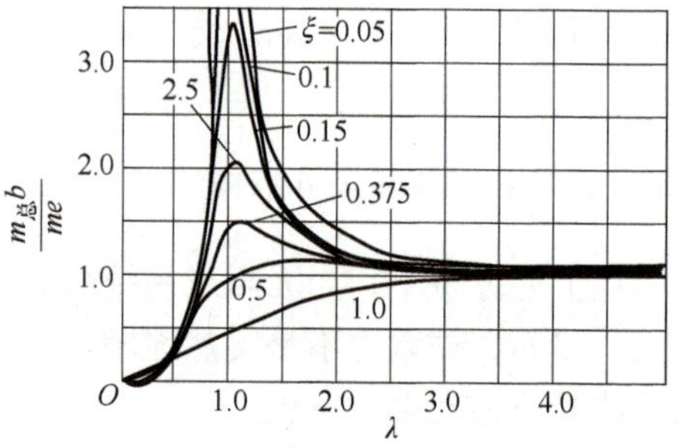

图 3-20

界转速。设计时应注意电动机的工作转速远离临界转速。

例 3-10　如图 3-21 所示的系统中，支座周期运动方程为 $y=Y\sin\omega t$，使质量 m 发生受迫振动 $x=X\sin(\omega t-\varphi)$。试证明无论阻尼 ξ 为何值，在频率比 $\lambda=\dfrac{\omega}{\omega_n}=\sqrt{2}$ 时，恒有 $\left|\dfrac{X}{Y}\right|=1$。

证明：此系统的激励源是支承的周期运动，y 表示支座的简谐运动。质量 m 的坐标 x 是相于固定坐标的。其运动微分方程为

$$m\ddot{x}+c(\dot{x}-\dot{y})+k(x-y)=0$$

或

$$m\ddot{x}+c\dot{x}+kx=c\dot{y}+ky$$

令

$$\xi=\frac{c}{2m\omega_n},\quad \omega_n^2=\frac{k}{m}$$

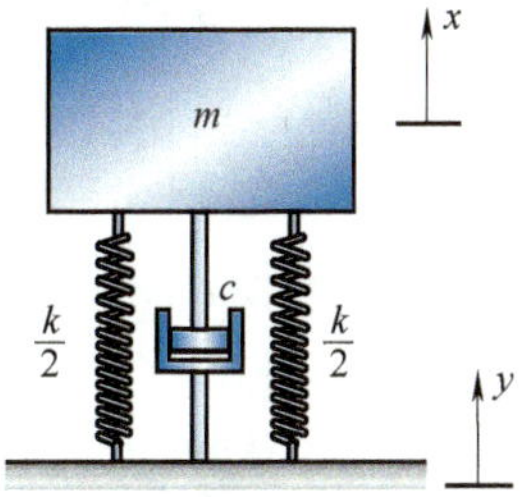

图　3-21

运动微分方程可以改写为

$$\ddot{x}+2\xi\omega_n\dot{x}+\omega_n^2x=2\xi\omega_n\dot{y}+\omega_n^2y=2\xi\omega_n\omega Y\cos\omega t+\omega_n^2Y\sin\omega t$$

其响应具有的形式，振幅和相位差为

$$X=Y\sqrt{\frac{1+(2\xi\omega/\omega_n)^2}{[1-(\omega/\omega_n)^2]^2+[2\xi\omega/\omega_n]^2}}=Y\sqrt{\frac{1+(2\xi\lambda)^2}{(1-\lambda^2)^2+4\xi^2\lambda^2}}$$

$$\varphi=\arctan\frac{2\xi(\omega/\omega_n)^3}{1-(\omega/\omega_n)^2+(2\xi\omega/\omega_n)^2}=\arctan\frac{2\xi\lambda^3}{1-\lambda^2+4\xi^2\lambda^2}$$

因而振幅比值的绝对值为

$$\left|\frac{X}{Y}\right|=\sqrt{\frac{1+(2\xi\lambda)^2}{(1-\lambda^2)^2+4\xi^2\lambda^2}}$$

当频率比 $\lambda=\sqrt{2}$ 时，振幅比为 $\left|\dfrac{X}{Y}\right|=1$。

另外可以看出，当 $\lambda<\sqrt{2}$ 时，$\left|\dfrac{X}{Y}\right|$ 随阻尼比 ξ 值的增大而减小；当 $\lambda>\sqrt{2}$ 时，$\left|\dfrac{X}{Y}\right|$ 随阻尼比 ξ 的增大而增大。

习　题

3-1　如题 3-1 图所示，两个弹簧的刚度系数分别为 $k_1=50\text{N/cm}$，$k_2=30\text{N/cm}$。物块重 $Q=4\text{N}$。物块与弹簧之间的联系情况如题 3-1 图所示。求物块自由振动的周期。

3-2　一盘悬挂在弹簧上，盘内放物块，如题 3-2 图所示。当盘内放一重为 P 的物块时，测得微幅振动的周期为 T_1；如盘内换一重为 Q 的物块时，则测得振动周期为 T_2。求弹簧的刚度系数 k。

3-3　重为 Q 的重物置于弹性简支梁 AB 的中部，无初速地释放，如题 3-3 图所示。试求系统的振动规律。已知在力作用下，梁中部的静挠度 $\delta_{st}=2\text{mm}$，略去梁的重量。

3-4　一物块质量为 $m=35\text{kg}$，由题 3-4 图所示弹簧装置所支承。现将物块沿铅直向下拉离其平衡位置后，无初速释放。试求：(1) 系统振动的周期 T 和频率 f；(2) 当运动振幅为 $A=20\text{mm}$ 时，物块的最大速

度和最大加速度。已知弹簧的刚度系数分别为 $k_1=60\text{kN/m}$ 和 $k_2=4\text{kN/m}$，均略去质量。

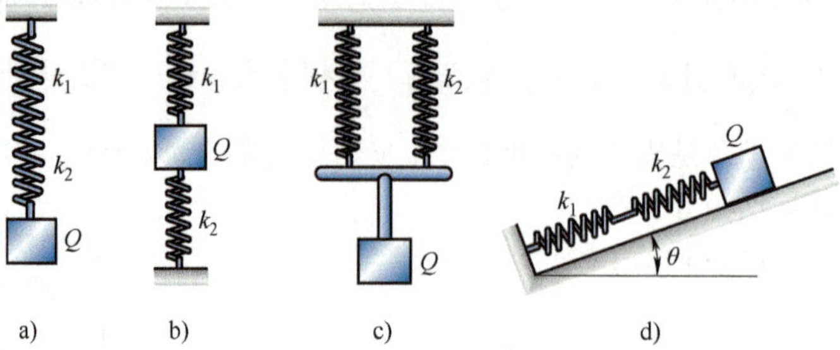

题 3-1 图

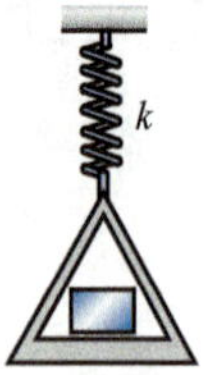

题 3-2 图

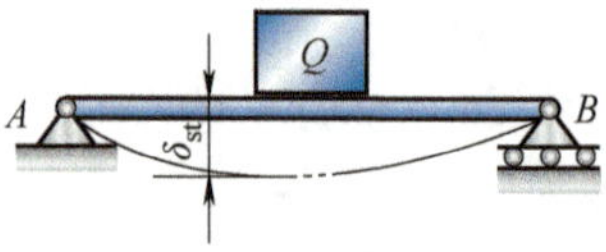

题 3-3 图

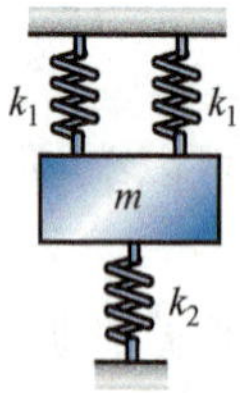

题 3-4 图

3-5 如题 3-5 图所示均质杆 AB，质量为 m_1，长为 $3l$，B 端刚性连接质量为 m_2 的小球。弹簧的刚度系数均为 k，杆在 O 处为铰链。求系统的固有频率 ω_n。

3-6 如题 3-6 图所示，不可伸长的柔索绕过质量为 $m_1=5\text{kg}$ 的均质圆盘，A 端挂一个重物，其质量为 $m_2=10\text{kg}$，另一端 B 与刚度系数为 $k=200\text{N/m}$ 的弹簧相连接，圆盘半径为 $r=0.15\text{m}$。若柔索与圆盘间无相对滑动，且弹簧与柔索的质量以及其他阻力均可略去不计，试求系统的微振动方程和系统的固有频率。

3-7 质量 $m=50\text{kg}$ 的物块支承在题 3-7 图所示位置时，弹簧均不受力。弹簧质量不计，刚度系数分别为 $k_1=100\text{N/cm}$，$k_2=k_3=50\text{N/cm}$，$k_4=200\text{N/cm}$。试问：（1）若将支承缓慢撤去，物块将下落多少距离？（2）若将支承突然撤去，物块又将下落多少距离？（3）试给出支承突然撤去后物块的运动规律。

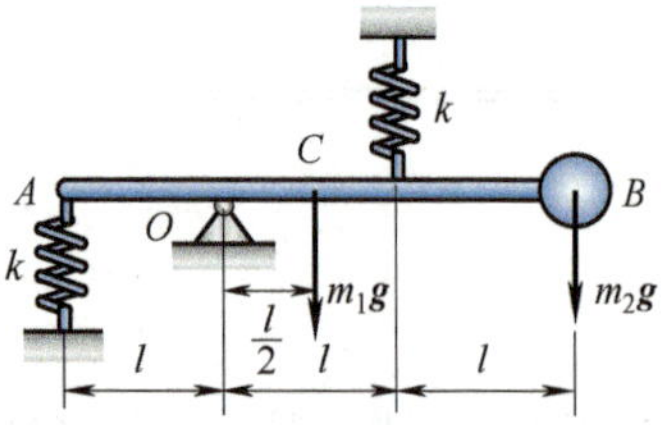

题 3-5 图

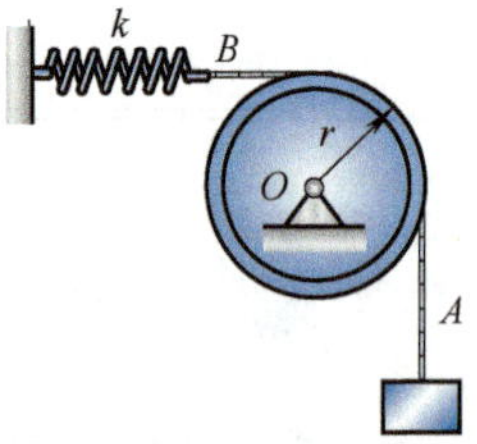

题 3-6 图

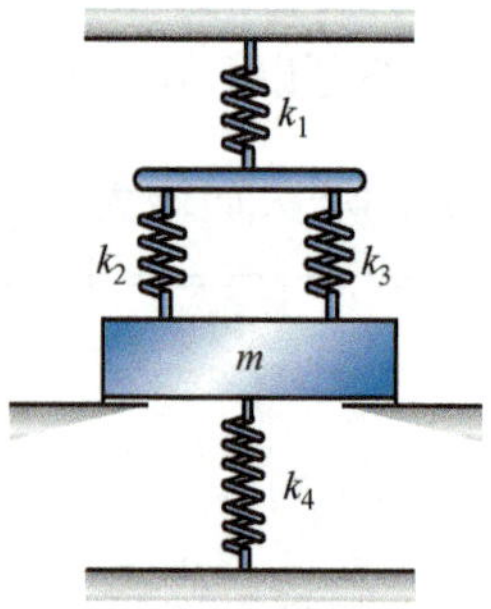

题 3-7 图

3-8 横截面半径为 r 的半圆柱体，在水平面上只滚不滑，如题 3-8 图所示。已知该柱体对通过质心 C 且平行于半圆柱母线的轴的惯性半径为 ρ，又 $OC=a$。求该柱体做微小摆动的频率 f。

3-9 如题 3-9 图所示，质量阻尼弹簧系统中物块重为 $Q=0.5\text{N}$，弹簧刚度系数 $k=2\text{N/cm}$。使系统发生自由振动，测得其相邻两个振幅之比 $\dfrac{A_i}{A_{i+1}}=\dfrac{100}{98}$，求系统的临界阻尼系数和阻尼系数各为多少？

3-10 如题 3-10 图所示临界阻尼振动系统，物体的质量为 $m=2\text{kg}$，弹簧的刚度系数为 $k=2\text{N/cm}$。设物

体的初位移为 $x_0=2.5\text{cm}$，初速度为 $v_0=-30\text{cm/s}$。试求物体经过平衡位置时所需的时间 t 和离开平衡位置的最远距离 x_m。

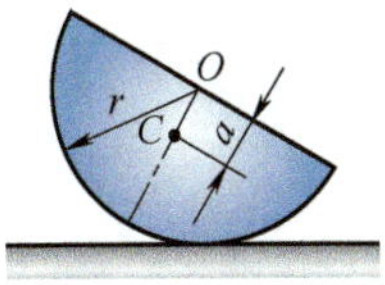

题 3-8 图

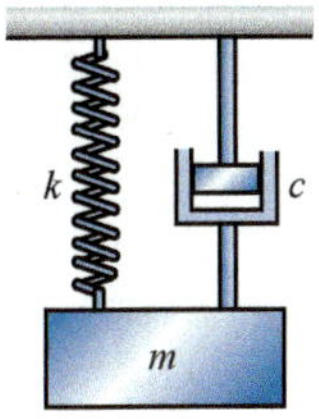

题 3-9 图

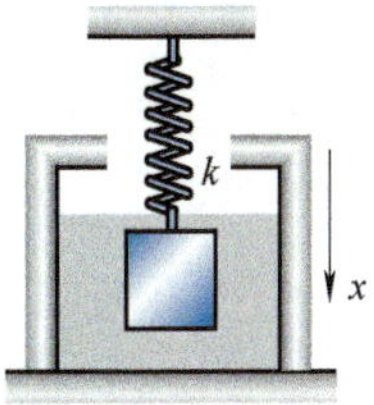

题 3-10 图

3-11　车轮上装置一重为 P 的物块 B，某瞬时 $t=0$ 车轮由水平路面进入曲线路面，并继续以等速率 v 行驶。该曲线路面按 $y_1=d\sin\dfrac{\pi}{l}x_1$ 的规律起伏，坐标原点和坐标系 $O_1x_1y_1$ 的位置如题 3-11 图所示。当轮 A 进入曲线路面时，物块 B 在铅直方向无速度。设弹簧的刚度系数为 k。求：（1）物块 B 受迫振动的规律；（2）发生共振时轮 A 的速度（即临界速度）v。

3-12　物体 M 悬挂在弹簧 AB 上，如题 3-12 图所示。弹簧的上端做铅垂直线谐振动，其振幅为 a，角频率为 ω，即 $O_1C=a\sin\omega t\text{cm}$。已知物体 M 重 4N，弹簧在 0.4N 力作用下伸长 1cm，$a=2\text{cm}$，$\omega=7(1/\text{s})$。求受迫振动的规律。

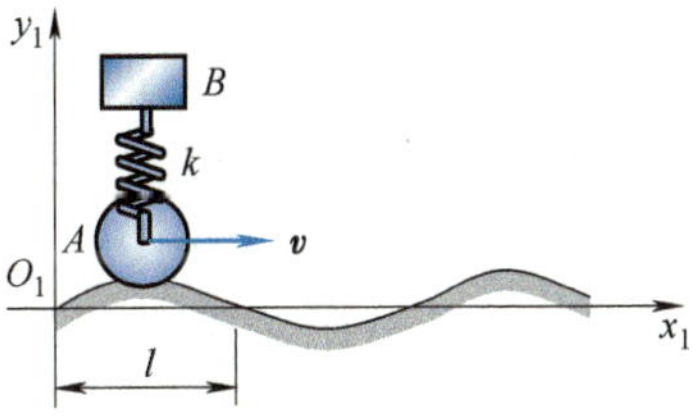

题 3-11 图

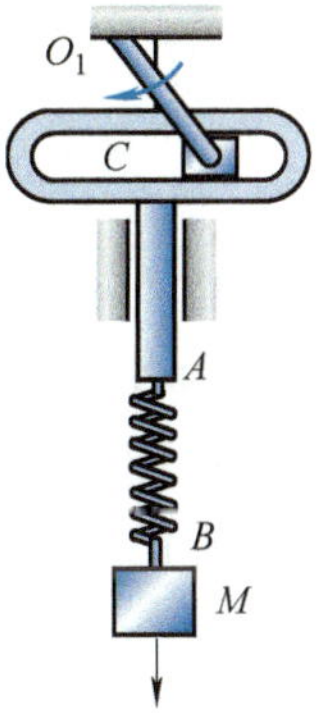

题 3-12 图

第 4 章 碰撞

4.1 碰撞现象及其基本特征

工程实际中物体在突然受到冲击（包括突然受到约束或突然解除约束）时，它的速度在极短的时间内发生有限的改变，这种现象称为**碰撞**。例如，一对啮合的齿轮，若齿间有间隙，开始运动时，接触的齿面会发生碰撞。此外，锻造工件、建筑打桩过程中也会发生碰撞现象。研究碰撞可以了解碰撞现象的本质，掌握其规律，以便更好地预测和掌控碰撞现象产生的后果。

4.1.1 基本特征

碰撞现象的基本特征：动量的变化是在极短的时间内进行的。以两个直径为 25mm 的黄铜球相互碰撞为例，当两者以 72mm/s 的相对速度相撞时，碰撞时间只有 2×10^{-4}s。在极短的时间内物体的速度或动量发生有限的改变，加速度很大，两球之间的作用力必然相当大。这种仅在碰撞过程中存在的物体间相互作用力称为**碰撞力（或瞬时力）**。碰撞力在碰撞时间内的冲量，称为**碰撞冲量**。设碰撞时间为 t，碰撞力为 $\boldsymbol{F}$，则碰撞冲量为

$$\boldsymbol{I}=\int_0^t \boldsymbol{F}\mathrm{d}t \tag{4-1}$$

在碰撞的极短时间内，碰撞力是不断变化的，变化规律极其复杂，并且与物体碰撞时的相对速度、材料性质、接触表面状况等因素有关，要想测出碰撞力的瞬时值十分困难，因此一般不用碰撞力来度量碰撞的作用，而直接分析碰撞冲量。如果测得碰撞进行的时间 t，则碰撞力的平均值 $\overline{\boldsymbol{F}}$ 为

$$\overline{\boldsymbol{F}}=\frac{1}{t}\int_0^t \boldsymbol{F}\mathrm{d}t=\frac{\boldsymbol{I}}{t} \tag{4-2}$$

4.1.2 基本假设

为了便于研究，对碰撞问题做以下的基本假设：

1）在碰撞过程中，非碰撞力的冲量忽略不计。由于碰撞力非常大，重力、外部主动力等普通力远远小于碰撞力，因此这些普通力的冲量可以忽略不计。但必须注意，非碰撞力的冲量不计，只限于碰撞过程的极短时间内，在碰撞前和碰撞后的阶段，非碰撞力对物体的作

用是必须考虑的。

2）**在碰撞过程中，物体的位移忽略不计**。由于碰撞时间极短，而物体的速度是有限量，因而可以认为物体在碰撞过程中的位置没有变动，只是物体的速度发生了有限的改变。

4.1.3　碰撞过程的两个阶段

1. 变形阶段

从发生碰撞的物体接触开始到产生最大变形为止，在这个阶段内，物体主要发生压缩变形，称为变形阶段。若以（$0, t_1$）表示该阶段对应的时间间隔，以 $\boldsymbol{I}_1$ 表示该时间间隔内的碰撞冲量，则

$$\boldsymbol{I}_1 = \int_0^{t_1} \boldsymbol{F} \mathrm{d}t$$

2. 恢复阶段

由碰撞物体产生最大变形到两碰撞物体脱离接触，在这个阶段内，物体由于弹性而恢复或部分恢复原来的形状，称为恢复阶段。若以（t_1, t）表示该阶段对应的时间间隔，以 $\boldsymbol{I}_2$ 表示该时间间隔内的碰撞冲量，则

$$\boldsymbol{I}_2 = \int_{t_1}^{t} \boldsymbol{F} \mathrm{d}t$$

要说明的是，实际的碰撞过程非常复杂，两个阶段也很难截然分开，上面所述只是一个概况。

4.1.4　碰撞的分类

从不同的角度，碰撞有不同的分类。

1）自由物体对自由物体的碰撞。两个物体碰撞时，若接触面是光滑的曲面，则通过首先接触的一点可作一公法线 n-n（图 4-1）。碰撞开始时，若两物体的质心都在此公法线上，则这种碰撞称为**对心碰撞**（图 4-1a）；若两物体的质心不在公法线上，则这种碰撞称为**偏心碰撞**（图 4-1b）。对于对心碰撞，若两物体质心的速度方向恰在此公法线上，则这种碰撞称为**对心正碰撞**（图 4-1c）；若两物体质心的速度方向不在此公法线上，则这种碰撞称为**对心斜碰撞**（图 4-1d）。

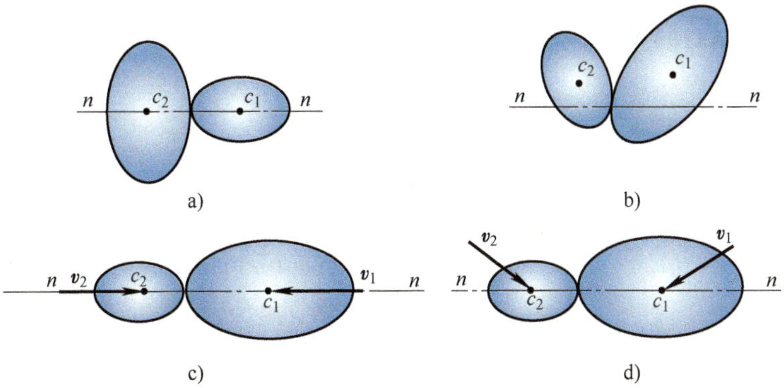

图　4-1

2）物体对可转动物体的碰撞。碰撞过程中，该转动物体只具有转动自由度。

3）物体对障碍物的碰撞。物体对某固定物体（如地面、墙）的碰撞，也可分为正碰撞和斜碰撞。

根据物体碰撞后变形的恢复程度（或动能有无损失），碰撞也可以分为塑性碰撞、弹性碰撞和完全弹性碰撞。

4.2 碰撞过程的基本定理

研究碰撞问题一般用动量定理和动量矩定理的积分形式，即冲量定理和冲量矩定理。碰撞过程中，物体将发生变形，同时伴随着其他物理现象发生。例如，两物体碰撞时要发声、发热甚至发光，因此几乎所有碰撞现象中都伴随着机械能损失。对于碰撞问题，除了没有机械能损失的特殊情况外，一般不能运用动能定理。

4.2.1 动量定理的积分形式——冲量定理

设质点的质量为 m，碰撞前的速度为 $\boldsymbol{v}$，碰撞后的速度为 $\boldsymbol{u}$，由动量定理有

$$m\boldsymbol{u}-m\boldsymbol{v}=\int_0^t \boldsymbol{F}\mathrm{d}t=\boldsymbol{I} \tag{4-3}$$

即碰撞过程中质点动量的改变量等于作用在物体上的碰撞冲量。注意：式中 $\boldsymbol{F}$ 不含非碰撞力。

对于质点系则有

$$\sum m_i\boldsymbol{u}_i-\sum m_i\boldsymbol{v}_i=\sum \boldsymbol{I}_i^{\mathrm{e}} \tag{4-4}$$

因为质点系的内碰撞冲量之和为零，故式（4-4）中等号的右边为外碰撞冲量主矢。因此，这表明：在碰撞过程中质点系动量的改变量等于作用于质点系的外碰撞冲量的矢量和。为了便于应用，式（4-4）常表示为质点系质心动量的形式，即

$$m\boldsymbol{u}_C-m\boldsymbol{v}_C=\sum \boldsymbol{I}_i^{\mathrm{e}} \tag{4-5}$$

式中，m 为质点系质量；$\boldsymbol{u}_C$ 和 $\boldsymbol{v}_C$ 分别为质点系质心在碰撞后和碰撞前的速度。式（4-4）、式（4-5）是用于碰撞过程的质点系动量定理的积分形式，称为冲量定理。

4.2.2 动量矩定理的积分形式——冲量矩定理

由于碰撞过程中质点的位移可以忽略不计，意味着碰撞过程中质点的矢径 $\boldsymbol{r}$ 将保持不变，因此碰撞前与碰撞后质点对固定点 O 的冲量矩分别为

$$\boldsymbol{M}_O(m\boldsymbol{v})=\boldsymbol{r}\times m\boldsymbol{v}$$

和

$$\boldsymbol{M}_O(m\boldsymbol{u})=\boldsymbol{r}\times m\boldsymbol{u}$$

碰撞过程的动量矩定理：

$$\begin{aligned}\boldsymbol{M}_O(m\boldsymbol{u})-\boldsymbol{M}_O(m\boldsymbol{v})&=\boldsymbol{r}\times m\boldsymbol{u}-\boldsymbol{r}\times m\boldsymbol{v}\\&=\boldsymbol{r}\times(m\boldsymbol{u}-m\boldsymbol{v})\\&=\boldsymbol{r}\times\boldsymbol{I}\end{aligned}$$

$\boldsymbol{M}_O(\boldsymbol{I})=\boldsymbol{r}\times\boldsymbol{I}$ 为碰撞冲量 $\boldsymbol{I}$ 对点 O 的矩，代入上式得

$$\boldsymbol{M}_O(m\boldsymbol{u})-\boldsymbol{M}_O(m\boldsymbol{v})=\boldsymbol{M}_O(\boldsymbol{I}) \tag{4-6}$$

式（4-6）表明：在碰撞过程中，质点对于固定点的动量矩的改变量等于此质点所受的碰撞冲量对同一点的矩。

对于质点系来说，由于内碰撞冲量对任何点的矩之矢量和也为零，于是有

$$\sum \boldsymbol{M}_O(\boldsymbol{I}^e) = \boldsymbol{L}_{O2} - \boldsymbol{L}_{O1} \tag{4-7}$$

式中，$\boldsymbol{L}_{O2}$和$\boldsymbol{L}_{O1}$分别为碰撞结束和开始时质点系对点 O 的动量矩，$\boldsymbol{L}_{O2} = \sum \boldsymbol{M}_O(m\boldsymbol{u})$，$\boldsymbol{L}_{O1} = \sum \boldsymbol{M}_O(m\boldsymbol{v})$。式（4-7）表明：在碰撞过程中，质点系对于固定点的动量矩的改变，等于作用于质点系的外碰撞冲量对同一点的主矩。式（4-7）是用于碰撞过程中的质点系动量矩定理的积分形式，称为冲量矩定理。

4.3 恢复系数

4.3.1 恢复系数的定义

在研究碰撞的规律时，科学家发现材料在给定的两个物体发生对心正碰撞时，不论碰撞前后的运动速度如何，碰撞后与碰撞前的法向相对速度大小的比值是不变的，该比值称为恢复系数，以 k 表示，即

$$k = \left| \frac{u}{v} \right| \tag{4-8}$$

式中，u 和 v 分别为两物体在碰撞后和碰撞前的相对速度。恢复系数需用实验测定。

4.3.2 恢复系数的确定方法

1. 点对固定面的正碰撞

用待测恢复系数的材料做成小球 M 和质量很大的平板。将平板固定，设小球自 h_1 高度自由落下，碰撞后小球跳离固定面升至 h_2 高度（图 4-2），以 $\boldsymbol{v}$ 和 $\boldsymbol{u}$ 分别表示小球碰撞前后的速度，则

$$v = \sqrt{2gh_1}, \quad u = \sqrt{2gh_2}$$

并且 v 和 u 也是碰撞前、后小球与固定面相对速度的大小，于是得恢复系数

$$k = \frac{|u|}{|v|} = \sqrt{\frac{h_2}{h_1}} \tag{4-9}$$

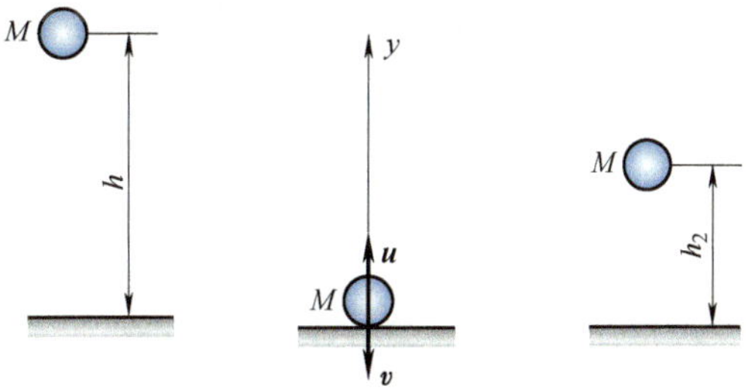

图 4-2

若碰撞前小球动量大小为 mv，碰撞中速度减至零，此时变形阶段终结。设变形阶段的碰撞冲量为 $\boldsymbol{I}_1$，则应用冲量定理在 y 轴的投影式，有

$$0-(-mv) = I_1$$

然后开始恢复阶段，小球弹性变形逐渐恢复，重新得到反向速度，离开固定面时速度为 $\boldsymbol{u}$，此时恢复阶段结束。设在恢复阶段的碰撞冲量为 $\boldsymbol{I}_2$，则应用冲量定理在 y 轴的投影式有

$$mu-0 = I_2$$

将小球碰撞前后的速度用碰撞冲量表示，并代入式（4-8），则得

$$k=\left|\frac{I_2}{I_1}\right| \tag{4-10}$$

可见恢复阶段与变形阶段的碰撞冲量之比也等于恢复系数。

不同材料之间的恢复系数见表 4-1。

表 4-1　不同材料之间的恢复系数

碰撞物体的材料	铁对铅	木对胶木	木对木	钢对钢	象牙对象牙	玻璃对玻璃
恢复系数	0.14	0.26	0.50	0.56	0.89	0.94

恢复系数既表示物体在碰撞后速度恢复的程度，也表示物体变形恢复的程度。对于各种实际物体的材料均有 $0<k<1$，因为实际物体在碰撞中机械能必然有损失，恢复系数越小说明损失的动能越多。

1）若 $k=0$，说明碰撞没有恢复阶段，物体的变形不能恢复，当两个碰撞物体在接触点的公法线方向上的速度相等时，碰撞即告结束。这种碰撞称为塑性碰撞。

2）若 $0<k<1$，这种碰撞称为弹性碰撞。实际上，大多数材料的碰撞属于弹性碰撞。

3）若 $k=1$，此时为理想情况，物体在碰撞结束时，变形完全恢复，动能没有损失，这种碰撞称为完全弹性碰撞。

2. 点对固定面的斜碰撞

如果质点与固定面发生对心斜碰撞，碰撞开始瞬时的质点速度 $\boldsymbol{v}$ 与接触点法线的夹角为 α，碰撞结束时返跳速度 $\boldsymbol{u}$ 与法线的夹角为 β，如图 4-3 所示。不计摩擦，两物体只在法线方向发生碰撞，于是材料的恢复系数应为

$$k=\left|\frac{u^{\mathrm{n}}}{v^{\mathrm{n}}}\right|$$

式中，u^{n} 和 v^{n} 分别是速度 $\boldsymbol{u}$ 和 $\boldsymbol{v}$ 在法线方向的投影。

设 u^{t} 和 v^{t} 分别表示速度 $\boldsymbol{u}$ 和 $\boldsymbol{v}$ 在切线方向的投影，则有

$$|u^{\mathrm{n}}|\tan\beta=u^{\mathrm{t}},\quad |v^{\mathrm{n}}|\tan\alpha=v^{\mathrm{t}}$$

于是

$$\left|\frac{u^{\mathrm{n}}}{v^{\mathrm{n}}}\right|=\frac{u^{\mathrm{t}}\tan\alpha}{v^{\mathrm{t}}\tan\beta}$$

根据动量定理在切线轴 τ 上的投影式，有

$$m(u^{\mathrm{t}}-v^{\mathrm{t}})=0$$

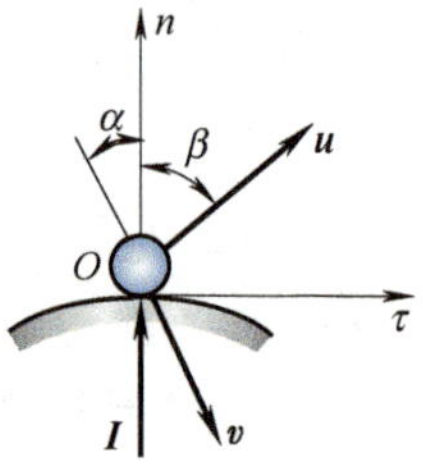

图　4-3

因此 $u^{\mathrm{t}}=v^{\mathrm{t}}$，于是恢复系数 k 可用 α 和 β 表示为

$$k=\left|\frac{u^{\mathrm{n}}}{v^{\mathrm{n}}}\right|=\frac{\tan\alpha}{\tan\beta} \tag{4-11}$$

对于实际材料，有 $k<1$。由式（4-11）可知，当碰撞物体表面光滑时，总有 $\alpha<\beta$。

4.4　两物体的对心正碰撞

设两物体 M_1 和 M_2 的质量分别为 m_1 和 m_2，碰撞开始时质心的速度分别为 $\boldsymbol{v}_1$ 和 $\boldsymbol{v}_2(v_1>v_2)$，如图 4-4 所示，两物体实现对心正碰撞。现在分析碰撞结束时的速度和在碰撞过程中损失的动能。

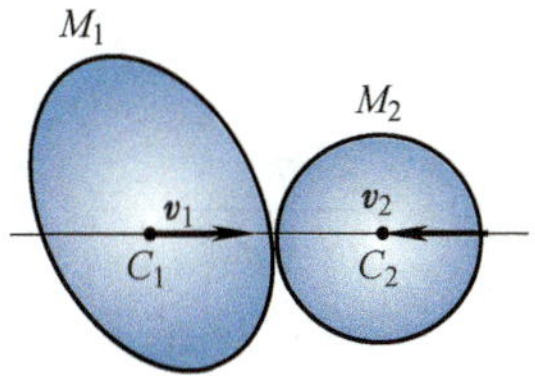

图　4-4

4.4.1　碰撞结束时两物体的速度

设碰撞结束时，两物体质心速度分别为 $\boldsymbol{u}_1$ 和 $\boldsymbol{u}_2$，取两物体为研究对象，根据冲量定理可知系统动量守恒，在质心连线上的投影式为

$$m_1\boldsymbol{v}_1+m_2\boldsymbol{v}_2=m_1\boldsymbol{u}_1+m_2\boldsymbol{u}_2 \tag{4-12}$$

以 M_1 为研究对象，设其变形阶段受到的法向碰撞冲量大小为 I_1，方向向左；恢复阶段受到的法向碰撞冲量大小为 I_2，方向亦向左，并且变形阶段结束时，两物体具有大小相等、方向相同的速度 $\boldsymbol{u}$。应用冲量定理在质心连线上的投影式，有

$$m_1u-m_1v_1=-I_1$$
$$m_1u_1-m_1u=-I_2$$

对于 M_2，同理可得

$$m_2(u-v_2)=I_1$$
$$m_2(u_2-u)=I_2$$

由以上四式可得

$$\frac{I_2}{I_1}=\frac{u_2-u}{u-v_2}=\frac{u_1-u}{u-v_1}$$

或

$$\frac{I_2}{I_1}=\frac{u_2-u_1}{v_1-v_2}$$

于是得

$$k=\frac{u_2-u_1}{v_1-v_2} \tag{4-13}$$

即对于两物体的正碰撞情况，恢复系数等于两物体在碰撞结束时与碰撞开始时质心的相对速度大小的比值。

联立式（4-12）和式（4-13），解得

$$\left.\begin{aligned}u_1&=v_1-(1+k)\frac{m_2}{m_1+m_2}(v_1-v_2)\\u_2&=v_2+(1+k)\frac{m_1}{m_1+m_2}(v_1-v_2)\end{aligned}\right\} \tag{4-14}$$

由此可见，当 $v_1>v_2$ 时，$u_1<v_1$，$u_2>v_2$。

在理想情况下，$k=1$，则有

$$u_1=v_1-\frac{2m_2}{m_1+m_2}(v_1-v_2)$$

$$u_2=v_2+\frac{2m_1}{m_1+m_2}(v_1-v_2)$$

如果 $m_1=m_2$，则有 $u_1=v_2$，$u_2=v_1$，即两球在碰撞结束时交换了速度。

当两物体发生塑性碰撞时，即 $k=0$，则有

$$u_1=u_2=\frac{m_1v_1+m_2v_2}{m_1+m_2}$$

碰撞结束后，两物体速度相同，一起运动。

例 4-1 如图 4-5 所示，物块 A 自高度 $h=4.9\text{m}$ 处自由落下，与安装在弹簧上的物块 B 碰撞。已知 A 重 $P_1=10\text{N}$，B 重 $P_2=5\text{N}$，弹簧刚度系数 $k=100\text{N/cm}$。设碰撞结束后，两物块一起运动。求碰撞结束时的速度 $\boldsymbol{u}$ 和弹簧的最大压缩量。

解： 物块 A 自高处落下与物块 B 接触的时刻，碰撞开始，此后 A 的速度减小，B 的速度增大，两者速度相等时，碰撞结束，然后 A、B 一起做减速运动，直到速度等于零为止，这时弹簧的压缩量达到最大值。由于这时弹簧力大于重力，物块将向上运动，并将持续地往复运动。

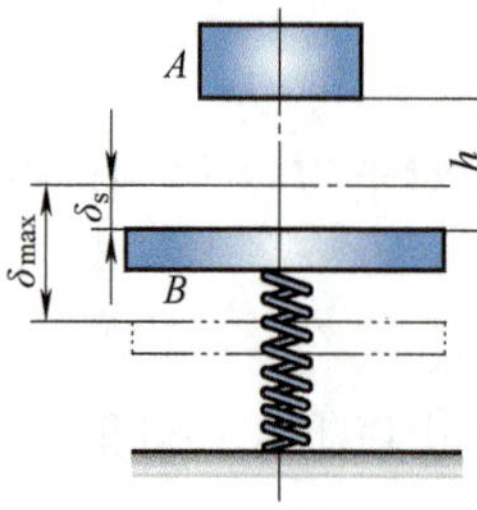

图 4-5

在碰撞开始时，A、B 的速度分别为

$$v_1=\sqrt{2gh}=9.8\text{m/s}$$

$$v_2=0$$

在碰撞结束时，A、B 速度相同

$$u=\frac{P_1v_1}{P_1+P_2}=\frac{10\times9.8}{10+5}\text{m/s}=6.53\text{m/s}$$

应用动能定理求弹簧的最大压量 δ_{max}，即

$$0-\frac{1}{2}\frac{P_1+P_2}{g}u^2=(P_1+P_2)(\delta_{max}-\delta_s)+\frac{k}{2}(\delta_s^2-\delta_{max}^2)$$

将上式整理成标准的二次式：

$$\delta_{max}^2-\frac{2(P_1+P_2)}{k}\delta_{max}-\left[\frac{P_1+P_2}{kg}u^2-\frac{P_1+P_2}{k}2\delta_s+\delta_s^2\right]=0$$

注意到 $k\delta_s=P_2$，于是得

$$\delta_{max}=8.22\text{cm}$$

另一解无意义。

4.4.2 碰撞过程中系统的动能损失

以 T_1 和 T_2 分别表示碰撞开始和结束时两物体的动能之和，则

$$T_1=\frac{1}{2}m_1v_1^2+\frac{1}{2}m_2v_2^2$$

$$T_2=\frac{1}{2}m_1u_1^2+\frac{1}{2}m_2u_2^2$$

碰撞过程中动能损失以 ΔT 表示，则

$$\begin{aligned}\Delta T&=T_1-T_2\\&=\left[\frac{1}{2}m_1v_1^2+\frac{1}{2}m_2v_2^2\right]-\left[\frac{1}{2}m_1u_1^2+\frac{1}{2}m_2u_2^2\right]\\&=\frac{1}{2}m_1(v_1-u_1)(v_1+u_1)+\frac{1}{2}m_2(v_2-u_2)(v_2+u_2)\end{aligned}$$

将式（4-14）代入上式得

$$\Delta T=\frac{1}{2}(1+k)\frac{m_1m_2}{m_1+m_2}(v_1-v_2)[(v_1+u_1)-(v_2+u_2)]$$

由恢复系数公式（4-13），得

$$u_1-u_2=-k(v_1-v_2)$$

于是

$$\Delta T=\frac{m_1m_2}{2(m_1+m_2)}(1-k^2)(v_1-v_2)^2 \tag{4-15}$$

在理想情况下，$k=1$，$\Delta T=0$，可见，在完全弹性碰撞时，系统动能没有损失，即碰撞开始时的动能等于碰撞结束时的动能。

在塑性碰撞时，$k=0$，动能损失为

$$\Delta T=T_1-T_2=\frac{m_1m_2}{2(m_1+m_2)}(v_1-v_2)^2$$

如果第二个物体在塑性碰撞开始时处于静止，即 $v_2=0$，则动能损失为

$$\Delta T=T_1-T_2=\frac{m_1m_2}{2(m_1+m_2)}v_1^2$$

注意到 $T_1=\frac{1}{2}m_1v_1^2$，上式改写为

$$\Delta T=T_1-T_2=\frac{m_2}{m_1+m_2}T_1=\frac{1}{\frac{m_1}{m_2}+1}T_1 \tag{4-16}$$

可见，在塑性碰撞过程中损失的动能与两物体的质量比有关。

打桩时，人们希望锤与桩发生碰撞时，锤的动能尽可能多地传递给桩，使锤和桩一起具有较大的动能去克服阻力向下运动。这就要求动能的损失越少越好，桩锤的效率为

$$\eta=\frac{T_1-\Delta T}{T_1}=\frac{m_1}{m_1+m_2}=\frac{1}{1+\frac{m_2}{m_1}} \tag{4-17}$$

如果锤的质量远大于桩，即 $m_1\gg m_2$，则可使 ΔT 减少，提高桩锤效率。例如，设锤的质量是桩质量的 15 倍，即$\frac{m_2}{m_1}=\frac{1}{15}$，则由式（4-17）求得效率 $\eta=\frac{1}{1+\frac{1}{15}}=0.94$。

在锻压金属时，锻件在碰撞过程中要发生变形，人们希望把锻锤的动能尽可能多地用于被加工的工件的变形上，要求动能损失越多越好。锻锤的效率为

$$\eta=\frac{\Delta T}{T_1}=(1-k^2)\frac{m_2}{m_1+m_2}=(1-k^2)\frac{1}{1+\dfrac{m_1}{m_2}} \tag{4-18}$$

如果锤的质量远小于砧座，即 $m_1 \ll m_2$（m_2 为工件和砧座的总质量），则可提高锻压效率。一般工程中使用的砧座重为锤重的 15～25 倍。此外要使锻锤效率提高，k 也越小越好，举例来说，如$\dfrac{m_1}{m_2}=15, k=0.6$，则效率 $\eta=\dfrac{1-(0.6)^2}{1+\dfrac{1}{15}}=0.6$；如能将锻件烧到炽热，使 k 近似为零，则 η 可提高到 0.94。

4.5 碰撞冲量对定轴转动刚体的作用 · 撞击中心

当刚体绕固定轴 z 转动时，由于有轴承约束，刚体在碰撞冲量的作用下，在轴承处必然受到反碰撞冲量 $\boldsymbol{I}_O$ 的作用。在工程中，轴承处的反碰撞冲量对机件寿命是有害的，应设法消除它。下面研究碰撞时消除轴承处的反碰撞冲量 $\boldsymbol{I}_O$ 的方法。

设刚体具有质量对称平面，刚体绕垂直于此平面的固定轴 z 转动，碰撞冲量 I 作用在对称平面内并通过点 K（图 4-6）。若刚体的质量为 m，质心到转轴 z 的距离为 a，并以 ω_1 和 ω_2 分别表示碰撞前后刚体的角速度，设刚体受轴承 O 的反碰撞冲量 $\boldsymbol{I}_O$ 在轴 x、y 上的投影分别为 I_{Ox}、I_{Oy}，由碰撞时的冲量定理，有

$$I\sin\varphi+I_{Oy}=m(u_{Cy}-v_{Cy})=0$$

$$I\cos\varphi+I_{Ox}=m(u_{Cx}-v_{Cx})=ma(\omega_2-\omega_1)$$

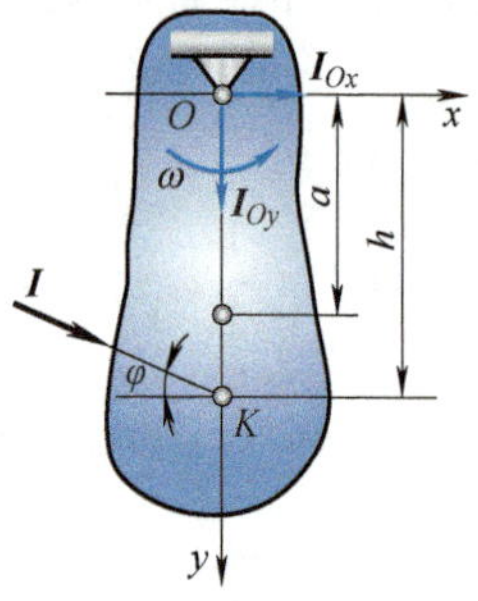

图 4-6

根据冲量矩定理，有

$$J_z(\omega_2-\omega_1)=\sum M_z(I^e)$$

或

$$\omega_2-\omega_1=\frac{\sum M_z(\boldsymbol{I}^e)}{J_z} \tag{4-19}$$

由于 $\sum M_z(\boldsymbol{I}^e)=hI\cos\varphi$，式（4-19）变为

$$\omega_2-\omega_1=\frac{hI\cos\varphi}{J_z}$$

于是轴承 O 的反碰撞冲量为

$$I_{Ox}=I\cos\varphi\left(\frac{mah}{J_z}-1\right]$$

$$I_{Oy}=-I\sin\varphi$$

为了求得反碰撞冲量为零的条件，令 $I_{Ox}=0, I_{Oy}=0$，可得以下两个条件：

$$\left.\begin{aligned}h&=\frac{J_z}{ma}\\ \varphi&=0\end{aligned}\right\} \tag{4-20}$$

满足 $h=\dfrac{J_z}{ma}$ 的点 K 称为**撞击中心**。要满足 $\varphi=0$，碰撞冲量 $\boldsymbol{I}$ 必须垂直于转轴与质心的连线。

于是得出结论：**当外碰撞冲量作用于物体的对称平面内的撞击中心，且垂直于转轴与质心的连线时，在轴承处不引起反碰撞冲量。**

根据上述结论，设计材料撞击试验机的摆锤时，必须把撞击试件的刃口设在摆的撞击中心，这样可以使轴承避免承受撞击载荷。

例 4-2　均质杆质量为 m，长为 $2a$，其上端由圆柱铰链固定，如图 4-7 所示。杆由水平位置无初速地落下，撞上一物块。设恢复系数为 k，求：(1) 轴承的反碰撞冲量；(2) 撞击中心的位置。

解：杆在铅直位置与物块碰撞，设碰撞开始和结束时，杆的角速度分别为 ω_1 和 ω_2。

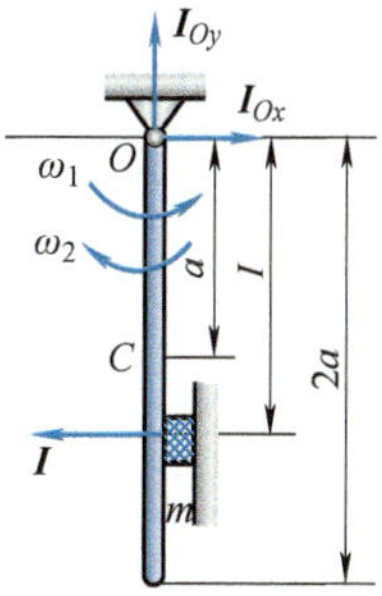

图　4-7

在碰撞前，杆自水平位置自由落下，应用动能定理：

$$\frac{1}{2}J_O\omega_1^2-0=mga$$

求得

$$\omega_1=\sqrt{\frac{2mga}{J_O}}=\sqrt{\frac{3g}{2a}}$$

在碰撞过程中，角速度的变化等于外碰撞冲量对转轴 O 的矩除以转动惯量，即

$$\omega_2-(-\omega_1)=\frac{Il}{J_O}$$

于是

$$I=\frac{J_O}{l}(\omega_2+\omega_1)=\frac{4ma^2}{3l}(\omega_2+\omega_1)$$

根据冲量定理，有

$$m(-a\omega_2-a\omega_1)=I_{Ox}-I$$
$$I_{Oy}=0$$

或

$$I_{Ox}=-ma\ (\omega_2+\omega_1)+I=m(\omega_2+\omega_1)\left(\frac{4a^2}{3l}-a\right)$$

根据物体的恢复系数 $k=\dfrac{u}{v}=\dfrac{\omega_2 l}{\omega_1 l}$，因此有 $\omega_2=k\omega_1$，于是

$$I_{Ox}=m\left(\frac{4a^2}{3l}-a\right)(k+1)\sqrt{\frac{3g}{2a}}$$

欲求撞击中心，令 $I_{Ox}=0$，得

$$l=\frac{4}{3}a$$

4.6 碰撞冲量对平面运动刚体的作用

根据质点系在碰撞过程的冲量定理和冲量矩定理，可以给出平面运动刚体在碰撞冲量作用下的动力学方程。

对于平面运动刚体，设碰撞前后的角速度分别为 ω_0、ω，质心速度分别为 $\boldsymbol{v}_C$ 和 $\boldsymbol{u}_C$，则有

$$\left.\begin{aligned} m(u_{Cx}-v_{Cx}) &= \sum I_x^e \\ m(u_{Cy}-v_{Cy}) &= \sum I_y^e \\ J_C(\omega-\omega_0) &= \sum M_C(\boldsymbol{I}^e) \end{aligned}\right\} \tag{4-21}$$

例 4-3 如图 4-8 所示，在铅垂面内由平动下落的均质细杆 AB 长为 l，质量为 m，与铅垂线成 β 角。当杆下端 A 碰到光滑水平面上时，杆具有铅垂速度 $\boldsymbol{v}_0$。（1）设接触点 A 的碰撞是完全弹性的，求碰撞结束时杆的角速度 ω；（2）若碰撞是塑性的，则解答又如何？

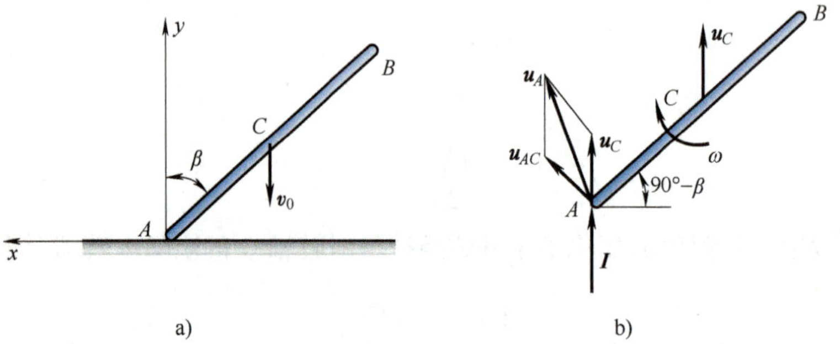

图 4-8

解： 1）以 AB 杆为研究对象，它在碰撞过程中做平面运动，以 u_C 与 ω 分别表示碰撞结束时质心的速度与杆的角速度，则

$$mu_C-(-mv_0)=I \tag{a}$$

$$J_C\omega-0=I\frac{l}{2}\sin\beta \tag{b}$$

因为 $k=1$，且因被撞的水平面是固定的，因而 $u_2=v_2=0$，$v_1=v_0$。故杆的 A 端回跳的速度 $u_{Ay}=u_1=-v_1=-v_0$（负号表示与 v_0 反向）。从另一方面看，因杆做平面运动，有

$$\boldsymbol{u}_A=\boldsymbol{u}_C+\boldsymbol{u}_{AC}$$

式中，$u_{AC}=\dfrac{l}{2}\omega$。将上式投影到 y 轴上，得

$$u_{Ay}=u_C+\frac{l}{2}\omega\sin\beta \tag{c}$$

由式（a）、式（b）、式（c）解得

$$\omega=\frac{12\sin\beta}{3\sin^2\beta+1}\frac{v_0}{l}$$

2）若 $k=0$，则碰撞终止于第一阶段，$u_{Ay}=0$，碰撞后 A 点即沿水平方向运动。此时式（c）等号左端等于零，与式（a）、式（b）联立求得

$$\omega'=\frac{6\sin\beta}{3\sin^2\beta+1}\frac{v_0}{l}$$

例 4-4 均质圆轮 O 的半径为 r，质量为 m_1，置于光滑水平面上，均质杆 AB 长为 l，质量为 m，铰接于轮上的 A 点。设 $OA=\frac{1}{4}r$，$l=3r$，$m_1=2m$。开始时，系统静置于图 4-9a 所示位置，今有一水平碰撞冲量 $\boldsymbol{I}$ 作用于杆的 B 端，求碰撞结束时轮心 O 的速度。

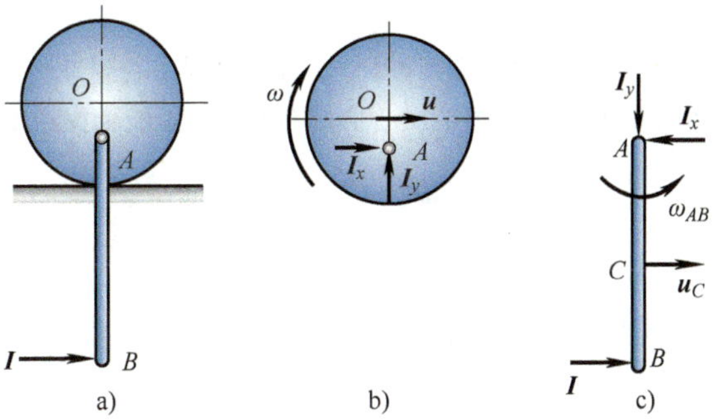

图 4-9

解： 以 AB 杆为研究对象，由式（4-21）有

$$mu_{Cx}-0=I-I_x$$

$$mu_{Cy}-0=-I_y$$

$$J_C(\omega_{AB}-0)=(I+I_x)\frac{3}{2}l$$

其中

$$u_{Cy}=0,\quad J_C=\frac{3}{4}mr^2,\quad u_{Cx}=u_C=u+\frac{r}{4}\omega+\frac{l}{2}\omega_{AB}$$

于是有

$$I_y=0$$

$$\omega_{AB}=\frac{2(I+I_x)}{mr}$$

$$I_x=I-m\left(u+\frac{r}{4}\omega+\frac{l}{2}\omega_{AB}\right)$$

再以圆轮为研究对象，注意到 $I_y=0$，表明圆轮在铅直的 y 方向无碰撞冲量作用，因此，圆轮的重力、地面给圆轮的约束力 $\boldsymbol{F}_N$ 和摩擦力 $\boldsymbol{F}$ 均为非碰撞力，在碰撞过程中均略去不计，圆轮在碰撞过程中的受力图如图 4-9b 所示。由式（4-21）得

$$mu-0=I_x$$

$$J_O\omega-0=\frac{1}{4}I_xr$$

解得

$$u=-\frac{16I}{73m}\ （与所设方向相反）$$

思 考 题

4-1 研究碰撞问题时的动量定理和动量矩定理，为什么都采用积分形式而不用微分形式？

4-2 为什么在研究弹性碰撞时不用动能定理？在完全弹性碰撞（恢复系数 $k=1$）时可以用动能定理吗？

4-3 手持木棒敲击某物体（如打棒球、敲钉子等），有时感到手受到冲击、震动很厉害，有时感觉不到冲击，这是为什么？如果绕定轴转动的刚体的质心恰好在转轴上，能否找到撞击中心？

习 题

4-1 如题 4-1 图所示，棒球质量为 0.14kg，以速度 $v_0=50\text{m/s}$ 向右沿水平线运动。当它被棒敲击后，其速度自原来的方向改变了角 $\alpha=135°$ 而向左上，其速度降低至 $v=40\text{m/s}$。试计算球棒作用于球的水平和铅直方向的分碰撞冲量。设球与棒的接触时间为 1/50s，求击球时碰撞力的平均值。

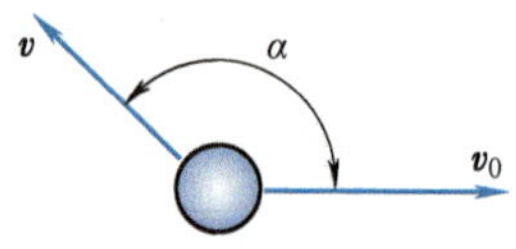

题 4-1 图

4-2 两球重量相等，用等长细绳悬挂，如题 4-2 图所示。球 A 由 $\theta_1=45°$ 的位置自由摆下，撞在球 B 上，使球 B 升高到 $\theta_2=30°$ 的位置，求恢复系数。

4-3 如题 4-3 图所示，物体 A、B 质量均为 m，A 自高度 h 自由落下，与物体 B 相撞。设支持 B 的弹簧的刚度系数为 k，在碰撞前已有静压缩量 mg/k，碰撞是塑性的。求碰撞后弹簧的压缩量。

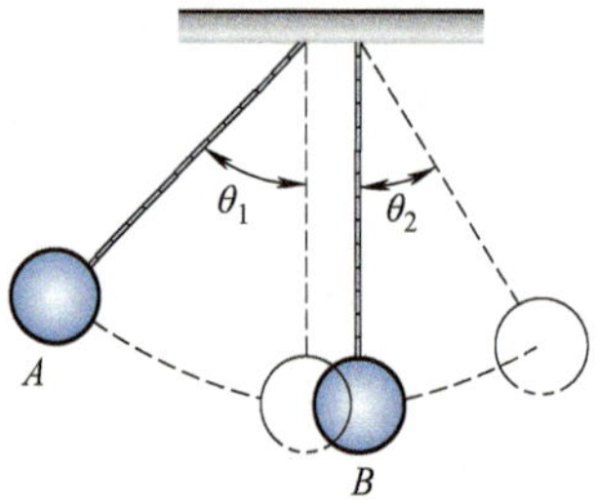

题 4-2 图

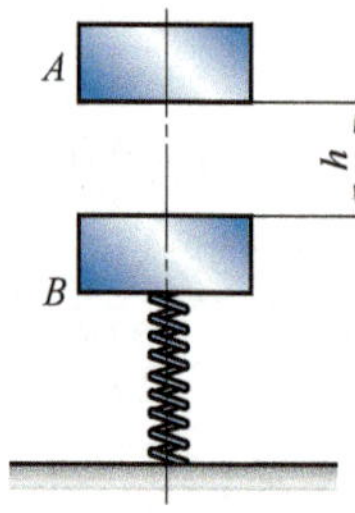

题 4-3 图

4-4 如题 4-4 图所示，用打桩机打入质量为 50kg 的桩柱，打桩机的重锤质量为 450kg，由高度 $h=2\text{m}$ 处落下，其初速度为零。如恢复系数 $k=0$，经过一次锤击后，桩柱深入 1cm，试求桩柱陷入土地的平均阻力。

4-5 如题 4-5 图所示，一绳悬挂小球 A，在绳与铅垂线成 60°处无初速释放。当线运动至铅垂位置时球与静止的物块 B 相碰。碰撞后，球 A 返回到绳与铅垂线成 15°的位置才再次下摆，而物块 B 在水平面上移动 1m 后停止。已知绳长 $l=1\text{m}$，$m_A=2\text{kg}$，$m_B=4\text{kg}$，求：(1) 球 A 与物块 B 间的恢复系数；(2) 物块 B 与水平面间的动摩擦系数。

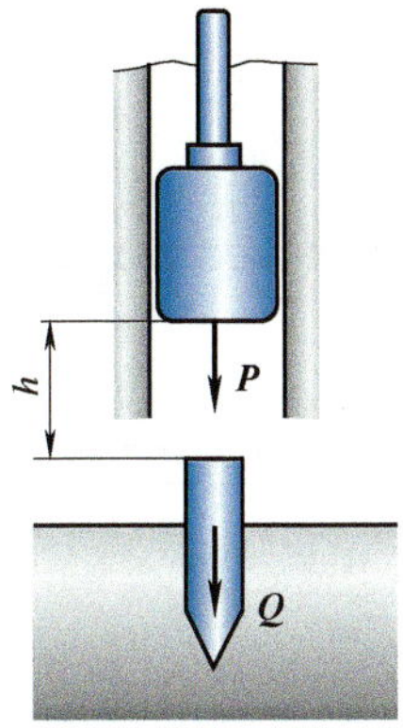

题 4-4 图

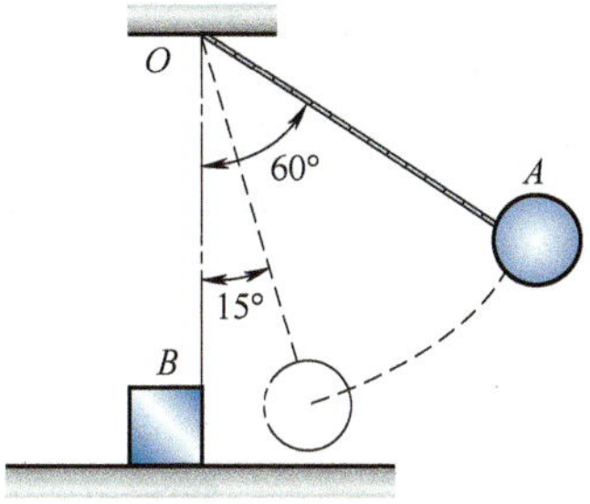

题 4-5 图

4-6 如题 4-6 图所示，冲击试验机的摆锤由均质杆和均质圆盘构成，杆的质量为 5kg，圆盘的质量为 15kg，半径 $r=0.2\text{m}$。当摆锤自高处下摆撞击试件时，受到试件的碰撞冲量 $\boldsymbol{I}$，要求轴承 O 处的反碰撞冲量为零，试确定杆的长度 l。

4-7 如题 4-7 图所示，质量为 m 的均质杆长为 l，可绕通过点 O 的水平轴转动，在点 A 受与杆垂直的碰撞冲量 $\boldsymbol{I}$ 作用，使杆由静止转动至与铅垂线成角 θ 的位置。设 $OA=a$，求碰撞冲量 $\boldsymbol{I}$ 的大小。

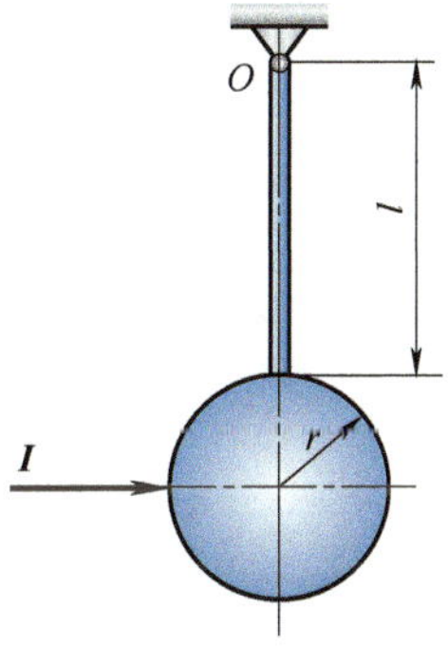

题 4-6 图

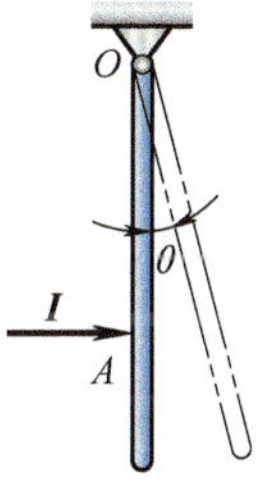

题 4-7 图

4-8 平台车以速度 $\boldsymbol{v}$ 沿水平路轨运动，其上放置均质正方形物块 A，边长为 a，质量为 m，如题 4-8 图所示。在平台上靠近物块有一凸出的棱 B，它能阻止物块向前滑动，但不能阻止它绕棱转动。求当平台车突然停止时，物块绕 B 转动的角速度。

4-9 如题 4-9 图所示，质量为 m、长为 l 的均质杆 AB 水平地下落一段距离 h 后，与支座 D 碰撞 $\left(BD=\dfrac{l}{4}\right)$。假定碰撞是塑性的，求碰撞后的角速度 $\boldsymbol{\omega}$ 和碰撞冲量 $\boldsymbol{I}$。

4-10 两均质杆 OA 和 O_1B，上端铰支固定，下端与杆 AB 铰链连接，使 OA 与 O_1B 铅直，而 AB 水平，都在同一铅直面内，如题 4-10 图所示。如在铰链 A 处作用一水平向右的冲量 $\boldsymbol{I}$，求每个杆的偏角。设各铰链均光滑，三杆重量相等且 $OA=O_1B=AB=l$。

4-11 如题 4-11 图所示，某均质圆柱体质量为 m，半径为 r，沿水平面做无滑动的滚动。原来质心以等速 $\boldsymbol{v}_C$ 运动，突然圆柱与高为 $h(h<r)$ 的凸台碰撞。设碰撞是塑性的，求圆柱体碰撞后质心的速度 $\boldsymbol{u}_C$、柱体的角速度和碰撞冲量。

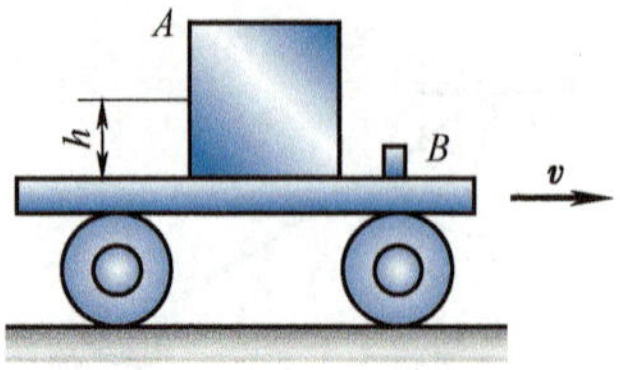

题 4-8 图

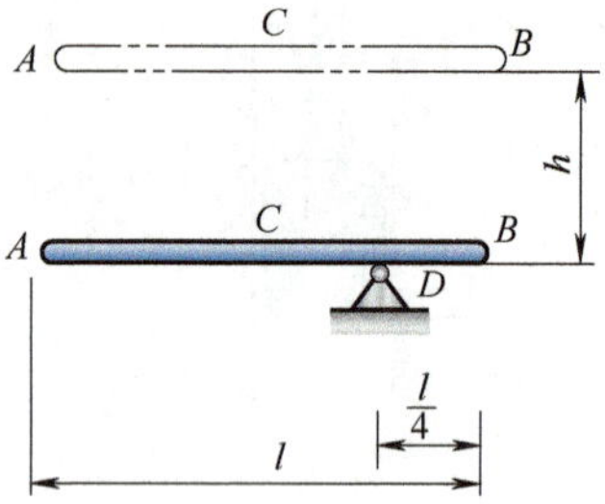

题 4-9 图

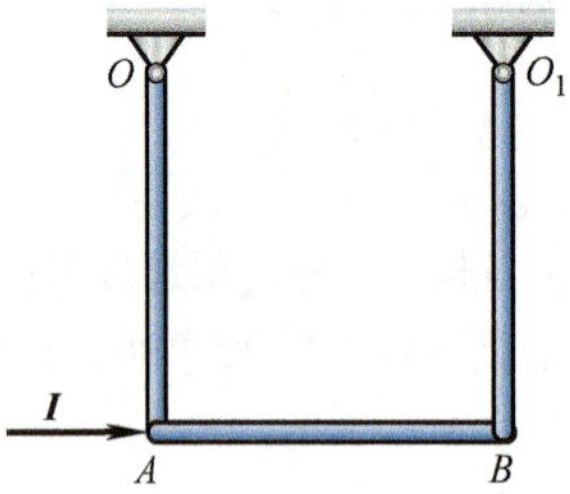

题 4-10 图

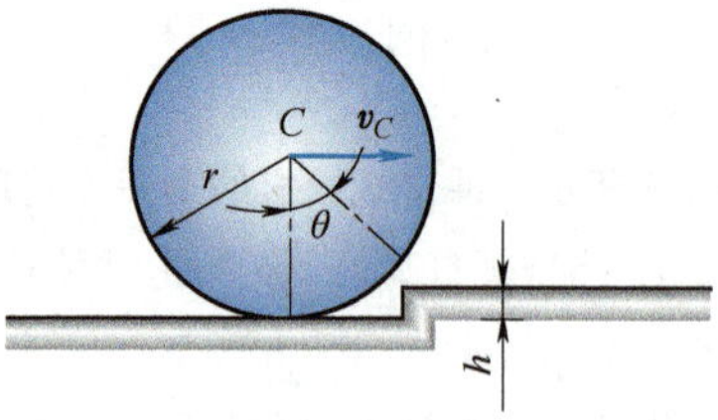

题 4-11 图

部分习题参考解答及答案

《理论力学（Ⅰ）》 第1章

1-1：解： $\boldsymbol{F}=F\dfrac{b}{\sqrt{b^2+c^2}}\boldsymbol{j}-F\dfrac{c}{\sqrt{b^2+c^2}}\boldsymbol{k}=\dfrac{F}{\sqrt{b^2+c^2}}(b\boldsymbol{j}-c\boldsymbol{k})$

$\boldsymbol{r}_{AC}=-a\boldsymbol{i}+c\boldsymbol{k}$

$\boldsymbol{M}(\boldsymbol{F},\boldsymbol{F}')=\boldsymbol{r}_{AC}\times\boldsymbol{F}=(-a\boldsymbol{i}+c\boldsymbol{k})\times\dfrac{F}{\sqrt{b^2+c^2}}(b\boldsymbol{j}-c\boldsymbol{k})=-\dfrac{F}{\sqrt{b^2+c^2}}(bc\boldsymbol{i}+ac\boldsymbol{j}+ab\boldsymbol{k})$

$M_x(\boldsymbol{F},\boldsymbol{F}')=-\dfrac{Fbc}{\sqrt{b^2+c^2}}$

$M_y(\boldsymbol{F},\boldsymbol{F}')=-\dfrac{Fac}{\sqrt{b^2+c^2}}$

$M_z(\boldsymbol{F},\boldsymbol{F}')=-\dfrac{Fab}{\sqrt{b^2+c^2}}$

1-2：解： $\boldsymbol{F}=\boldsymbol{i}-5\boldsymbol{j}$，$\boldsymbol{r}_{BA}=-2\boldsymbol{i}-\boldsymbol{j}$，$\boldsymbol{M}(\boldsymbol{F},\boldsymbol{F}')=\boldsymbol{r}_{BA}\times\boldsymbol{F}=11\boldsymbol{k}$（逆时针）

1-3：解： $F_x=F\cos\varphi$，$F_y=-F\sin\varphi\cos\theta$，$F_z=F\sin\varphi\sin\theta$

$M_x(\boldsymbol{F})=Fa\sin\varphi$

$M_y(\boldsymbol{F})=F(a\cos\varphi\cos\theta-r\sin\theta)$

$M_z(\boldsymbol{F})=-F(a\cos\varphi\cos\theta+r\cos\theta)$

$M_{OA}(\boldsymbol{F})=-Fr$

$\boldsymbol{M}_O(\boldsymbol{F})=Fa\sin\varphi\boldsymbol{i}+F(a\cos\varphi\cos\theta-r\sin\theta)\boldsymbol{j}-F(a\cos\varphi\cos\theta+r\cos\theta)\boldsymbol{k}$

1-4：解：（只给出提示，各正确受力图略）

（a）受力图有误，绳对杆的力只能为拉力，而不会是推力，A 处力不会沿杆，可按正交二力画，也可按三力汇交画。

（b）受力图有误，B 处力应沿接触处的公法线，A 处力可按三力汇交画，也可画为正交二力。

（d）受力图有误，直角杆 AB 为二力杆，A 点、B 点受力应沿两个受力点的连线，大小相等，方向相反。BC 杆 B 处受力应按作用力与反作用力画，C 处力可按三力汇交画，也可画为正交二力。

1-5：

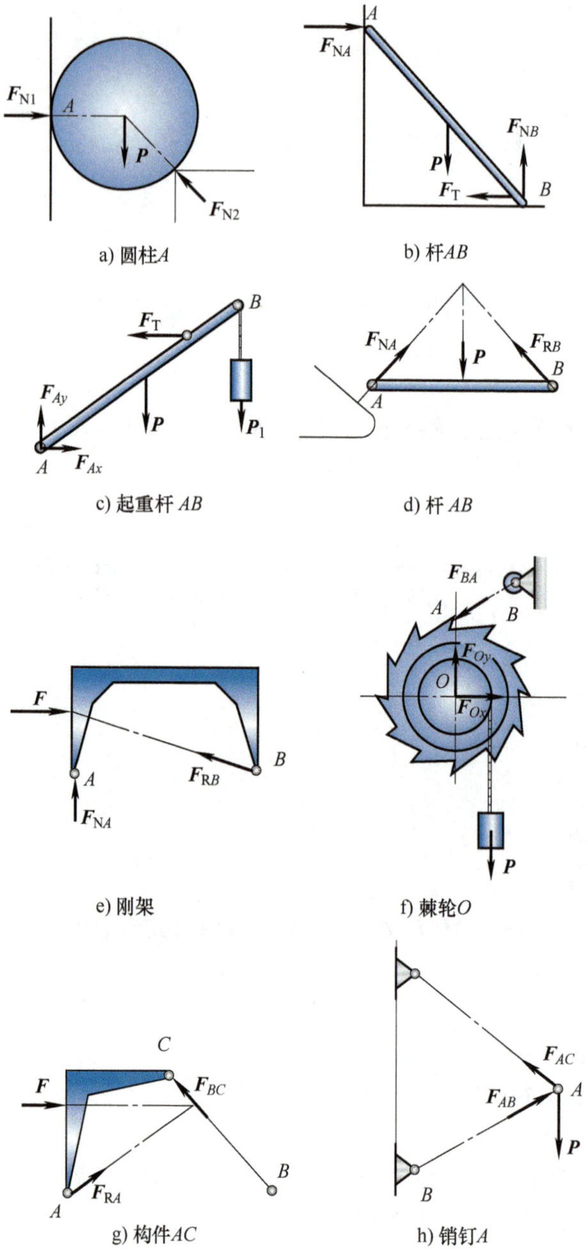

a) 圆柱A　b) 杆AB　c) 起重杆 AB　d) 杆 AB　e) 刚架　f) 棘轮O　g) 构件AC　h) 销钉A

题 1-5 图

1-6：略。

《理论力学（Ⅰ）》 第 2 章

2-1：**解**：$F'_{Rx}=\sum F_x=4\text{N}$，$F'_{Ry}=\sum F_y=4\text{N}$，$F'_R=4\sqrt{2}\text{N}=5.66\text{N}$，$\theta_x=45°$

选 O 点为简化中心。$M_O=4a$，由于 $\boldsymbol{F}'_{\mathrm{R}}\neq 0$，$\boldsymbol{M}_O\neq 0$，且 $\boldsymbol{F}'_{\mathrm{R}}\perp\boldsymbol{M}_O$，可以进一步简化为一个合力。

选 A 点为简化中心 $M_A=0$，力系简化为一个合力，合力作用线过 A 点。

选择不同的简化中心对简化结果没有影响。

2-2：解： 选 O 点为简化中心。

$F'_{\mathrm{R}x}=-2\mathrm{kN}$，$F'_{\mathrm{R}y}=-1\mathrm{kN}$，$F'_{\mathrm{R}}=\sqrt{5}\,\mathrm{kN}$

$\boldsymbol{M}_O=(xF_y-yF_x)\boldsymbol{k}$，$M_{O1}=7\mathrm{kN\cdot m}$，$M_{O2}=-4\mathrm{kN\cdot m}$，$M_{O3}=0$，$M_{O4}=-12\mathrm{kN\cdot m}$，$\boldsymbol{M}_O=-9\boldsymbol{k}\mathrm{kN\cdot m}$

由于 $\boldsymbol{F}'_{\mathrm{R}}\neq 0$，$\boldsymbol{M}_O\neq 0$，且 $\boldsymbol{F}'_{\mathrm{R}}\perp\boldsymbol{M}_O$，可以进一步简化为一个合力，合力作用线沿 $\boldsymbol{F}'_{\mathrm{R}}\times\boldsymbol{M}_O$ 方向偏离简化中心 O 的距离为 $d=\dfrac{|\boldsymbol{M}_O|}{F'_{\mathrm{R}}}=\dfrac{9}{\sqrt{5}}\mathrm{m}$

设合力作用线方程为 $Ax+By+C=0$，其中 $k=-\dfrac{A}{B}=\dfrac{F_y}{F_x}=\dfrac{1}{2}$，$d=\dfrac{|C|}{\sqrt{A^2+B^2}}=\dfrac{9}{\sqrt{5}}$

可得合力作用线方程为 $x-2y-9=0$

2-3：解： 选 A 点为简化中心。$F'_{\mathrm{R}x}=\sum F_x=0$，$F'_{\mathrm{R}y}=\sum F_y=0$，$F'_{\mathrm{R}}=0$

因为此力系合力为零，此力系简化结果为合力偶，力偶矩矢 $M=F\cdot\dfrac{\sqrt{3}}{2}l$（逆时针）

2-4：解： 选 O 点为简化中心。$F'_{\mathrm{R}x}=\sum F_x=0$，$F'_{\mathrm{R}y}=\sum F_y=0$，$F'_{\mathrm{R}z}=\sum F_z=0$，$F'_{\mathrm{R}}=0$

$M_{Ox}=-3Fa$，$M_{Oy}=-Fa$，$M_{Oz}=-3Fa$，$M_O=\sqrt{19}\,Fa$

因为此力系合力为零，此力系简化结果为合力偶

$\boldsymbol{M}_O=-3Fa\boldsymbol{i}-Fa\boldsymbol{j}-3Fa\boldsymbol{k}$，$\cos(\boldsymbol{M}_O,\boldsymbol{i})=\cos(\boldsymbol{M}_O,\boldsymbol{k})=-\dfrac{3}{\sqrt{19}}$，$\cos(\boldsymbol{M}_O,\boldsymbol{j})=-\dfrac{1}{\sqrt{19}}$

2-5：解： 选 O 点为简化中心。

$\boldsymbol{F}_1=100\boldsymbol{j}$，$\boldsymbol{r}_1=2\boldsymbol{i}$；$\boldsymbol{F}_2=-100\boldsymbol{i}+100\boldsymbol{k}$，$\boldsymbol{r}_2=2\boldsymbol{i}+2\boldsymbol{j}$；$\boldsymbol{F}_3=100\boldsymbol{i}-100\boldsymbol{j}$，$\boldsymbol{r}_3=2\boldsymbol{j}+2\boldsymbol{k}$；

$\boldsymbol{F}_4=-100\boldsymbol{k}$，$\boldsymbol{r}_4=2\boldsymbol{k}$；$\boldsymbol{F}_5=200\boldsymbol{j}$，$\boldsymbol{r}_5=0$

力系的主矢 $\boldsymbol{F}'_{\mathrm{R}}=\sum\boldsymbol{F}_i=200\boldsymbol{j}$

力系的主矩 $\boldsymbol{M}_O=\sum\boldsymbol{r}_i\times\boldsymbol{F}_i=400\boldsymbol{i}+200\boldsymbol{k}$

$\boldsymbol{F}'_{\mathrm{R}}\cdot\boldsymbol{M}_O=0$，即主矢 $\boldsymbol{F}'_{\mathrm{R}}$ 和主矩 $\boldsymbol{M}_O$ 相互垂直，因此可以进一步合成为一合力 $\boldsymbol{F}_{\mathrm{R}}=\boldsymbol{F}'_{\mathrm{R}}=200\boldsymbol{j}$，合力作用线沿 $\boldsymbol{F}'_{\mathrm{R}}\times\boldsymbol{M}_O$ 方向偏离简化中心 O 的距离为 $d=\dfrac{|\boldsymbol{M}_O|}{F'_{\mathrm{R}}}=\sqrt{5}\,\mathrm{m}$。

因此，力系最终简化结果为一合力，$\boldsymbol{F}_{\mathrm{R}}=200\mathrm{N}$，方向与 y 轴平行。

2-6：解： 选 O 点为简化中心。

$\boldsymbol{F}_1=10\boldsymbol{i}+20\boldsymbol{j}+20\boldsymbol{k}$，$\boldsymbol{r}_1=0$；$\boldsymbol{F}_2=10\boldsymbol{k}$，$\boldsymbol{r}_2=2\boldsymbol{j}$；$\boldsymbol{F}_3=-20\boldsymbol{j}$，$\boldsymbol{r}_3=\boldsymbol{i}+2\boldsymbol{j}$；$\boldsymbol{F}_4=20\boldsymbol{i}$，$\boldsymbol{r}_4=2\boldsymbol{k}$

力系的主矢 $\boldsymbol{F}'_{\mathrm{R}}=\sum\boldsymbol{F}_i=30\boldsymbol{i}+30\boldsymbol{k}$，$F'_{\mathrm{R}}=30\sqrt{2}\,\mathrm{N}$

力系的主矩 $\boldsymbol{M}_O=\sum\boldsymbol{r}_i\times\boldsymbol{F}_i=20\boldsymbol{i}+40\boldsymbol{j}-20\boldsymbol{k}$，$M_O=10\sqrt{6}\,\mathrm{N\cdot m}$

$\boldsymbol{F}'_{\mathrm{R}}\cdot\boldsymbol{M}_O=0$，即主矢 $\boldsymbol{F}'_{\mathrm{R}}$ 和主矩 $\boldsymbol{M}_O$ 相互垂直，因此可以进一步合成为一合力 $\boldsymbol{F}_{\mathrm{R}}=\boldsymbol{F}'_{\mathrm{R}}=30\boldsymbol{i}+30\boldsymbol{k}$，合力作用线沿 $\boldsymbol{F}'_{\mathrm{R}}\times\boldsymbol{M}_O$ 方向偏离简化中心 O 的距离为 $d=\dfrac{|\boldsymbol{M}_O|}{F'_{\mathrm{R}}}=\dfrac{\sqrt{3}}{3}\mathrm{m}$

2-7：解： 两力偶的力偶矩分别为

$M_1=(400\sin60°\times0.24+400\cos60°\times0.2)\text{N}\cdot\text{m}=123.138\text{N}\cdot\text{m}$

$M_2=(300\sin30°\times0.48+300\cos30°\times0.2)\text{N}\cdot\text{m}=123.962\text{N}\cdot\text{m}$

合力偶矩为 $M=M_1+M_2=247.1\text{N}\cdot\text{m}$（逆时针）

2-8：解： 选 O 点为简化中心。

力系的主矢 $\boldsymbol{F}'_{\text{R}}=\boldsymbol{F}_1+\boldsymbol{F}_2=4P(\boldsymbol{i}+\boldsymbol{j}+\boldsymbol{k})$，$F'_{\text{R}}=4\sqrt{3}P$

力系的主矩 $\boldsymbol{M}_O=\sum\boldsymbol{r}_i\times\boldsymbol{F}_i=Pa(\boldsymbol{i}-3\boldsymbol{j}-\boldsymbol{k})$

且 $\boldsymbol{F}'_{\text{R}}\cdot\boldsymbol{M}_O=-12P^2a\neq0$

因此，力系的简化结果为力螺旋，其三要素为

$\boldsymbol{F}_{\text{R}}=\boldsymbol{F}'_{\text{R}}=4P(\boldsymbol{i}+\boldsymbol{j}+\boldsymbol{k})$，$F_{\text{R}}=4\sqrt{3}P$

$$\boldsymbol{M}'_O=\frac{(\boldsymbol{F}'_{\text{R}}\cdot\boldsymbol{M}_O)\cdot\boldsymbol{F}'_{\text{R}}}{F_{\text{R}}^2}=-aP(\boldsymbol{i}+\boldsymbol{j}+\boldsymbol{k}),\quad M'_O=\sqrt{3}aP$$

$$OO'=\frac{\boldsymbol{F}'_{\text{R}}\times\boldsymbol{M}_O}{F_R^2}=\frac{a}{12P}(\boldsymbol{i}+\boldsymbol{j}-2\boldsymbol{k})$$

2-9：解： 力系的主矢 $\boldsymbol{F}'_{\text{R}}=\sum\boldsymbol{F}_i=-25\boldsymbol{k}$，合力的大小 $F_{\text{R}}=25\text{kN}$，合力的方向沿 z 轴负向。

设平行力系中心 $C(x_C,y_C,z_C)$，则 $x_C=\dfrac{\sum F_ix_i}{\sum F_i}=4.2\text{m}$，$y_C=\dfrac{\sum F_iy_i}{\sum F_i}=5.4\text{m}$，$z_C=0$

2-10：解： 力系的主矢 $\boldsymbol{F}'_{\text{R}}=\sum\boldsymbol{F}_i=0$，$M_x=-60\text{kN}\cdot\text{m}$，$M_y=80\text{kN}\cdot\text{m}$，$M_z=0$

平行力系合成为力偶，力偶矩矢 $\boldsymbol{M}=-60\boldsymbol{i}+80\boldsymbol{j}$，无平行力系中心。

2-11：解： 由对称性得 $x_C=0$，$y_C=0$

在距点 O 为 z 处取一微段 $\text{d}z$，则 $\dfrac{h-z}{h}=\dfrac{R}{r}$，即 $R=\left(1-\dfrac{z}{h}\right)r$

$$\text{d}s=2\pi R\text{d}z=2\pi r\left(1-\frac{z}{h}\right)\text{d}z$$

$$z_C=\frac{\int_s z\text{d}s}{\int_s\text{d}s}=\frac{\int_0^h2\pi r\left(1-\frac{z}{h}\right)z\text{d}z}{\int_0^h2\pi r\left(1-\frac{z}{h}\right)\text{d}z}=\frac{h}{3}$$

圆锥曲面的重心坐标为 $x_C=0$，$y_C=0$，$z_C=\dfrac{h}{3}$

2-12：解： 将所求图形分解为如图所示 3 块图形。

则 $S_1=4\text{m}^2$，$S_2=2.5\text{m}^2$，$S_3=6.25\text{m}^2$

三块小图形重心位置依次为

$x_1=2\text{m}$，$y_1=0.5\text{m}$，$x_2=0.75\text{m}$，$y_2=3.5\text{m}$，$x_3=\dfrac{11}{6}\text{m}$，$y_3=\dfrac{8}{3}\text{m}$

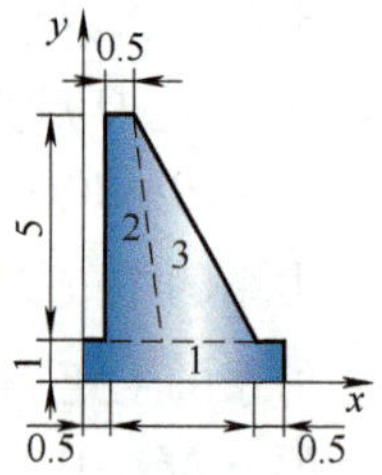

题 2-12 图

原图形重心 $C(x_C,y_C)$ 位置为

$$x_C=\frac{\sum S_ix_i}{\sum S_i}=1.67\text{m},\quad y_C=\frac{\sum S_iy_i}{\sum S_i}=2.15\text{m}$$

图形重心 $x_C=1.67\text{m}$，$y_C=2.15\text{m}$

2-13：解： 所剩部分可看成由两部分组成，即边长为 a 的正方形 S_1 和半径为 a 的扇形 S_2。

$S_1=a^2$，$S_2=-\dfrac{\pi a^2}{4}$，$x_1=\dfrac{a}{2}$，$y_1=\dfrac{a}{2}$，$x_2=\dfrac{4a}{3\pi}$，$y_2=\dfrac{4a}{3\pi}$

剩余部分重心坐标

$$x_C=\frac{\sum S_i x_i}{\sum S_i}=\frac{2a}{3(4-\pi)},\quad y_C=\frac{\sum S_i y_i}{\sum S_i}=\frac{2a}{3(4-\pi)}$$

图形重心 $x_C=y_C=\dfrac{2a}{3(4-\pi)}$

2-14：解： 设此物体的重心位置为 $C(x_C,y_C,z_C)$，由对称性得 $x_C=0$，$y_C=0$

半球体重心坐标、体积为 $z_1=4+6+\dfrac{3}{8}\times\dfrac{5}{2}=10.9375, V_1=\dfrac{2}{3}\pi\left(\dfrac{5}{2}\right)^3=32.71$

圆柱重心坐标、体积为 $z_2=\dfrac{1}{2}(4+6)=5, V_2=\pi\left(\dfrac{5}{2}\right)^2\times(4+6)=196.25$

圆锥重心坐标、体积为 $z_3=\dfrac{1}{4}\times4=1, V_3=\dfrac{1}{3}\pi\left(\dfrac{5}{2}\right)^2\times4=26.17$

$$z_C=\frac{\sum V_i z_i}{\sum V_i}=6.47$$

此物体的重心位置为 C(0,0,6.47)

2-15：解： 设所切削的 $A'E$ 最大长度为 y，作平面 $A'B'NM$，建立直角坐标系 $Oxyz$。

体 $A'AM\text{-}B'BN$ 重心坐标为 $\left(0,\dfrac{1}{3}y,\dfrac{2}{3}h\right)$，体积 $V_1=\dfrac{1}{2}yh\cdot b$

体 $A'B'GH\text{-}MNCD$ 重心坐标为 $\left(0,-\dfrac{a-y}{2},\dfrac{h}{2}\right)$，体积 $V_2=(a-y)h\cdot b$

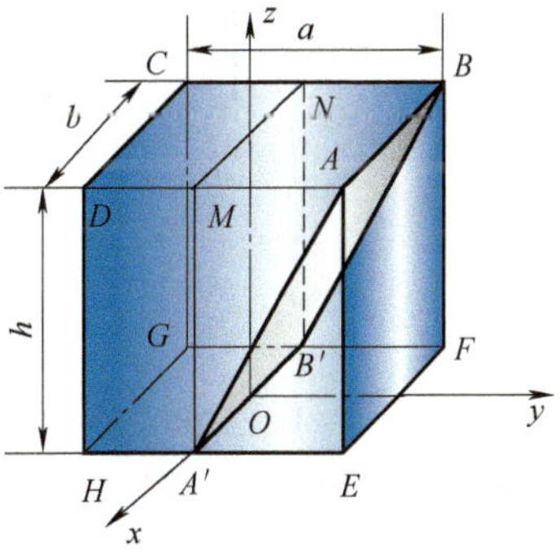

题 2-15 图

要使剩余部分保持平衡而不倾倒，则

$\rho V_1 g\cdot\dfrac{y}{3}=\rho V_2 g\cdot\dfrac{a-y}{2}$，$\dfrac{y^2}{3}=(a-y)^2$，即 $2y^2-6ay+3a^2=0$

y 最大值为 $y=\dfrac{3-\sqrt{3}}{2}a=0.634a$

满足条件的 $A'E$ 最大长度为 $0.634a$。

《理论力学（Ⅰ）》 第 3 章

3-1：解： a) 以整体为研究对象，受力如题 3-1 图 a 所示，杆 AB 和杆 AC 均为二力杆，$F_T=P$

$\sum F_x=0$，$-F_{AB}-F_{AC}\cos45°-F_T\sin30°=0$

$\sum F_y=0$，$-F_{AC}\sin45°-F_T\cos30°-P=0$

解得 $F_{AB}=2.73\text{kN}$，$F_{AC}=-5.28\text{kN}$

b）以整体为研究对象，受力如题 3-1 图 b 所示，杆 AB 和杆 AC 均为二力杆，$F_T=P$

$\sum F_x=0$，$P\sin30°-F_{AB}-F_T\cos45°=0$

$\sum F_y=0$，$-F_{AC}-F_T\cos45°-P\cos30°=0$

解得 $F_{AB}=-0.414\text{kN}$，$F_{AC}=-3.15\text{kN}$。

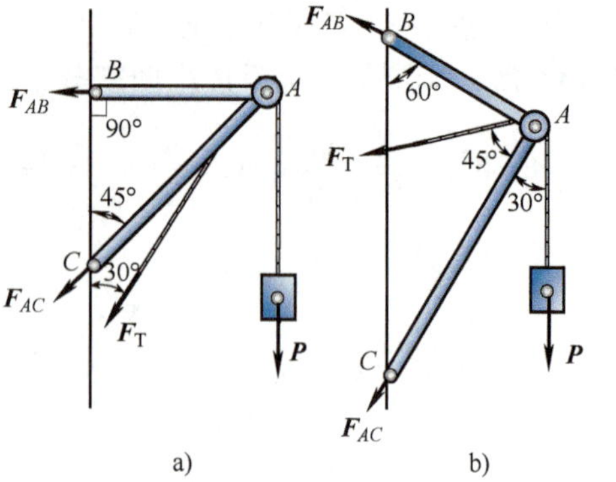

题 3-1 图

3-2：解： 以杆 AB 为研究对象，受力如题 3-2 图所示。

杆 AB 在重力 $\boldsymbol{P}$、约束力 $\boldsymbol{F}_{NA}$、$\boldsymbol{F}_{NB}$ 三力作用下保持平衡，故三力应汇交于 C 点。

杆 AB 为均质杆，重力作用在杆的中点，则重力 $\boldsymbol{P}$ 作用线为矩形 $ACBO$ 的对角线。

由几何关系得 $\angle COB=\angle CAB=\alpha$

解得 $\varphi=90°-2\alpha=0.5\pi-2\alpha$，$OA=l\sin\alpha$

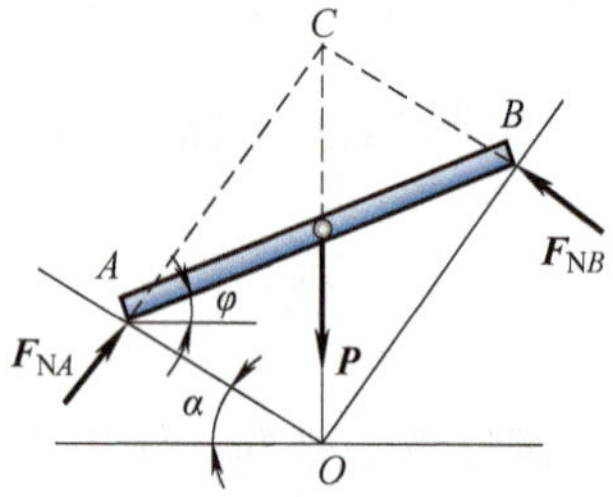

题 3-2 图

3-3：解： a）以杆 AB 为研究对象，受力如题 3-3 图 a 所示。

$\sum M_A(\boldsymbol{F})=0$，$15\text{kN}\cdot\text{m}-24\text{kN}\cdot\text{m}+6\text{m}\times F_B=0$

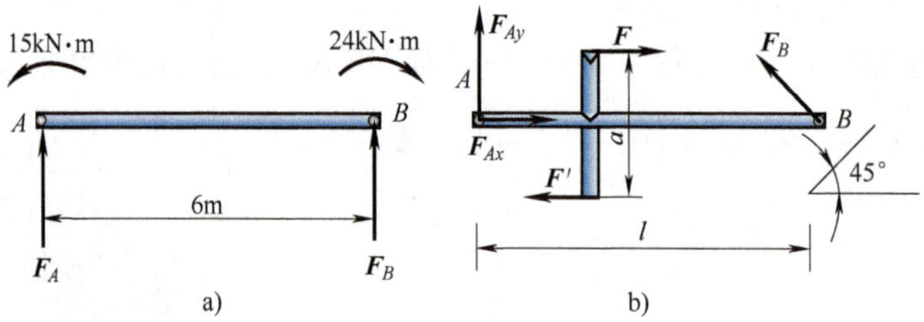

题 3-3 图

$\sum M_B(\boldsymbol{F})=0$，$15\text{kN}\cdot\text{m}-24\text{kN}\cdot\text{m}-6\text{m}\times F_A=0$

解得 $F_B=1.5\text{kN}$，$F_A=-1.5\text{kN}$

b）以杆 AB 为研究对象，受力如题 3-3 图 b 所示。

$$\sum M_A(\boldsymbol{F})=0，-Fa+F_B\cdot\frac{\sqrt{2}}{2}l=0$$

$$\sum M_B(\boldsymbol{F})=0，-Fa-lF_{Ay}=0$$

$$\sum F_x=0，F_{Ax}-F_B\cos\frac{\pi}{4}=0$$

解得 $F_B=\dfrac{\sqrt{2}Fa}{l}$，$F_{Ay}=\dfrac{Fa}{l}$，$F_{Ax}=\dfrac{Fa}{l}$

3-4：解： 以整体为研究对象，受力如题 3-4 图所示，由于 A、B、E 为可沿固定立柱滚动的导轮，因此 A、B、E 处的约束力均为法向约束力，即沿水平方向。

$\sum F_y=0$，$F-P=0$，$F=P$

$\sum F_x=0$，$F_{NE}-F_{NB}+F_{NA}=0$

由于 $\boldsymbol{F}$ 与 $\boldsymbol{P}$ 构成一个顺时针力偶 M，由图可知 $F_{NE}=0$，$F_{NA}=F_{NB}$

$\sum M=0$，$F_{NA}b-Pa=0$

解得 $F_{NA}=F_{NB}=Pa/b$

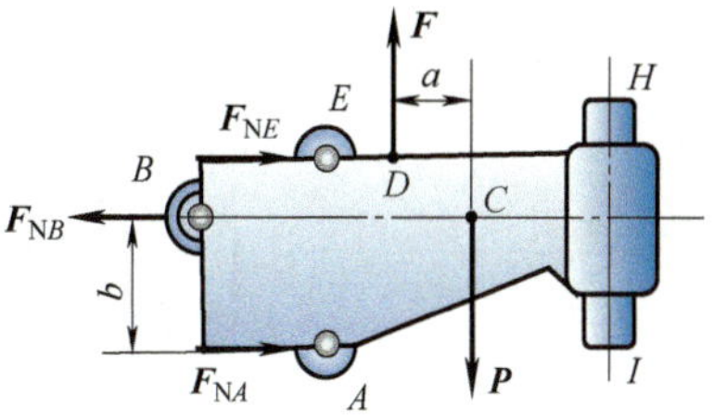

题 3-4 图

3-5：解： 以杆 AB 为研究对象，受力如题 3-5 图所示，其中绳 BC 的拉力等于重物的重力 P_1。

$\sum M_B(\boldsymbol{F})=0$，$F_{NA}\cdot 2l\cos\alpha-P\cdot l\cos\alpha=0$

$\sum F_x=0$，$F_T\cos\beta-F_{NB}\sin\beta=0$

$\sum F_y=0$，$F_T\sin\beta+F_{NB}\cos\beta-P+F_{NA}=0$

解得 $P_1=0.5P\sin\beta$，$F_{NA}=0.5P$，$F_{NB}=0.5P\cos\beta$

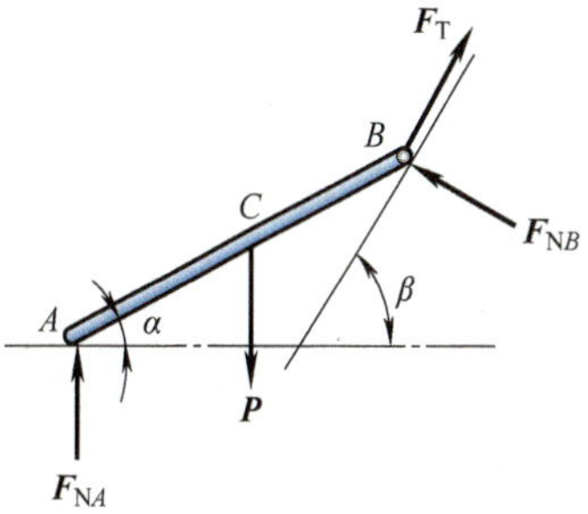

题 3-5 图

3-6：解： 以尾门 AB 为研究对象，受力如题 3-6 图所示。

水压力的合力为 $F_0=\int_0^{1.2}\rho gs\cdot\sin\theta\cdot b\cdot ds=(1000\times10\times1\times0.866\times0.72)\text{N}=6235.2\text{N}$

（ρ 为水的密度，$g=10\text{m/s}^2$），该力的作用线到固定铰链 A 的距离为 $\frac{1}{3}a=0.4\text{m}$

$\sum M_A(\boldsymbol{F})=0$，$F_T\cos(90°-\theta-\varphi)\cdot a-P\cdot\frac{a}{2}\cos\theta-F_0\cdot\frac{a}{3}=0$

$\sum F_x=0$，$F_{Ax}-P\sin\theta-F_T\cos(\theta+\varphi)=0$

$\sum F_y=0$，$F_{Ay}-P\cos\theta-F_0+F_T\sin(\theta+\varphi)=0$

解得 $F_T=2359\text{N}$，$F_{Ax}=1303\text{N}$，$F_{Ay}=4357\text{N}$

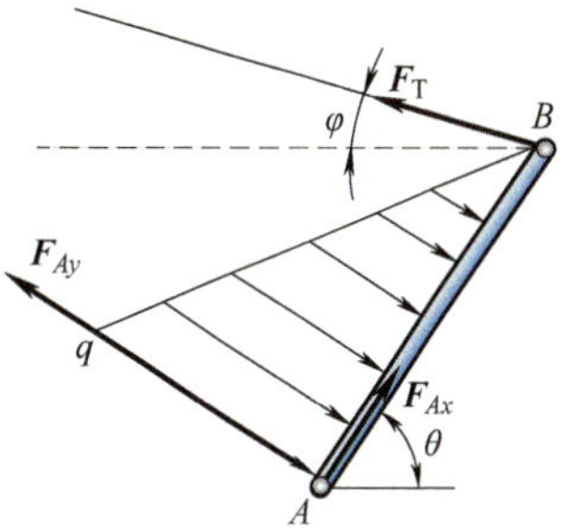

题 3-6 图

3-7：解： 以整体为研究对象，受力如题 3-7 图所示，BC 杆为二力杆。

$F_T=P=1800\text{N}$

$\sum M_A(\boldsymbol{F})=0$，$F_T\times0.1-P\times0.3-F_{BC}\sin45°\times0.6=0$

$\sum F_x=0$，$F_{Ax}-F_T-F_{BC}\cos45°=0$

$\sum F_y=0$，$F_{Ay}+F_{BC}\sin45°-P=0$

解得 $F_{BC}=600\sqrt{2}\text{ N}=848.5\text{N}$（拉），$F_{Ax}=2400\text{N}$，$F_{Ay}=1200\text{N}$。

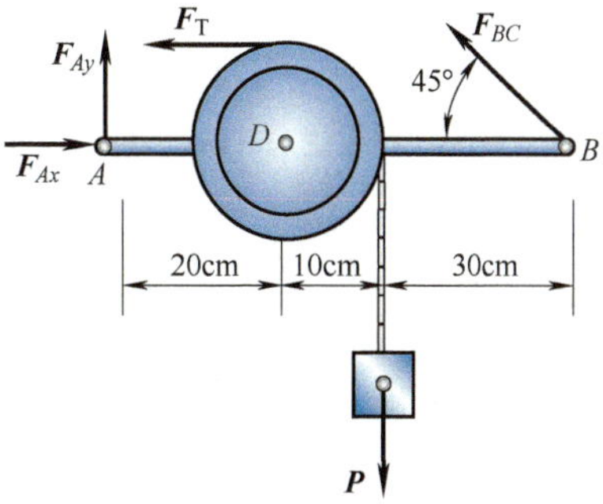

题 3-7 图

3-8：解： a）以整体为研究对象，受力如题 3-8 图 a 所示。

$\sum F_x=0$，$F_{Ax}=0$

$\sum F_y=0$，$F_{Ay}+F_B-2\text{kN}-0.5\times3\text{m}\times1\text{kN/m}=0$，

$\sum M_A(\boldsymbol{F})=0$，$2\text{kN}\times1\text{m}-0.5\times3\text{m}\times1\text{kN/m}\times1\text{m}+F_B\cdot2\text{m}=0$

解得 $F_{Ax}=0$，$F_{Ay}=3.75\text{kN}$，$F_B=-0.25\text{kN}$

b）以整体为研究对象，受力如题 3-8 图 b 所示。

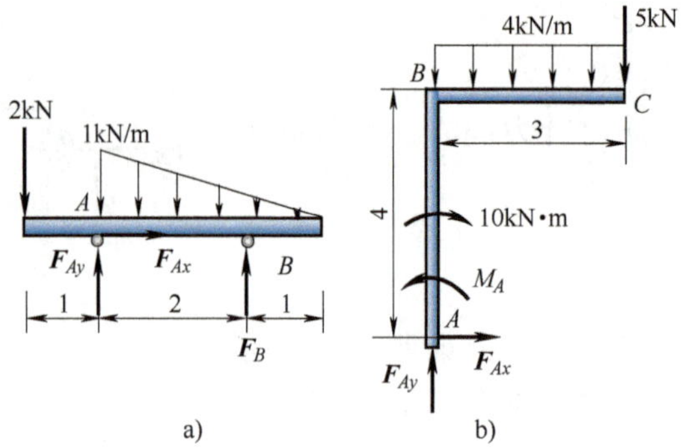

题 3-8 图

$\sum F_x=0$，$F_{Ax}=0$

$\sum F_y=0$，$F_{Ay}-4\text{kN/m}\times3\text{m}-5\text{kN}=0$，

$\sum M_A(\boldsymbol{F})=0$，$M_A-5\text{kN}\times3\text{m}-4\text{kN/m}\times3\text{m}\times1.5\text{m}-10\text{kN}\cdot\text{m}=0$

解得 $F_{Ax}=0$，$F_{Ay}=17\text{kN}$，$M_A=43\text{kN}\cdot\text{m}$。

3-9：解： 起重机受力如题 3-9 图所示，分析两种状态：

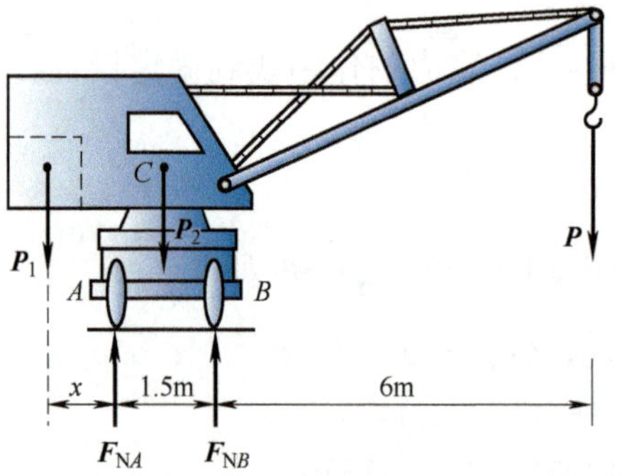

题 3-9 图

（1）起重机满载时，保证起重机不会向右倾倒的条件为：$F_{NA}>0$

$\sum M_B(\boldsymbol{F})=0$，$P_1(x+1.5\text{m})-F_{NA}\times1.5\text{m}+P_2\times0.5\times1.5\text{m}-P\times6\text{m}=0$

（2）起重机空载时，保证起重机不会向左倾倒的条件为：$F_{NB}\geqslant0$

$\sum M_A(\boldsymbol{F})=0$，$P_1x+F_{NB}\times1.5\text{m}-P_2\times0.5\times1.5\text{m}=0$

解得 $0\leqslant x\leqslant1.25\text{m}$，$\dfrac{825\text{kN}\cdot\text{m}}{x+1.5\text{m}}\leqslant P_1\leqslant\dfrac{375\text{kN}\cdot\text{m}}{x}$

为了保证起重机在空载和最大载荷时都不至于倾倒，必须满足 $0\leqslant x\leqslant1.25\text{m}$，$\dfrac{825\text{kN}\cdot\text{m}}{x+1.5\text{m}}\leqslant P_1\leqslant\dfrac{375\text{kN}\cdot\text{m}}{x}$

3-10：解： 选取 OA 杆和 BC 杆为研究对象，受力如题 3-10 图所示，显然，BC 杆为二力杆，$F=30\text{kN}$。

$$\sum M_A=0,\ -F\sin15°\times1.2+F_B\times\frac{0.6}{\sqrt{0.6^2+0.4^2}}\times0.5=0$$

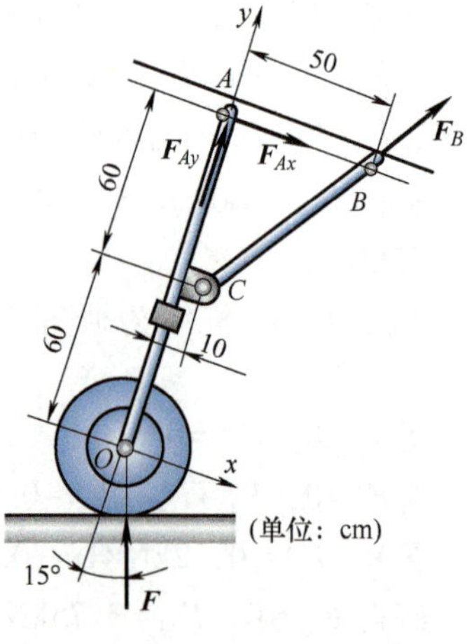

题 3-10 图

$$\sum F_x=0,\ F_{Ax}-F\sin15°+F_B\times\frac{0.4}{\sqrt{0.6^2+0.4^2}}=0$$

$$\sum F_y=0,\ F_{Ay}+F\cos15°+F_B\times\frac{0.6}{\sqrt{0.6^2+0.4^2}}=0$$

解得 $F_B=22.4\text{kN}$，$F_{Ax}=-4.67\text{kN}$，$F_{Ay}=-47.67\text{kN}$

3-11：解： 选取火箭和火箭发射架为研究对象，受力如题3-11图所示，显然，油缸 AB 杆为二力杆。

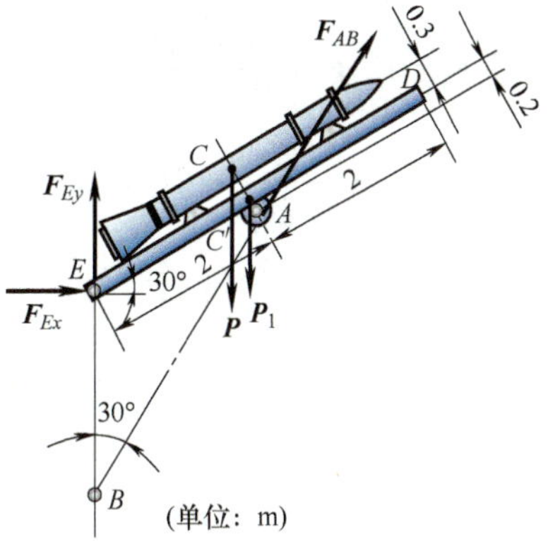

题 3-11 图

$\sum M_E=0$，$F_{AB}\sin30°\times2+F_{AB}\cos30°\times0.2-P_1\cos30°\times2-P\cos30°\times2+P\sin30°\times0.3=0$

$\sum F_x=0$，$F_{Ex}+F_{AB}\cos60°=0$

$\sum F_y=0$，$F_{Ey}+F_{AB}\sin60°-P_1-P=0$

解得 $F_{AB}=13.83\text{kN}$，$F_{Ex}=-6.92\text{kN}$，$F_{Ey}=-2.48\text{kN}$。

3-12：解： 选取直角三角板 ABC 为研究对象，受力如题3-12图所示，显然，三根杆均为二力杆。

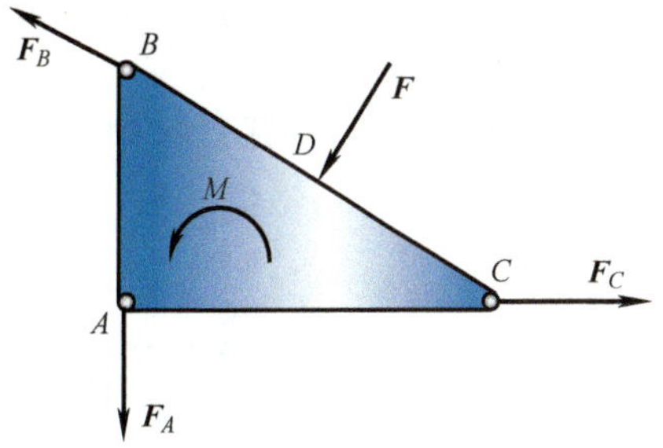

题 3-12 图

$$BC=\frac{\sqrt5}{10}\text{m}$$

$$\sum M_A=0,\ M+F_B\times\frac{2\sqrt5}{5}\times0.1\text{m}+F\times\frac{\sqrt5}{5}\cdot0.05\text{m}-F\times\frac{2\sqrt5}{5}\times0.1\text{m}=0$$

$$\sum M_B=0,\ M+F_C\times0.1\text{m}-F\cdot\frac{\sqrt5}{20}\text{m}=0$$

$$\sum M_C=0,\ M+F_A\times0.2\text{m}+F\cdot\frac{\sqrt5}{20}\text{m}=0$$

解得 $F_A=-32.36\text{N}$（压），$F_B=7.64\text{N}$（拉），$F_C=24.72\text{N}$（拉）

3-13：解： 选取机翼（含螺旋桨）为研究对象，受力如题3-13图所示。梯形分布载荷可看作三角形分布载荷 q_1-q_2 和均布载荷 q_2 两部分合成。三角形分布载荷的合力 $F_1=90\text{kN}$，其的作用线距离 O 点为3m。均布载荷 q_2 的合力 $F_2=360\text{kN}$，其的作用线距离 O 点为4.5m。

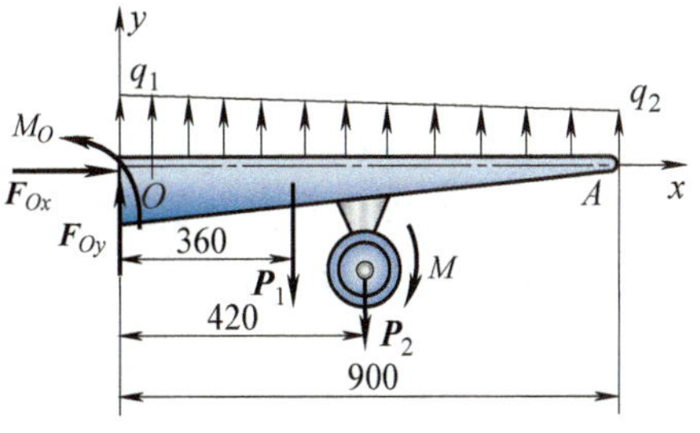

题 3-13 图

$\sum F_x=0$，$F_{Ox}=0$

$\sum F_y=0$，$F_{Oy}+F_1+F_2-P_1-P_2=0$

$\sum M_O=0$，$M_O+F_1\times3\text{m}+F_2\times4.5\text{m}-P_1\times3.6\text{m}-P_2\times4.2\text{m}-M=0$

解得 $F_{Ox}=0$，$F_{Oy}=-385\text{kN}$，$M_O=-1626\text{kN}\cdot\text{m}$

3-14：解：（1）选取冲头 B 为研究对象，受力如题3-14图a所示，显然，连杆 AB 为二力杆，设其受压。

$\sum F_x=0$，$F_N-F_{AB}\dfrac{R}{l}=0$

$\sum F_y=0$，$F-F_{AB}\dfrac{\sqrt{l^2-R^2}}{l}=0$

解得 $F_{AB}=\dfrac{Fl}{\sqrt{l^2-R^2}}$（压），$F_N=\dfrac{FR}{\sqrt{l^2-R^2}}$

（2）选取轮Ⅰ为研究对象，受力如题 3-14 图 b 所示。

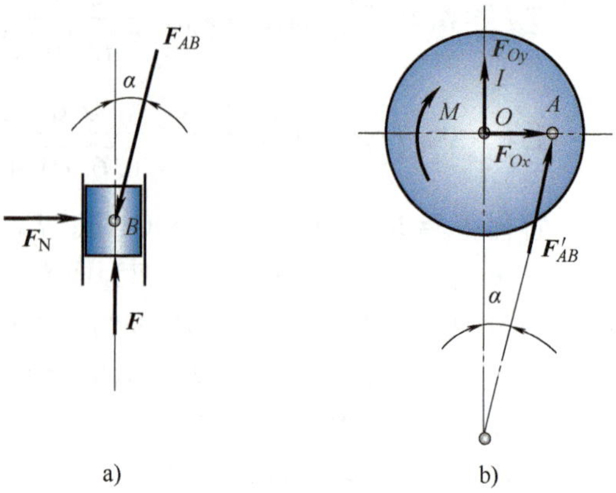

题 3-14 图

$\sum M_O=0$，$F_{AB}\dfrac{\sqrt{l^2-R^2}}{l}\cdot R-M=0$

$\sum F_x=0$，$F_{Ox}+F_{AB}\dfrac{R}{l}=0$

$\sum F_y=0$，$F_{Oy}+F_{AB}\dfrac{\sqrt{l^2-R^2}}{l}=0$

解得 $F_{Ox}=-\dfrac{FR}{\sqrt{l^2-R^2}}$，$F_{Oy}=-F$，$M=FR$

3-15：解：（1）选取整体台面 BCF 为研究对象，受力如题 3-15 图 a 所示。

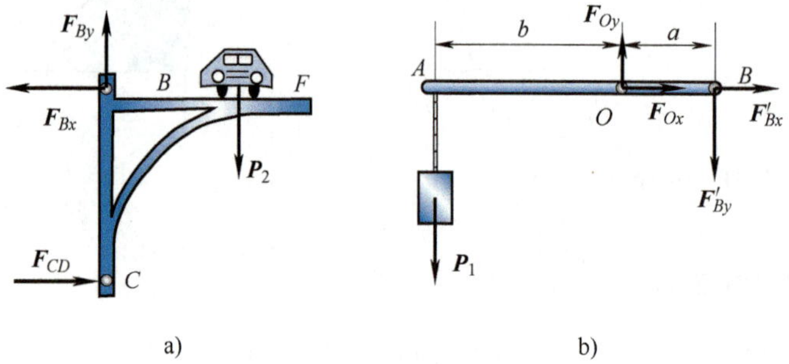

题 3-15 图

$\sum F_y=0$，$F_{By}=P_2$

（2）选取 AOB 为研究对象，受力如题 3-15 图 b 所示。

$\sum M_O(\boldsymbol{F})=0$，$P_1b-F'_{By}a=0$

解得 $P_2=\dfrac{b}{a}P_1$

3-16：解：（1）选取起重机为研究对象，受力如题 3-16 图 a 所示。

$\sum M_F(\boldsymbol{F})=0$，$F_G\times2-P_1\times1-P_2\times5=0$

解得 $F_G=50\text{kN}$

（2）选取梁 CD 为研究对象，受力如题 3-16 图 b 所示。

$\sum M_C(\boldsymbol{F})=0$，$-F'_G\times1+F_D\times6=0$

解得 $F_D=8.33\text{kN}$

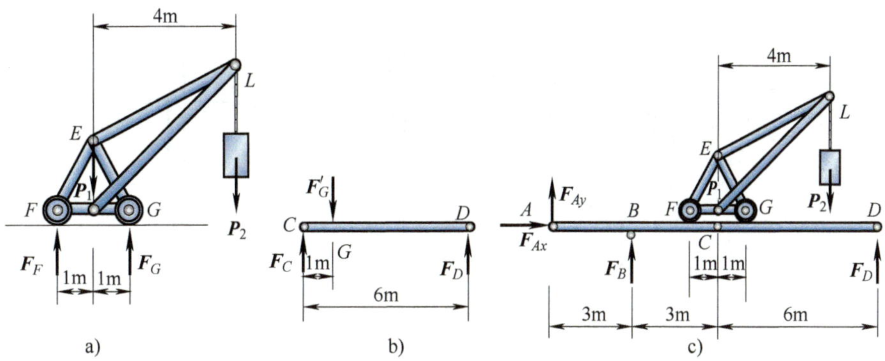

题 3-16 图

（3）选取整体为研究对象，受力如题 3-16 图 c 所示。

$\sum M_A(\boldsymbol{F})=0$，$F_B\times3-P_1\times6-P_2\times10+F_D\times12=0$

$\sum F_x=0$，$F_{Ax}=0$

$\sum F_y=0$，$F_{Ay}+F_B-P_1-P_2+F_D=0$

解得 $F_{Ax}=0$，$F_{Ay}=-48.3\text{kN}$，$F_B=100\text{kN}$

3-17：解：（1）选取梁 CD 为研究对象，受力如题 3-17 图 a 所示。

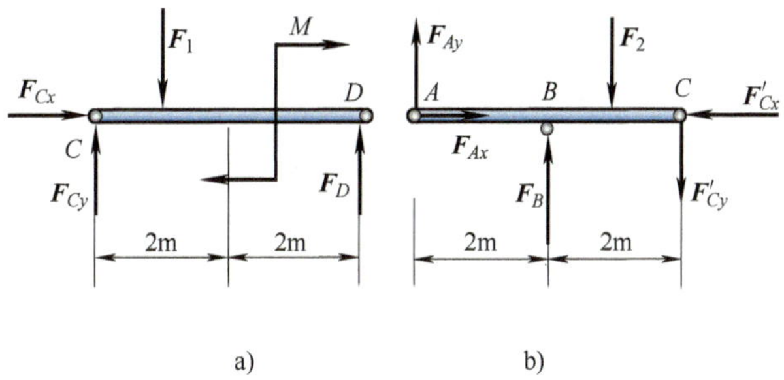

题 3-17 图

$\sum M_C=0$，$-F_1\times1\text{m}-M+F_D\times4\text{m}=0$

$\sum F_x=0$，$F_{Cx}=0$

$\sum F_y=0$，$F_{Cy}-F_1+F_D=0$

解得 $F_{Cx}=0$，$F_{Cy}=5\text{kN}$，$F_D=15\text{kN}$

（2）选取梁 AC 为研究对象，受力如题 3-17 图 b 所示。

$\sum M_A=0$，$F_B\times2-F_2\times3-F'_{Cy}\times4=0$

$\sum F_x=0$，$F_{Ax}=0$

$\sum F_y=0$，$F_{Ay}+F_B-F_2-F'_{Cy}=0$

解得 $F_{Ax}=0$，$F_{Ay}=-15\text{kN}$，$F_B=40\text{kN}$

3-18：解：（1）选取两小球为研究对象，受力如题 3-18 图 a 所示。

$\sum M_A=0$，$-P\cdot2(R-r)+F_D\cdot\sqrt{(2r)^2-[2(R-r)]^2}=0$

$\sum F_x=0$，$F_C-F_D=0$

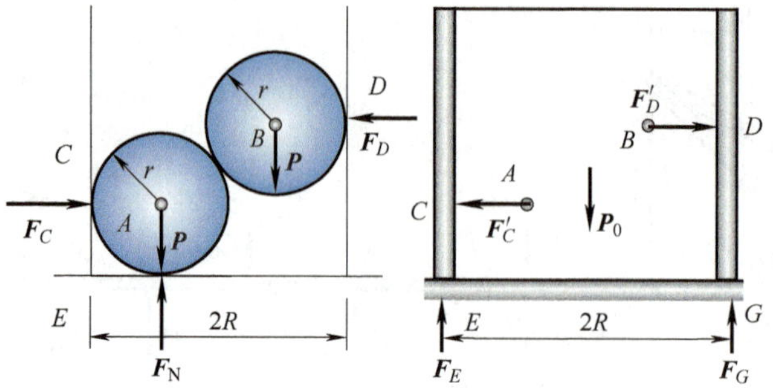

题 3-18 图

解得 $F_C=F_D=\dfrac{P(R-r)}{\sqrt{2Rr-R^2}}$，即 $\boldsymbol{F}_C$ 与 $\boldsymbol{F}_D$ 构成力偶；

（2）选取圆筒为研究对象，受力如题 3-18 图 b 所示。相对于 E 点，圆筒更容易绕 G 点翻倒。

$\sum M_G=0$，$-F'_D(r+\sqrt{(2r)^2-[2(R-r)]^2})+P_0R+F'_Cr-F_E\cdot 2R=0$，$F_E\geqslant 0$

解得 $P_0\geqslant\dfrac{1}{R}(F'_D\sqrt{8rR-4R^2})=2P\left(1-\dfrac{r}{R}\right)$

即 $P_{0\min}=2P\left(1-\dfrac{r}{R}\right)$

3-19：解：（1）选取杆 DEF 为研究对象，受力如题 3-19 图 a 所示。

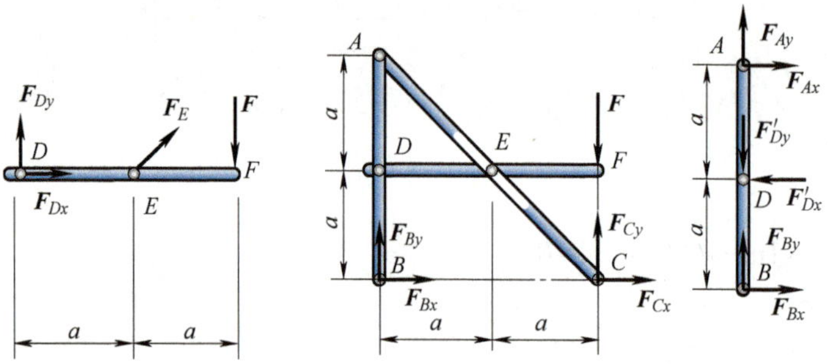

题 3-19 图

$\sum M_D=0$，$F_E\sin45°\cdot a-F\cdot 2a=0$

$\sum F_x=0$，$F_{Dx}+F_E\cos45°=0$

$\sum F_y=0$，$F_{Dy}+F_E\sin45°-F=0$

解得 $F_{Dx}=-2F$，$F_{Dy}=-F$，$F_E=2\sqrt{2}F$

（2）选取整体为研究对象，受力如题 3-19 图 b 所示。

$\sum M_C=0$，$F_{By}=0$

（3）选取杆 ADB 为研究对象，受力如题 3-19 图 c 所示。

$\sum M_B=0$，$F'_{Dx}a-F_{Ax}\cdot 2a=0$

$\sum F_x=0$，$F_{Ax}+F_{Bx}-F'_{Dx}=0$

$\sum F_y=0$，$F_{Ay}-F'_{Dy}=0$

解得 $F_{Ax}=-F$，$F_{Ay}=-F$，$F_{Bx}=-F$

3-20：解：（1）选取整体为研究对象，受力如题 3-20 图 a 所示。

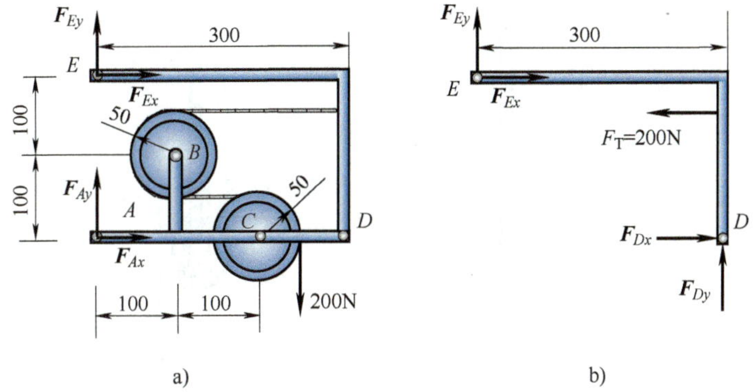

题 3-20 图

$\sum M_A=0$，$-200\text{N}\times 250\text{mm}-F_{Ex}\cdot 200\text{mm}=0$

$\sum F_x=0$，$F_{Ax}+F_{Ex}=0$

$\sum F_y=0$，$F_{Ay}+F_{Ey}-200\text{N}=0$

解得 $F_{Ax}=250\text{N}$，$F_{Ex}=-250\text{N}$

（2）选取杆 DE 为研究对象，受力如题 3-20 图 b 所示。

$\sum M_D=0$，$-F_{Ex}\times 200\text{mm}-F_{Ey}\times 300\text{mm}+200\text{N}\times 150\text{mm}=0$

$\sum F_x=0$，$F_{Ex}+F_{Dx}-200\text{N}=0$

$\sum F_y=0$，$F_{Ey}+F_{Dy}=0$

解得 $F_{Ey}=266.7\text{N}$，$F_{Ay}=-66.7\text{N}$，$F_{Dx}=450\text{N}$，$F_{Dy}=-266.7\text{N}$

3-21：解：（1）选取整体为研究对象，受力如图（见题 3-21 图 a）所示。

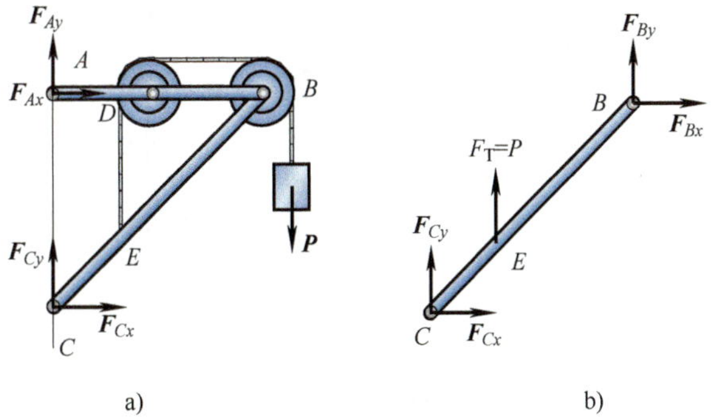

题 3-21 图

$\sum M_A=0$，$F_{Cx}\times 2\text{m}-20\text{kN}\times 2.3\text{m}=0$

$\sum F_x=0$，$F_{Ax}+F_{Cx}=0$

$\sum F_y=0$，$F_{Ay}+F_{Cy}-20\text{kN}=0$

解得 $F_{Ax}=-23\text{kN}$，$F_{Cx}=23\text{kN}$

（2）选取杆 BC 为研究对象，受力如题 3-21 图 b 所示。

$\sum M_B=0$，$F_{Cx}\times2\text{m}-F_{Cy}\times2\text{m}-20\text{kN}\times1.3\text{m}=0$

解得 $F_{Cy}=10\text{kN}$，$F_{Ay}=10\text{kN}$

3-22：解：（1）选取整体为研究对象，受力如题 3-22 图 a 所示，$F_T=P=1200\text{N}$。

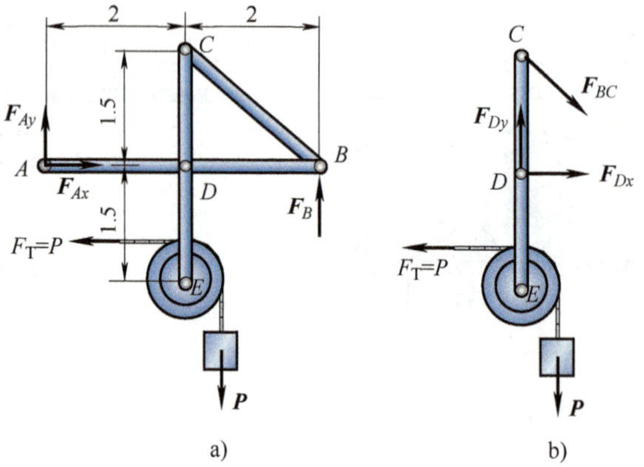

题 3-22 图

$\sum M_A=0, F_B\times4\text{m}-P(2\text{m}+r)-F_T(1.5\text{m}-r)=0$

$\sum F_x=0$，$F_{Ax}-F_T=0$

$\sum F_y=0$，$F_{Ay}+F_B-P=0$

解得 $F_{Ax}=1200\text{N}$，$F_{Ay}=150\text{N}$，$F_B=1050\text{N}$

（2）选取杆 CE、滑轮 E 及重物为研究对象，受力如题 3-22 图 b 所示。

$$\sum M_D=0,-F_{BC}\times\frac{2}{\sqrt{2^2+1.5^2}}\times1.5\text{m}-Pr-F_T(1.5\text{m}-r)=0$$

解得 $F_{BC}=-1500\text{N}$（压）

3-23：解：（1）选取杆 DE 为研究对象，杆 EC 为二力杆，受力如题 3-23 图 a 所示。

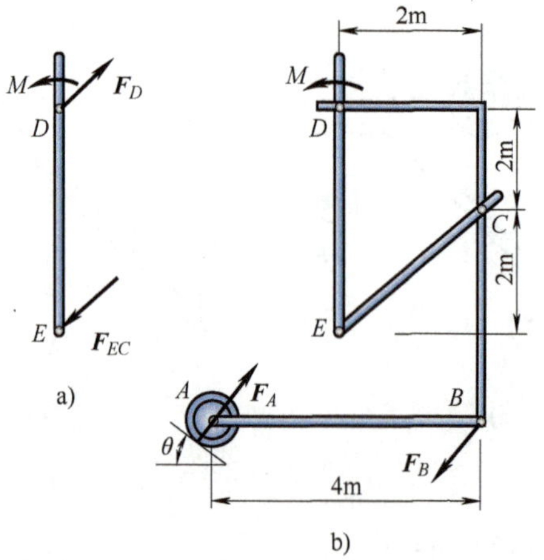

题 3-23 图

$\sum M_D=0$，$-F_{EC}\times\frac{\sqrt{2}}{2}\times 4\text{m}+M=0$

解得 $F_{EC}=10\sqrt{2}\text{kN}=14.14\text{kN}$（压）

（2）选取整体为研究对象，A 处、B 处约束力构成力偶与外力偶 M 平衡，受力如题 3-23 图 b所示。

$\sum M_B=0$，$M-F_A\cos 30°\cdot 4\text{m}=0$

$F_A=F_B$

解得 $F_A=F_B=11.55\text{kN}$

3-24：解：（1）选取杆 AB 为研究对象（包含销钉 B），杆 BC 为二力杆，受力如题 3-24 图 a 所示。

$\sum M_A=0$，$F_{BC}\cdot l-F_1\cdot l\cos 60°-M=0$

解得 $F_{BC}=\frac{F_1}{2}+\frac{M}{l}$

（2）选取杆 CD 为研究对象（包含销钉 C），受力如题 3-24 图 b 所示。

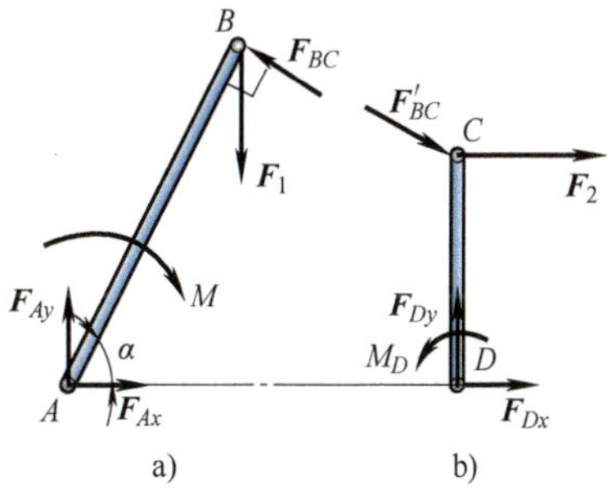

题 3-24 图

$\sum F_x=0$，$F_{Dx}+F_{BC}\cos 30°+F_2=0$

$\sum F_y=0$，$F_{Dy}-F_{BC}\sin 30°=0$

$\sum M_D=0$，$M_D-F_{BC}\cos 30°\cdot a-F_2 a=0$

解得 $F_{Dx}=-\left(F_2+\frac{\sqrt{3}F_1}{4}+\frac{\sqrt{3}M}{2l}\right)$，$F_{Dy}=\frac{F_1}{4}+\frac{M}{2l}$，$M_D=\left(F_2+\frac{\sqrt{3}F_1}{4}+\frac{\sqrt{3}M}{2l}\right)a$（逆时针）

3-25：解：（1）选取整体为研究对象，受力如题 3-25 图 a 所示。

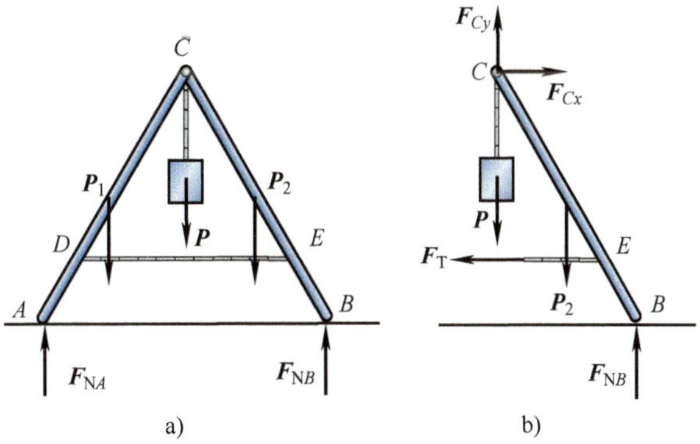

题 3-25 图

$\sum F_y=0$，$F_{NA}+F_{NB}-P-P_1-P_2=0$

$\sum M_A=0$，$-P_1\times 1-P\times 2-P_2\times 3+F_{NB}\times 4=0$

解得 $F_{NA}=F_{NB}=350\text{N}$

（2）选取杆 BC 为研究对象（包含销钉 C），受力如题 3-25 图 b 所示。

$\sum F_x=0$，$F_{Cx}-F_T=0$

$\sum F_y=0$，$F_{Cy}-P-P_2+F_{NB}=0$

$\sum M_C=0$，$P_2\times1+F_T\times3\times\frac{\sqrt{3}}{2}-F_{NB}\times2=0$

解得 $F_{Cx}=231\text{N}$，$F_{Cy}=250\text{N}$，$F_T=231\text{N}$

3-26：解：（1）选取滑轮为研究对象（包含销钉 E），受力如题 3-26 图 a 所示，杆 BE、杆 DE 为二力杆，$F_T=F=1200\text{N}$

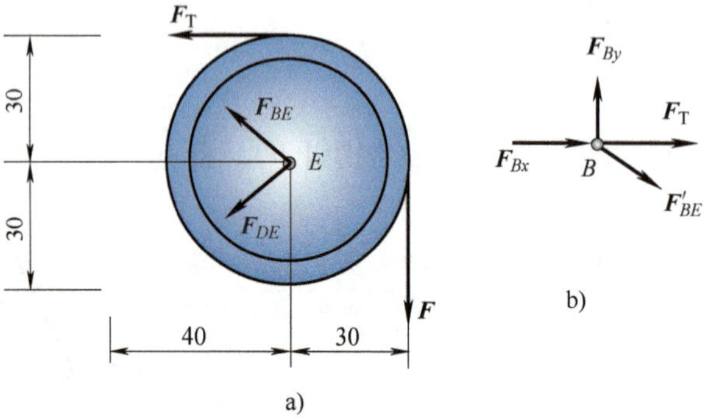

题 3-26 图

$\sum F_x=0$，$-\frac{4}{5}F_{BE}-\frac{4}{5}F_{DE}-F_T=0$

$\sum F_y=0$，$\frac{3}{5}F_{BE}-\frac{3}{5}F_{DE}-F=0$

解得 $F_{BE}=250\text{N}$，$F_{DE}=-1750\text{N}$

（2）选取销钉 B 为研究对象，受力如题 3-26 图 b 所示。

$\sum F_x=0$，$F_{Bx}+F_T+F'_{BE}\times\frac{4}{5}=0$

$\sum F_y=0$，$F_{By}-F'_{BE}\times\frac{3}{5}=0$

解得 $F_{Bx}=-1400\text{N}$，$F_{By}=150\text{N}$

3-27：解：（1）选取整体为研究对象，$F_T=P=mg=600\text{N}$，受力如题 3-27 图 a 所示。

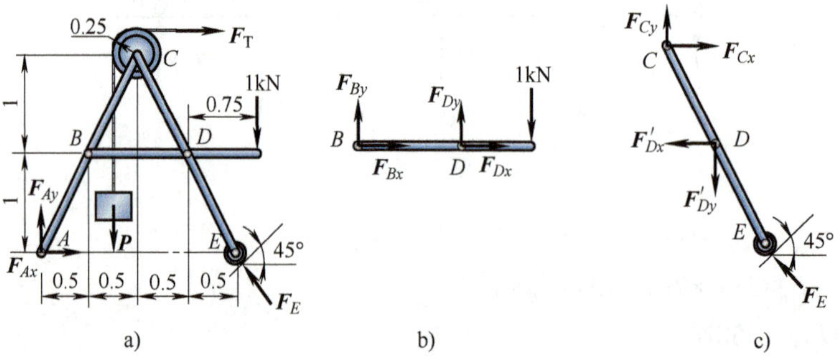

题 3-27 图

$\sum M_A=0$，$F_E\sin45°\times2-600\text{N}\times0.75-600\text{N}\times2.25-1000\text{N}\times2.25=0$

解得 $F_E=2025\sqrt{2}\text{N}$

（2）选取杆 BD 为研究对象，受力如题 3-27 图 b 所示。

$\sum M_B=0$，$F_{Dy}\times1-1000\text{N}\times1.75=0$

解得 $F_{Dy}=1750\text{N}$

（3）选取杆 CE 为研究对象（不包含销钉 C），受力如题 3-27 图 c 所示。

$\sum M_C=0$，$F_E\cos45°\times1-F_E\sin45°\times2-F'_{Dx}\times1-F'_{Dy}\times0.5=0$

解得 $F'_{Dx}=-2900\text{N}$

3-28：解：（1）选取整体为研究对象，受力如题 3-28 图 a 所示。

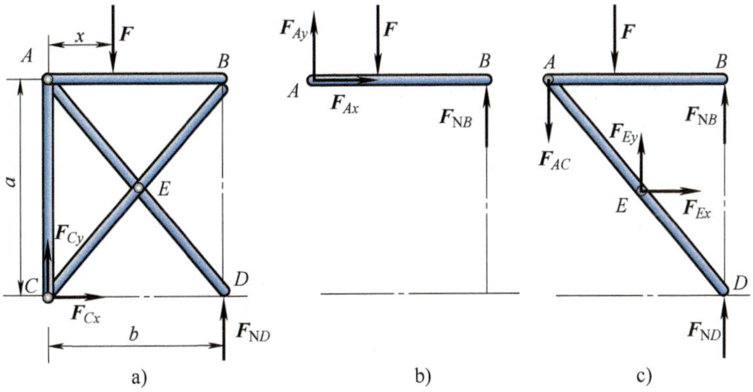

题 3-28 图

$\sum M_C=0$，$F_{\text{ND}}b-Fx=0$

解得 $F_{\text{ND}}=\dfrac{Fx}{b}$

（2）选取杆 AB 为研究对象，受力如题 3-28 图 b 所示。

$\sum M_A=0$，$F_{\text{NB}}b-Fx=0$

解得 $F_{\text{NB}}=\dfrac{Fx}{b}$

（3）选取杆 AB 和杆 AD 研究对象（包含销钉 A），受力如题 3-28 图 c 所示，杆 AC 为二力杆。

$$\sum M_E=0, F_{\text{NB}}\cdot\frac{b}{2}+F_{\text{ND}}\cdot\frac{b}{2}+F\left(\frac{b}{2}-x\right)+F_{AC}\cdot\frac{b}{2}=0$$

解得 $F_{AC}=-F$（压）

3-29：解：（1）选取整体为研究对象，受力如题 3-29 图 a 所示。

$\sum M_A=0$，$50\text{N}\times8-F_B\times8=0$

$\sum F_x=0$，$F_{Ax}+50\text{N}=0$

$\sum F_y=0$，$F_{Ay}-F_B=0$

解得 $F_{Ax}=-50\text{kN}$，$F_{Ay}=50\text{kN}$，$F_B=50\text{kN}$

（2）选取杆 BD 为研究对象，受力如题 3-29 图 b 所示。

$\sum M_C=0$，$F_{Dx}\times2-F_{Dy}\times3-F_B\times3=0$

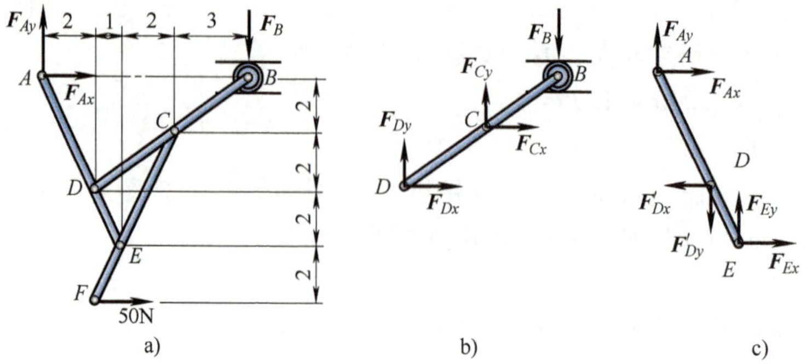

题 3-29 图

（3）选取杆 AE 为研究对象，受力如题 3-29 图 c 所示。

$\sum M_E=0$，$-F_{Ax}\times6-F_{Ay}\times3+F'_{Dx}\times2+F'_{Dy}\times1=0$

解得 $F_{Dx}=-37.5\text{kN}$，$F_{Dy}=-75\text{kN}$

3-30：解：（1）选取杆 CD 为研究对象，受力如题 3-30 图 a 所示。

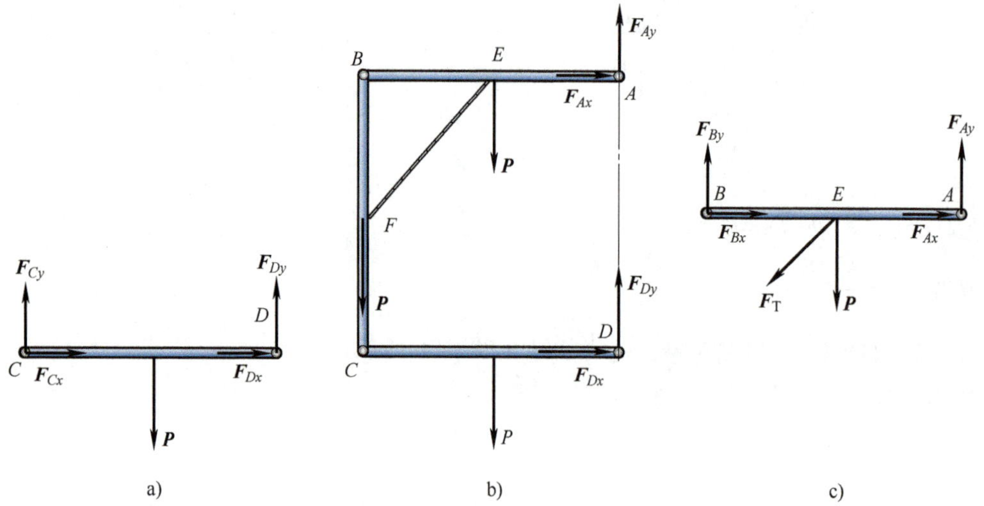

题 3-30 图

$$\sum M_C=0,\quad F_{Dy}a-P\cdot\frac{a}{2}=0$$

解得 $F_{Dy}=\dfrac{P}{2}$

（2）选取整体为研究对象，受力如题 3-30 图 b 所示。

$\sum F_y=0$，$F_{Ay}+F_{Dy}-3P=0$

解得 $F_{Ay}=\dfrac{5P}{2}$

（3）选取杆 AB 为研究对象，受力如题 3-30 图 c 所示。

$$\sum M_B=0,\quad F_{Ay}a-P\cdot\frac{a}{2}-F_T\sin45^\circ\cdot\frac{a}{2}=0$$

解得 $F_T=4\sqrt{2}P$

3-31：解：（1）选取整体为研究对象，受力如题 3-31 图 a 所示。

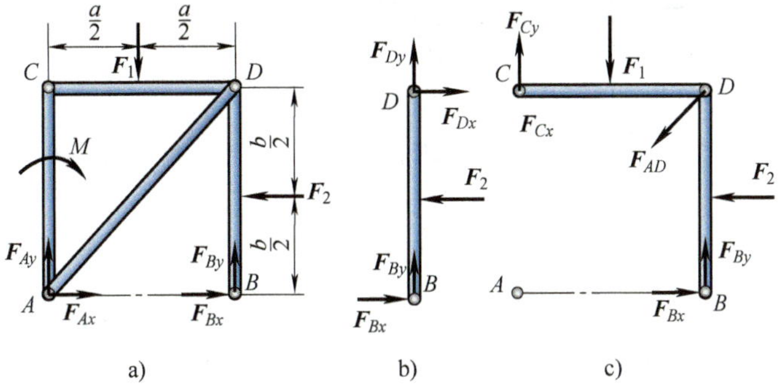

题 3-31 图

$$\sum M_A=0,\ F_{By}a+F_2\cdot\frac{b}{2}-F_1\cdot\frac{a}{2}-M=0$$

解得 $F_{By}=\dfrac{M}{a}+\dfrac{F_1}{2}-\dfrac{bF_2}{2a}$

（2）选取杆 BD 为研究对象（包含销钉 B，不包含销钉 D），受力如题 3-31 图 b 所示。

$$\sum M_D=0,\ F_{Bx}b-F_2\cdot\frac{b}{2}=0$$

解得 $F_{Bx}=\dfrac{F_2}{2}$

（3）选取杆 CD 和杆 BD 为研究对象（包含销钉 B），杆 AD 为二力杆，受力如题 3-31 图 c 所示。

$$\sum M_C=0,\ -F_1\cdot\frac{a}{2}-F_2\cdot\frac{b}{2}-F_{AD}\cos\alpha\cdot a+F_{Bx}b+F_{By}a=0,\ \cos\alpha=\frac{b}{\sqrt{a^2+b^2}}$$

解得 $F_{AD}=\dfrac{1}{2a\cos\alpha}(2M-bF_2)$

3-32：解：选取轧钳口平板 AB 为研究对象，工件对轧钳的作用力 $F_2'=F_2$，受力如题 3-32 图 a 所示。

$$\sum M_A=0,\ F_B\cdot 2a-F_2'c=0$$
$$\sum F_y=0,\ F_2'+F_B-F_A=0$$

解得 $F_B=\dfrac{c}{2a}F_2$，$F_A=\left(\dfrac{2a+c}{2a}\right)F_2$

选取钳柄 DOB 为研究对象，受力如题 3-32 图 b 所示，根据结构的对称性，

$$F_D=F_A=\left(\frac{2a+c}{2a}\right)F_2$$

$$\sum M_O=0,\ F_Da-F_B'a-F_1b=0$$

解得 $F_2=\dfrac{b}{a}F_1$

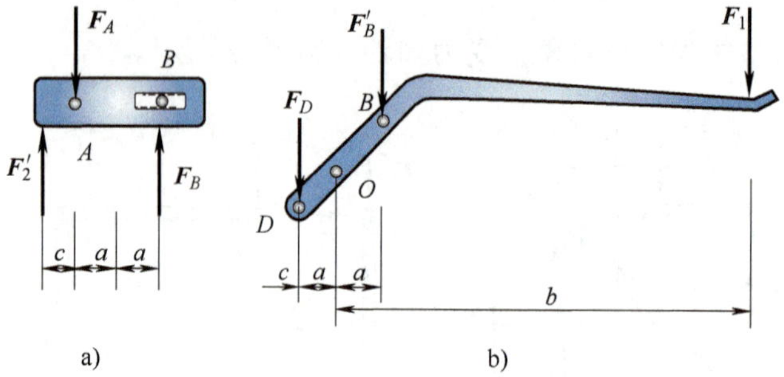

题 3-32 图

3-33：解：（1）选取杆 CE 为研究对象（不包含销钉 C），1 杆、2 杆、3 杆均为二力杆，受力如题 3-33 图 a 所示。

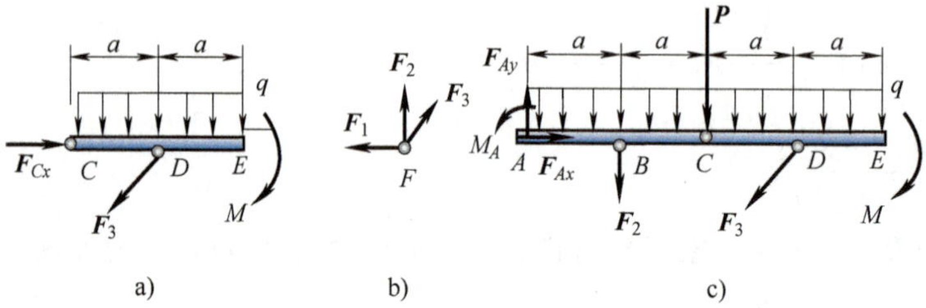

题 3-33 图

$\sum M_C=0$，$-F_3\sin45°\cdot a-q\cdot 2a\cdot a-M=0$

解得 $F_3=-2\sqrt{2}qa-\dfrac{\sqrt{2}M}{a}$

（2）选取 1 杆、2 杆、3 杆的汇交点 F 为研究对象，受力如题 3-33 图 b 所示。

$\sum F_y=0$，$F_2+F_3\sin45°=0$

解得 $F_2=2qa+\dfrac{M}{a}$

（3）选取杆 AC 和杆 CE 为研究对象，受力如题 3-33 图 c 所示。

$\sum F_x=0$，$F_{Ax}-F_3\cos45°=0$

$\sum F_y=0$，$F_{Ay}-P-q\cdot 4a-F_2-F_3\sin45°=0$

$\sum M_A=0$，$M_A-F_2a-F_3\sin45°\cdot 3a-P\cdot 2a-q\cdot 4a\cdot 2a-M=0$

解得 $F_{Ax}=-2qa-\dfrac{M}{a}$，$F_{Ay}=P+4qa$，$M_A=2Pa+4qa^2-M$

3-34：解：（1）选取节点 D 为研究对象，受力如题 3-34 图 b 所示。

$\sum F_x=0$，$-F_2\times\dfrac{2\sqrt{5}}{5}-F_1=0$

$\sum F_y=0$，$-P-F_2\times\dfrac{\sqrt{5}}{5}=0$

解得 $F_1=2P$，$F_2=-2.24P$

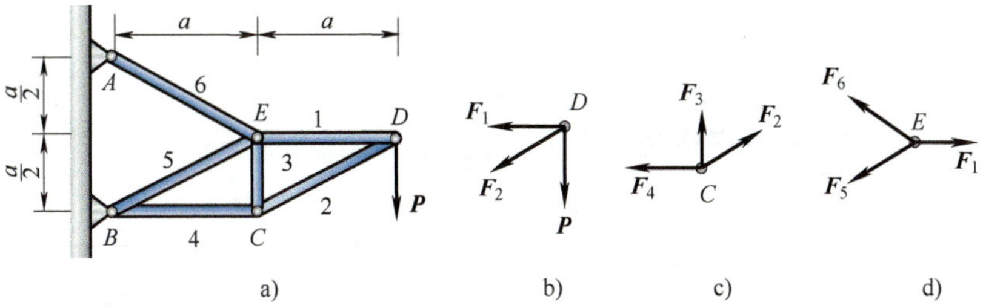

题 3-34 图

（2）选取节点 C 为研究对象，受力如题 3-34 图 c 所示。

$$\sum F_x=0,\quad F_2\times\frac{2\sqrt{5}}{5}-F_4=0$$

$$\sum F_y=0,\quad F_3+F_2\times\frac{\sqrt{5}}{5}=0$$

解得 $F_3=P$，$F_4=-2P$

（3）选取节点 E 为研究对象，受力如题 3-34 图 d 所示。

$$\sum F_x=0,\quad F_1-F_5\times\frac{2\sqrt{5}}{5}-F_6\times\frac{2\sqrt{5}}{5}=0$$

$$\sum F_y=0,\quad F_6\times\frac{\sqrt{5}}{5}-F_5\times\frac{\sqrt{5}}{5}-F_3=0$$

解得 $F_5=0$，$F_6=2.24P$

3-35：解：（1）选取节点 E 为研究对象，如题 3-35 图 a 所示。

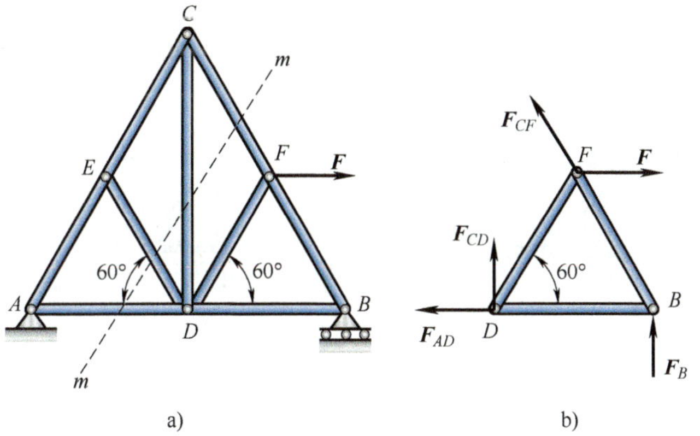

题 3-35 图

因 $\boldsymbol{F}_{CE}$ 与 $\boldsymbol{F}_{AE}$ 在同一条直线上，故 $F_{ED}=0$

（2）桁架沿截面 m-m 截开，取右半部分，受力如题 3-35 图 b 所示。

$\sum M_B=0$，$-F_{CD}\cdot DB-F\cdot DF\sin60°=0$

解得 $F_{CD}=-\dfrac{\sqrt{3}}{2}F=-0.866F$（压）

3-36：解：（1）桁架沿截面 m-m 截开杆 AD、杆 3 和杆 2，取上半部分，受力如题 3-36 图 b 所示。

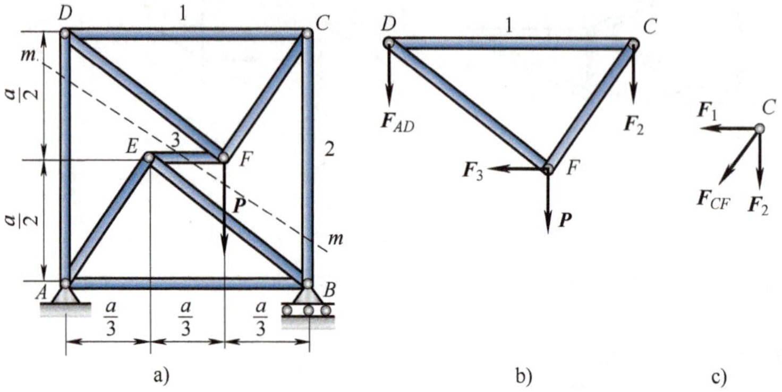

题 3-36 图

$\sum F_x=0$，$F_3=0$

$\sum M_D=0$，$M_A-F_2a-P\cdot\dfrac{2}{3}a=0$

解得 $F_3=0$，$F_2=-\dfrac{2}{3}P$

（2）选取节点 C 为研究对象，受力如题 3-36 图 c 所示。全部力系向垂直于 CF 方向投影得

$F_1\cos\theta-F_2\sin\theta=0$

解得 $F_1=F_2\tan\theta=-\dfrac{4}{9}P$（压）

3-37：解：（1）选取整体为研究对象，受力如题 3-37 图 a 所示。

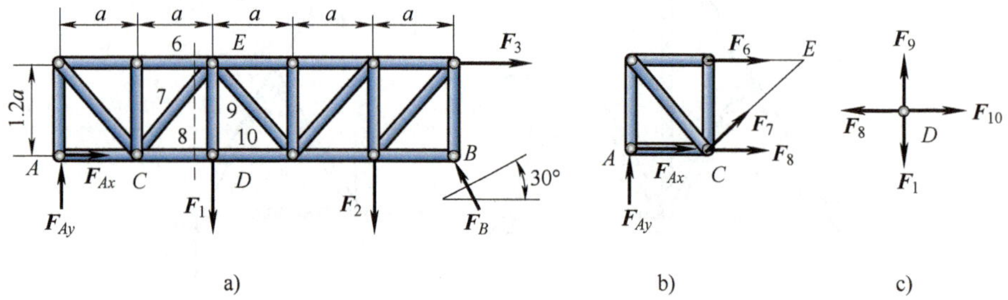

题 3-37 图

$\sum M_A=0$，$F_B\cos30°\cdot5a-F_1\cdot2a-F_2\cdot4a-F_3\cdot1.2a=0$

$\sum F_x=0$，$F_{Ax}+F_3-F_B\sin30°=0$

$\sum F_y=0$，$F_{Ay}+F_B\cos30°-F_1-F_2=0$

解得 $F_B=28.64\text{kN}$，$F_{Ax}=-5.68\text{kN}$，$F_{Ay}=5.2\text{kN}$

（2）桁架沿 6、7 和 8 杆截开，取左半部分，受力如题 3-37 图 b 所示。

$\sum M_C=0$，$-F_{Ay}a-F_6\cdot1.2a=0$

$\sum F_y=0$，$F_{Ay}+F_7\sin\alpha=0$，$\sin\alpha=0.768$

$\sum M_E=0$，$F_{Ax}\cdot 1.2a-F_{Ay}\cdot 2a+F_8\cdot 1.2a=0$

解得 $F_6=-4.33\text{kN}$（压），$F_7=-6.77\text{kN}$（压），$F_8=14.4\text{kN}$（拉）

（3）选取节点 D 为研究对象，受力如题 3-37 图 c 所示。

$\sum F_x=0$，$F_{10}-F_8=0$

$\sum F_y=0$，$F_9-F_1=0$

解得 $F_9=10\text{kN}$（拉），$F_{10}=14.4\text{kN}$（拉）

3-38：解： 选取球铰 D 为研究对象，三根杆均为二力杆，受力如题 3-38 图所示。

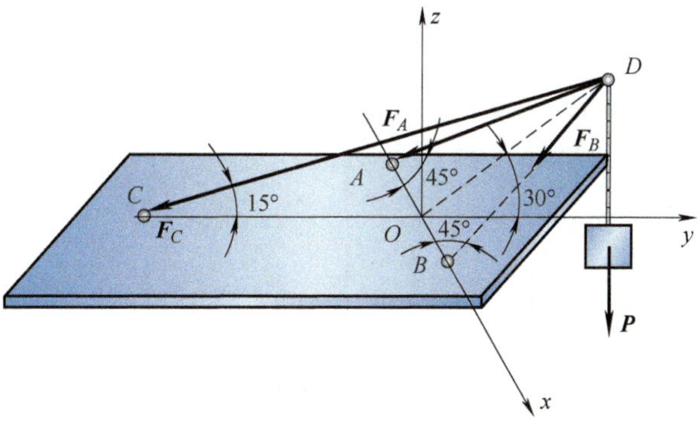

题 3-38 图

$\sum F_x=0$，$F_B\cos45°-F_A\cos45°=0$

$\sum F_y=0$，$-F_C\cos15°-2F_A\sin45°\cos30°=0$

$\sum F_z=0$，$-F_C\sin15°-2F_A\sin45°\sin30°-P=0$

解得 $F_B=F_A=-26.39\text{kN}$，$F_C=33.46\text{kN}$

3-39：解： 选取整体为研究对象，受力如题 3-39 图所示。

$\sum M_{Ay}=0$，$F_2r_1-F_1r_1+F_3r_2-F_4r_2=0$

$F_2=2F_1$，$F_3=2F_4$

解得 $F_3=4000\text{N}$，$F_4=2000\text{N}$

$\sum M_{Ax}=0$，$F_{Bz}\times2-F_3\cos30°\times1.5-F_4\cos30°\times1.5=0$

解得 $F_{Bz}=3897\text{N}$

$\sum M_{Az}=0$，$-F_{Bx}\times2-(F_1+F_2)\times0.5-(F_3+F_4)\sin30°\times1.5=0$

解得 $F_{Bx}=-4125\text{N}$

$\sum F_x=0$，$F_{Ax}+F_1+F_2+F_3\sin30°+F_4\sin30°+F_{Bx}=0$

解得 $F_{Ax}=-6375\text{N}$

$\sum F_z=0$，$F_{Az}-F_3\cos30°-F_4\cos30°+F_{Bz}=0$

解得 $F_{Az}=1299\text{N}$

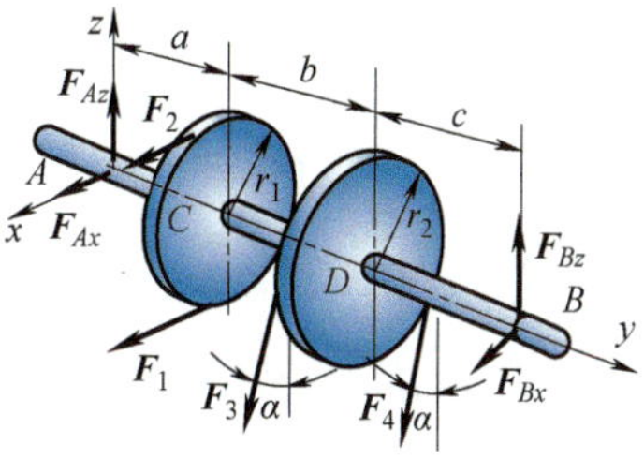

题 3-39 图

3-40：解： 选取杆 AB 为研究对象，受力如题 3-40 图所示，由对称性可知，两绳的拉力 $\boldsymbol{F}$ 相等。

$$\sum F_z=0，2F\cos\beta-P=0，\cos\beta=\frac{\sqrt{l^2-4r^2\sin^2\dfrac{\alpha}{2}}}{l}$$

解得 $F=\dfrac{Pl}{2\sqrt{l^2-4r^2\sin^2\dfrac{\alpha}{2}}}$

$\sum M_{Oz}=0$，$M-F\sin\beta\cos\dfrac{\alpha}{2}\cdot 2r=0$，$\sin\beta=\dfrac{2r\sin\dfrac{\alpha}{2}}{l}$

解得 $M=\dfrac{2Pr^2\sin\dfrac{\alpha}{2}\cos\dfrac{\alpha}{2}}{\sqrt{l^2-4r^2\sin^2\dfrac{\alpha}{2}}}=\dfrac{Pr^2\sin\alpha}{\sqrt{l^2-4r^2\sin^2\dfrac{\alpha}{2}}}$

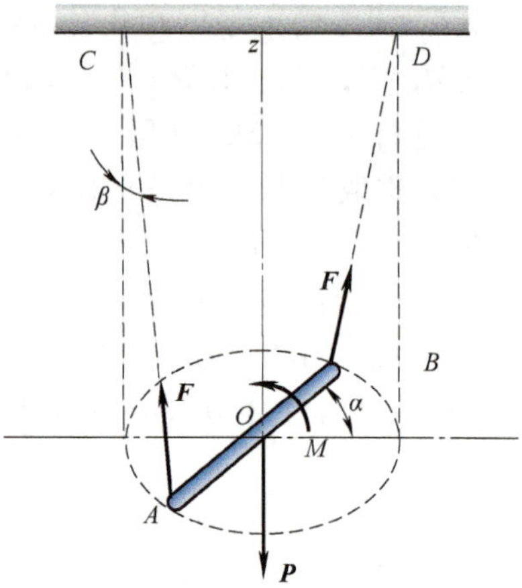

题 3-40 图

3-41：解：（1）选取球 D 为研究对象，A、B、C、D 分别表示为四个球的质心，受力如题 3-41 图 b 所示。

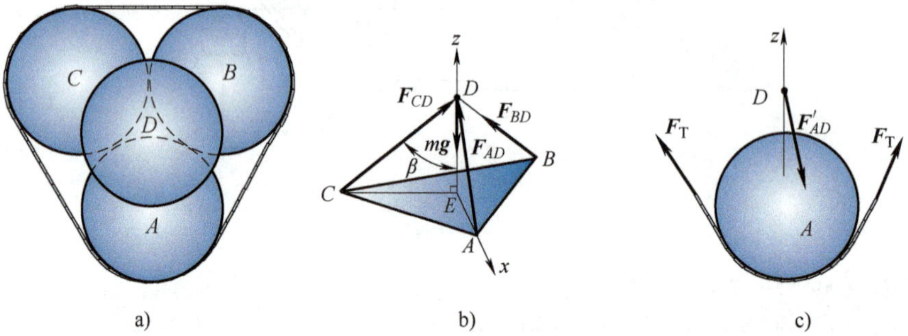

题 3-41 图

由于对称性可知，$F_{CD}=F_{AD}=F_{BD}$

$CD=2r$，$CE=2r\cdot\tan30°=\dfrac{2\sqrt{3}}{3}r$

$\sin\beta=\dfrac{\sqrt{3}}{3}$，$\cos\beta=\dfrac{\sqrt{6}}{3}$

$\sum F_z=0$，$3F_{CD}\cos\beta-P=0$

解得 $F_{CD}=\dfrac{\sqrt{6}}{6}P$

（2）选取球 A 为研究对象，受力如题 3-41 图 c 所示。

$2F_T\cos30°=F'_{AD}\sin\beta$

解得 $F_T=\dfrac{\sqrt{6}}{18}P$

3-42：解：选取整体为研究对象，受力如题 3-42 图所示。设轴的半径为 r，轮的半径为 $6r$。

$\sum M_{Ay}=0$，$P\cdot 6r-P_1r=0$

解得 $P_1=6P=360\text{N}$

$\sum M_{Ax}=0$，$F_{Bz}\times1.5-P_1\times1+P\sin30°\times0.5=0$

解得 $F_{Bz}=230\text{N}$

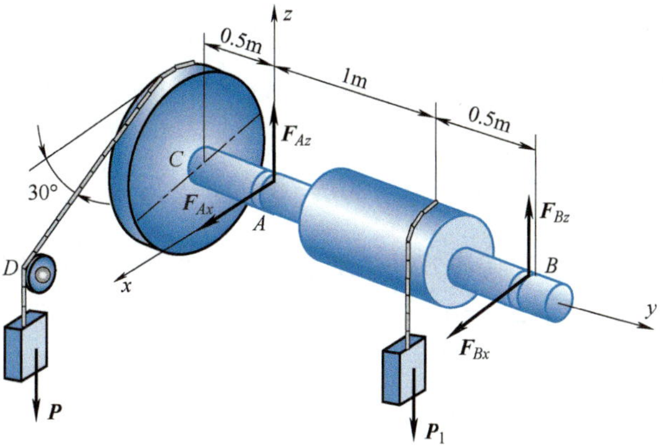

题 3-42 图

$\sum M_{Az}=0$，$-F_{Bx}\times1.5+P\cos30°\times0.5=0$

解得 $F_{Bx}=10\sqrt{3}=17.3\text{N}$

$\sum F_x=0$，$F_{Ax}+P\cos30°+F_{Bx}=0$

解得 $F_{Ax}=-40\sqrt{3}=-69.3\text{N}$

$\sum F_z=0$，$F_{Az}-P\sin30°-P_1+F_{Bz}=0$

解得 $F_{Az}=160\text{N}$

3-43：解： 选取水平板 *ABCD* 为研究对象，受力如题 3-43 图所示。六根杆均为二力杆。

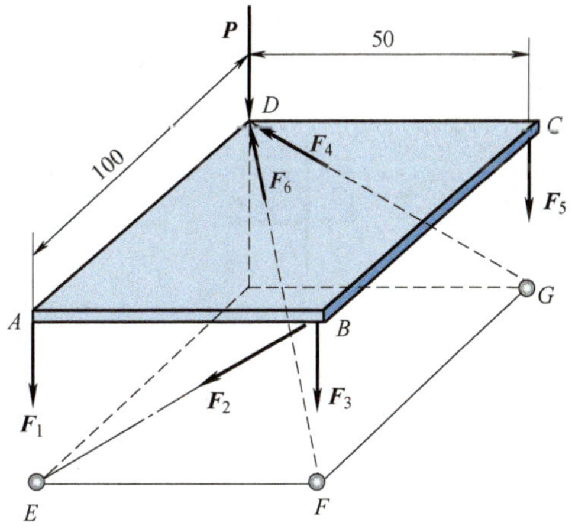

题 3-43 图

$\sum M_{Dz}=0$，$F_2=0$

$\sum M_{BF}=0$，$F_4=0$

$\sum F_x=0$，$F_6=0$

$\sum M_{BC}=0$，$(F_1+P)\times50=0$

解得 $F_1=-P$（压）

$\sum M_{AB}=0$，$(F_5+P)\times100=0$

解得 $F_5=-P$（压）

$\sum F_z=0$，$-F_1-F_3-F_5-P=0$

解得 $F_3=P$（拉）

《理论力学（Ⅰ）》 第4章

4-1：解： 选取物体为研究对象，假设其处于平衡状态，受力如题4-1图所示。

$\sum F_x=0$，$F_s-F\cos20°-P\sin20°=0$

$\sum F_y=0$，$F_N+F\sin20°-P\cos20°=0$

解得 $F_s=429.49\text{N}$，$F_N=887.64\text{N}$

$F_{max}=fF_N=621.35\text{N}$，$F_s<F_{max}$

物体处于平衡状态，$F_s=429.49\text{N}$

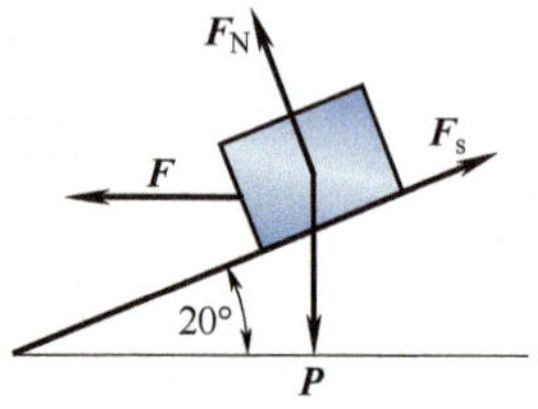

题4-1图

4-2：解： 选取半圆柱为研究对象，受力如题4-2图所示。

$\sum M_B(\boldsymbol{F})=0$，$P\cdot a\sin\theta-F(R-R\sin\theta)=0$

$\sum F_x=0$，$F-F_s=0$

$\sum F_y=0$，$F_N-P=0$

临界补充方程 $F_s=fF_N$

解得 $\theta=\arcsin\dfrac{3\pi f}{3\pi f+4}$

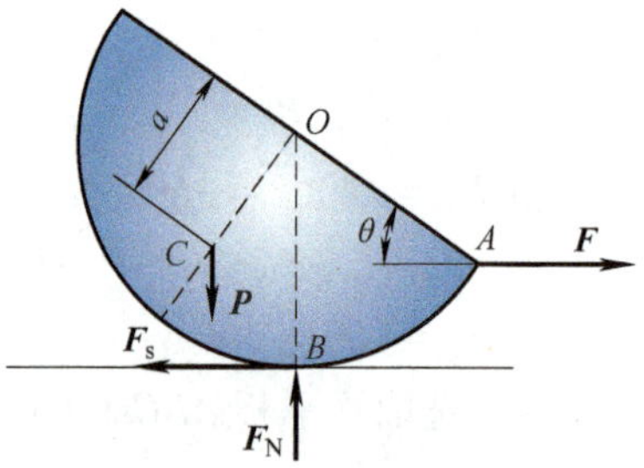

题4-2图

4-3：解： a）选取整体为研究对象，受力如题4-3图a所示，在力 $\boldsymbol{F}$ 作用下，A 块随 B 块作为整体开始运动，A 块和 B 块之间不发生相对运动且没有相对运动趋势。

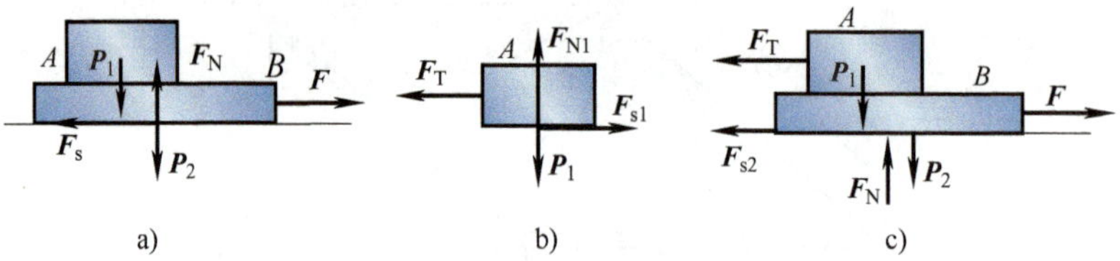

题4-3图

$\sum F_x=0$，$F-F_s=0$

$\sum F_y=0$，$F_N-P_1-P_2=0$

临界补充方程

$F_s=F_{max}=fF_N$

解得 $F=F_{max}=f_2(P_1+P_2)=140\text{N}$

拉动 B 块的最小力 $\boldsymbol{F}$ 的大小即为140N。

b）在力 $\boldsymbol{F}$ 作用下，A 块被绳拉住，A 块和 B 块之间发生相对运动。选取 A 块为研究对象，受力如题4-3图b所示。

$\sum F_x=0$，$F_T=F_{s1}$

临界补充方程 $F_{s1}=F_{1max}=f_1P_1=125\text{N}$

选取整体为研究对象，受力如题 4-3 图 c 所示。

临界补充方程 $F_{s2}=F_{2max}=f_2(P_1+P_2)=140\text{N}$

$\sum F_x=0$，$F=F_T+F_{s2}=265\text{N}$

拉动 B 块的最小力 $\boldsymbol{F}$ 的大小即为 265N。

4-4：解： 选取重物为研究对象，受力如题 4-4 图所示。

$F_d=f'F_N=f'\cdot P\cos70°=2.57\text{kN}$

（1）重物匀速上升时，受力如题 4-4 图 a 所示。

$\sum F_x=0$，$F_T=P\sin70°+F_d=26.1\text{kN}$

（2）重物匀速下降时，受力如题 4-4 图 b 所示。

$\sum F_x=0$，$F_T=P\sin70°-F_d=20.9\text{kN}$

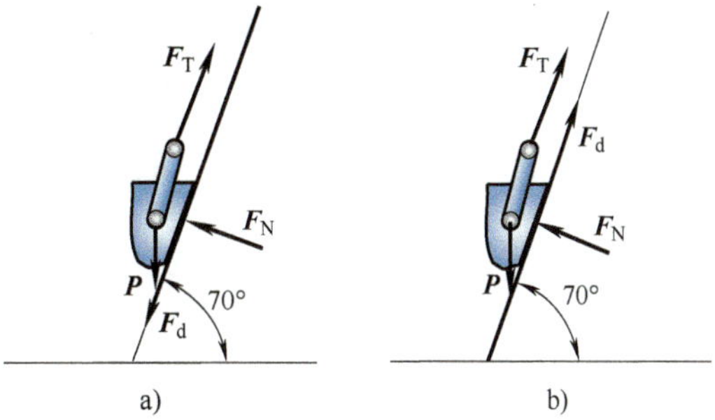

题 4-4 图

4-5：解： 选取梯子为研究对象，受力如题 4-5 图所示，当梯子刚刚要滑动时，A、B 处都达到最大静摩擦力。

$\sum F_x=0$，$F_{NB}-F_{sA}=0$

$\sum F_y=0$，$F_{NA}+F_{sB}-P-P_1=0$

$\sum M_A=0$，$P\cdot\dfrac{l}{2}\cos60°+P_1\cdot s\cos60°-F_{NB}\cdot l\sin60°-F_{sB}\cdot l\cos60°=0$

临界补充方程 $F_{sA}=fF_{NA}$，$F_{sB}=fF_{NB}$

解得 $F_{NA}=800\text{N}$，$F_{sA}=200\text{N}$，$F_{NB}=200\text{N}$，$F_{sB}=50\text{N}$，$s=\dfrac{(4\sqrt{3}-1)}{13}l=0.456l$

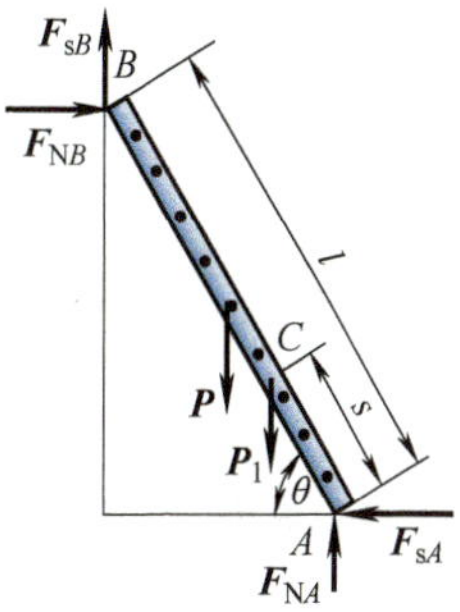

题 4-5 图

4-6：解： 选取套钩为研究对象，受力如题 4-6 图所示，设保证套钩在电杆上不打滑时，脚踏力 $\boldsymbol{F}$ 到杆轴线的最小距离为 l_{min}，此时套钩与电杆接触点 A、B 都达到最大静摩擦力，方向向上。

$\sum F_x=0$，$F_{NB}-F_{NA}=0$

$\sum F_y=0$，$F_{sA}+F_{sB}-F=0$

$\sum M_A(\boldsymbol{F})=0$，$-F\left(l_{min}+\dfrac{d}{2}\right)+F_{NB}b+F_{sB}d=0$

临界补充方程 $F_{sA}=fF_{NA}$，$F_{sB}=fF_{NB}$

解得 $F_{sA}=F_{sB}=\dfrac{F}{2}$，$F_{NA}=F_{NB}=\dfrac{F}{2f}$，$l_{min}=\dfrac{b}{2f}=10\text{cm}$

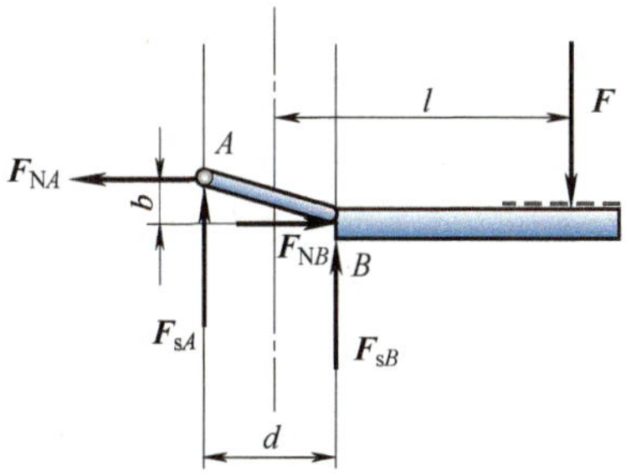

题 4-6 图

4-7：解： 选取钢板为研究对象，受力如题 4-7 图 b 所示，欲使压延机可操作，则铁板必须被两转动轮带动，亦即作用在铁板 A、B 处的法向约束力和摩擦力的合力必须水平向右。由对称性可知 $F_{NA}=F_{NB}$，$F_{sA}=F_{sB}$

其水平方向合力为 $\sum F_x=2(F_{sA}\cos\theta-F_{NA}\sin\theta)$

由临界补充方程 $F_{sA}=fF_{NA}$

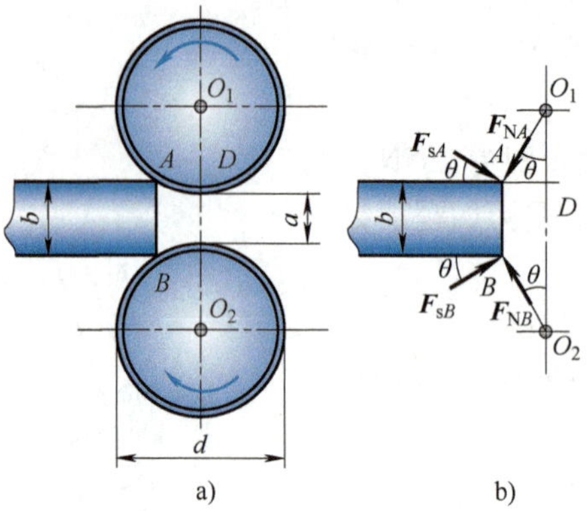

题 4-7 图

得 $\sum F_x=2F_{NA}(f\cos\theta-\sin\theta)$

当 $\sum F_x\geqslant0$ 时，钢板就能向右运动，即 $f\cos\theta-\sin\theta\geqslant0$，$\tan\theta\leqslant f$

因为 $O_1O_2=d+a$，$O_1D=\dfrac{d+a-b}{2}$，$AD=\sqrt{\left(\dfrac{d}{2}\right)^2-\left(\dfrac{d+a-b}{2}\right)^2}$

则 $\tan\theta=\dfrac{AD}{O_1D}=\dfrac{\sqrt{\left(\dfrac{d}{2}\right)^2-\left(\dfrac{d+a-b}{2}\right)^2}}{\dfrac{d+a-b}{2}}\leqslant f$

解得 $b\leqslant d+a-\dfrac{d}{\sqrt{1+f^2}}$

代入数据得 $b\leqslant7.5\text{mm}$

4-8：解：选取鼓轮 B 为研究对象，受力如题 4-8 图所示。

$\sum F_y=0$，$F_{ND}-P_B-P_A=0$

解得 $F_{ND}=P_B+P_A$

鼓轮与水平地板间的最大静摩擦力 $F_s=fF_{ND}=f(P_B+P_A)$

$\sum F_x=0$，$F_s-F_{NE}=0$

解得 $F_{NE}=F_s=f(P_B+P_A)$

$\sum M_D(\boldsymbol{F})=0$，$-P_Ar+F_{NE}R=0$

解得 $P_A=\dfrac{fR}{r-fR}P_B=500\text{N}$

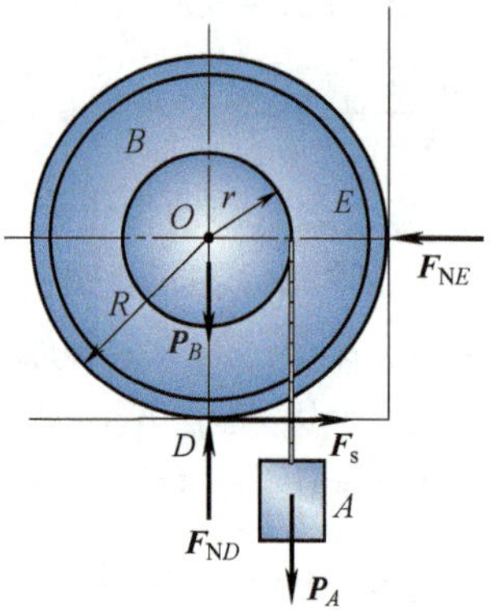

题 4-8 图

4-9：解：结构对称，选取物块 A 为研究对象，受力如题 4-9 图所示，杆 AC 为二力杆。

为确保系统安全制动，滑块应自锁，由自锁条件得

$$\tan\alpha=\frac{\sqrt{l^2-\left(\dfrac{L}{2}\right)^2}}{\dfrac{L}{2}}<\tan\varphi=f$$

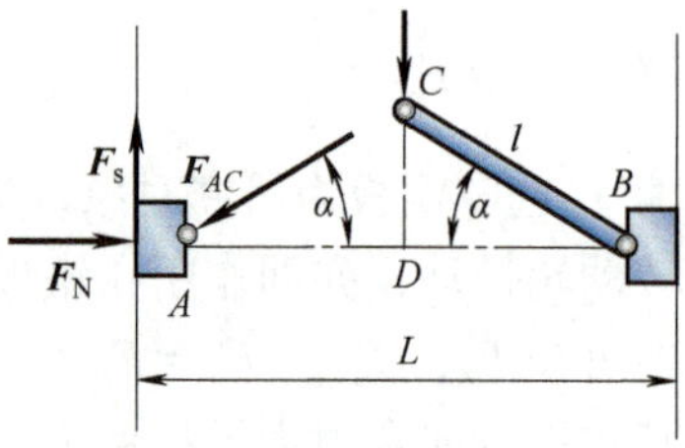

题 4-9 图

解得$\frac{l}{L}<0.559$

由三角形知识可知：$l+l>L$，即$\frac{l}{L}>0.5$

综上，当机构的尺寸比例满足$0.5<\frac{l}{L}<0.559$时能确保安全制动。

4-10：解： 选取整体为研究对象，受力如题 4-10 图 a 所示。

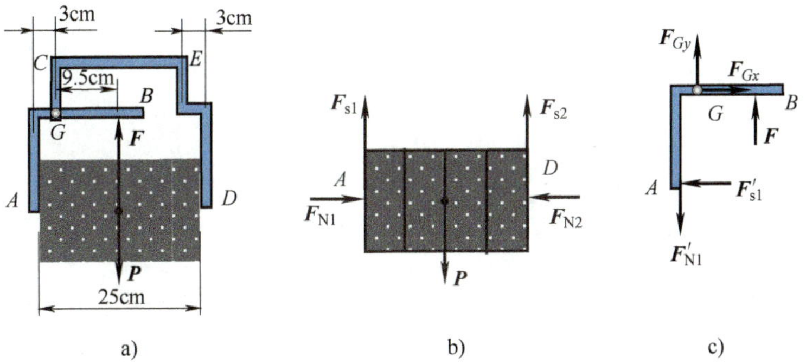

题 4-10 图

$\sum F_y=0$，$F=P=120\text{N}$

选取砖块为研究对象，受力如题 4-10 图 b 所示。

$\sum F_x=0$，$F_{N1}-F_{N2}=0$

$\sum F_y=0$，$F_{s1}+F_{s2}-P=0$

$\sum M_D(\boldsymbol{F})=0$，$P\times12.5-F_{s1}\times25=0$

解得 $F_{s1}=F_{s2}=\frac{P}{2}=60\text{N}$

临界补充方程 $F_{s1}\leqslant fF_{N1}$，$F_{s2}\leqslant fF_{N2}$

$F_{N1}=F_{N2}\geqslant\frac{F_{s1}}{f}=120\text{N}$

选取曲杆 AGB 为研究对象，受力如题 4-10 图 c 所示。

$\sum M_G(\boldsymbol{F})=0$，$F\times9.5\text{cm}+F'_{s1}\times3\text{cm}-F'_{N1}b=0$

解得 $b\leqslant11\text{cm}$

4-11：解： 选取整体为研究对象，受力如题 4-11 图所示。

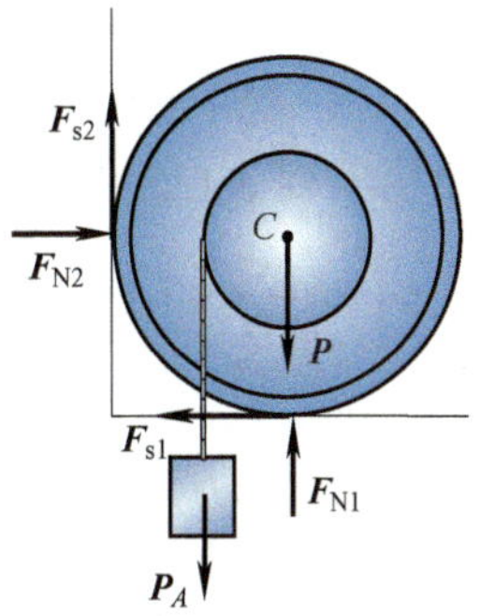

题 4-11 图

$\sum F_x=0$，$F_{N2}-F_{s1}=0$

$\sum F_y=0$，$F_{N1}+F_{s2}-P-P_A=0$

$\sum M_C(\boldsymbol{F})=0$，$P_A\times0.1-F_{s2}\times0.2-F_{s1}\times0.2=0$

临界补充方程 $F_{s1}=fF_{N1}$，$F_{s2}=fF_{N2}$

解得 $P_{A\max}=300\text{N}$

4-12：解： 选取整体为研究对象，受力如题 4-12 图所示。

静滑动摩擦系数 $f=\tan 15°=0.268$

$\sum F_x=0$，$F_{N2}-F_{s1}=0$

$\sum F_y=0$，$F_{N1}+F_{s2}-P=0$

$\sum M_C(\boldsymbol{F})=0$，$M-F_{s2}\times 0.2\text{m}-F_{s1}\times 0.2\text{m}=0$

临界补充方程 $F_{s1}=fF_{N1}$，$F_{s2}=fF_{N2}$

解得 $M_{max}=13.31\text{N}\cdot\text{m}$

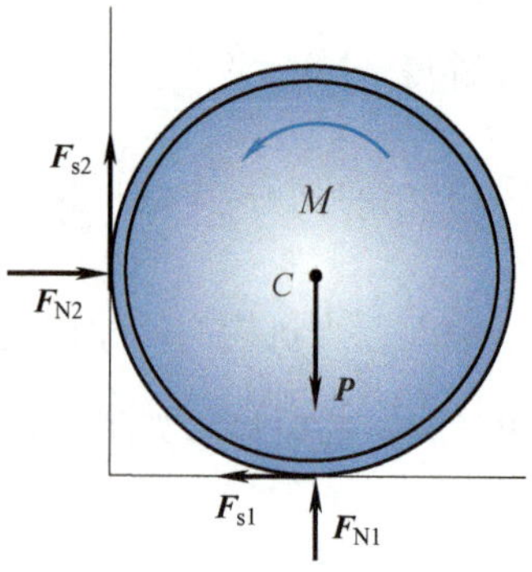

题 4-12 图

4-13：解：（1）选取 B 块为研究对象，B 块有下滑趋势时，受力如题 4-13 图 a 所示。

$\sum F_y=0$，$F_{N1}\cos\alpha+F_{s1}\sin\alpha-F_1=0$

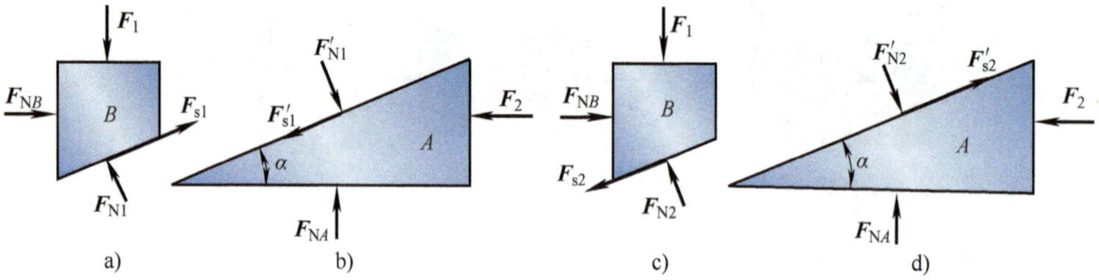

题 4-13 图

选取 A 块为研究对象，受力如题 4-13 图 b 所示。

$\sum F_x=0$，$-F_{s1}\cos\alpha+F_{N1}\sin\alpha-F_2=0$

临界补充方程 $F_{s1}\leqslant fF_{N1}$

解得 $F_{2min}=\dfrac{\sin\alpha-f\cos\alpha}{\cos\alpha+f\sin\alpha}F_1$

（2）选取 B 块为研究对象，B 块有上滑趋势时，受力如题 4-13 图 c 所示。

$\sum F_y=0$，$F_{N2}\cos\alpha-F_{s2}\sin\alpha-F_1=0$

选取 A 块为研究对象，受力如题 4-13 图 d 所示。

$\sum F_x=0$，$F_{s2}\cos\alpha+F_{N2}\sin\alpha-F_2=0$

临界补充方程 $F_{s2}\leqslant fF_{N2}$

解得 $F_{2max}=\dfrac{\sin\alpha+f\cos\alpha}{\cos\alpha-f\sin\alpha}F_1$

4-14：解： 选取偏心轮为研究对象，受力如题 4-14 图所示，忽略偏心轮重力，则偏心轮保持平衡相当于二力杆，由自锁条件得

$$\tan\theta=\frac{e}{\dfrac{D}{2}}\leqslant\tan\varphi=f$$

解得 $e\leqslant\dfrac{fD}{2}$

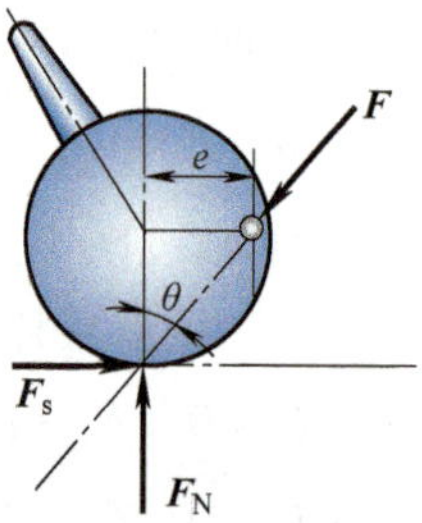

题 4-14 图

4-15：解：（1）选取绕线轮为研究对象，受力如题 4-15 图所示，假设 A 处先滑动，此时水平拉力为 $\boldsymbol{F}_1$，$F_{NA}=P_C$

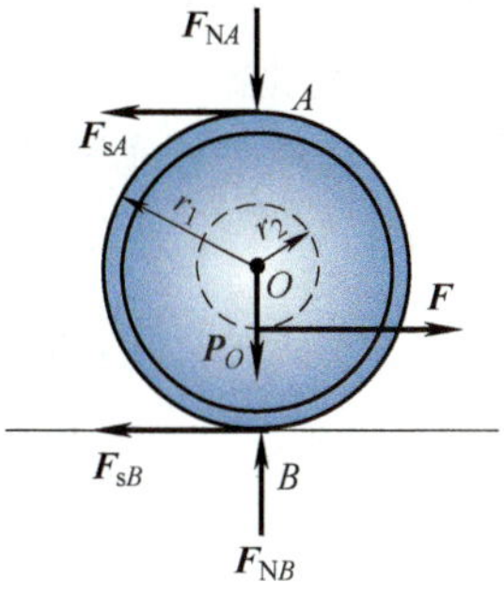

题 4-15 图

$\sum F_x=0$，$F_{sA}+F_{sB}-F_1=0$

$\sum F_y=0$，$F_{NB}-F_{NA}-P_O=0$

$\sum M_B=0$，$0.8F_{sA}-0.2F_1=0$

临界补充方程

$F_{sA}=f_AF_{NA}=180\text{N}$

$F_{sB}\leqslant f_BF_{NB}=550\text{N}$

解得 $F_{sA}=180\text{N}$，$F_1=720\text{N}$，$F_{NB}=1100\text{N}$，$F_{sB}=540\text{N}$

（2）假设 B 处先滑动，此时水平拉力为 $\boldsymbol{F}_2$，$F_{NA}=P_C$

$\sum F_x=0$，$F_{sA}+F_{sB}-F_2=0$

$\sum F_y=0$，$F_{NB}-F_{NA}-P_O=0$

$\sum M_A=0$，$0.6F_2-0.8F_{sB}=0$

临界补充方程

$F_{sB}=f_BF_{NB}=550\text{N}$

解得 $F_{sB}=550\text{N}$，$F_2=733.33\text{N}$，$F_{sA}=183.33\text{N}$，$F_{NB}=1100\text{N}$

$F_{sA}>f_AF_{NA}=180\text{N}$

此时，A 处已经发生滑动。

综上，A 处先滑动，水平拉力的最小值 $F=720\text{N}$

4-16：解：（1）利用钢管滚动时，选取木箱为研究对象，受力如题 4-16 图 a 所示。

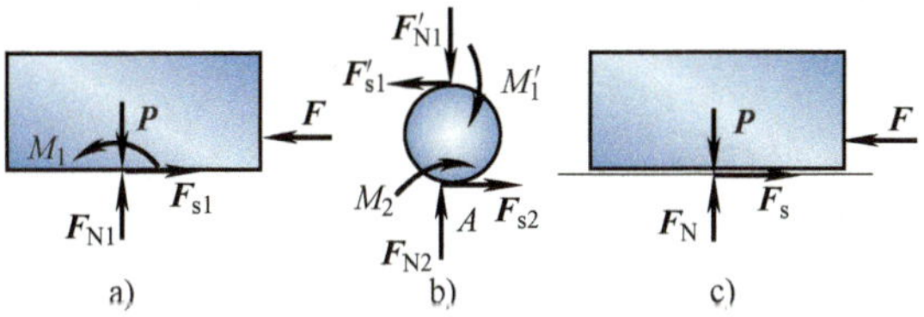

题 4-16 图

$\sum F_x=0$，$F_{s1}-F=0$

$\sum F_y=0$，$F_{N1}-P=0$

解得 $F_{s1}=F$，$F_{N1}=P=1\text{kN}$

选取钢管为研究对象，受力如题 4-16 图 b 所示，各个钢管的受力相同，可作为一个钢管进行分析。

$\sum F_y=0$，$F'_{N1}=F_{N2}=F_N$

$\sum M_A=0$，$F_{s1}d-M'_1-M_2=0$

$M=M'_1=M_1=M_2=\delta F_N$

解得 $F=F_{s1}=\dfrac{2\delta}{d}F_N=0.1\text{kN}$

（2）木箱在木板上滑动时，选取木箱为研究对象，受力如题 4-16 图 c 所示。

$\sum F_x=0$，$F_s-F=0$

$\sum F_y=0$，$F_N-P=0$

临界补充方程 $F_s=fF_N=0.4\text{kN}$

解得 $F=0.4\text{kN}$

可见滚动比滑动省力。

4-17：解： 选取平板车整体为研究对象，受力如题 4-17 图 a 所示。

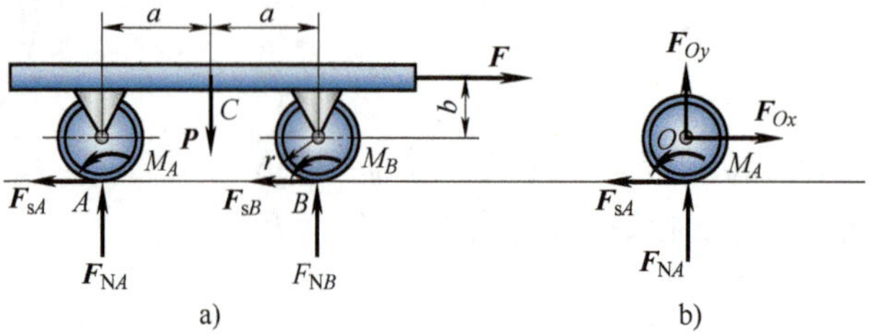

题 4-17 图

$\sum F_x=0$，$F-F_{sA}-F_{sB}=0$

$\sum F_y=0$，$F_{NA}+F_{NB}-P=0$

$\sum M_A=0$，$-F(b+r)-Pa+F_{NB}\cdot 2a+M_A+M_B=0$

解得 $F=F_{sA}+F_{sB}$，$F_{NA}+F_{NB}=P$

临界补充方程

$M_A=\delta F_{NA}$，$M_B=\delta F_{NB}$

即 $M_A+M_B=\delta(F_{NA}+F_{NB})=P\delta$

选取左轮为研究对象，受力如图（见题 4-17 图 b）所示。

$\sum M_O=0$，$M_A-F_{sA}r=0$，

右轮同理可得 $\sum M_{O_1}=0$，$M_B-F_{sB}r=0$

即 $M_A+M_B=r(F_{sA}+F_{sB})=rF$

$$F_{\min}=\frac{P\delta}{r},\quad F_{NB}=\frac{P\delta b}{2ar}+\frac{P}{2},\quad M_B=\delta F_{NB}=\frac{P\delta^2 b}{2ar}+\frac{P\delta}{2}=\frac{P\delta(\delta b+ar)}{2ar}$$

$$F_{NA}=\frac{P}{2}-\frac{P\delta b}{2ar},\quad M_A=\delta F_{NA}=\frac{P\delta(ar-\delta b)}{2ar}$$

4-18：解： 选取杆 AB 为研究对象，A 点、B 点的全约束力分别为 $\boldsymbol{F}_{R1}$、$\boldsymbol{F}_{R2}$，由平衡条件可知 $\boldsymbol{P}$、$\boldsymbol{F}_{R1}$、$\boldsymbol{F}_{R2}$的作用线必汇交于一点。

（1）假设杆 AB 沿 B 点下滑趋势，受力如题 4-18 图 a 所示，由几何关系可知：

在直角三角形中 AO_1B 中，$\angle O_1AB=\alpha$，$\angle O_1BA=\theta$

在直角三角形中 AO_2B 中，$\angle O_2AB=\alpha-\varphi$，$\angle O_2BA=\theta+\varphi$

根据重力作用线过直角三角形 AO_2B 斜边中线可知：$\angle O_2AB=\angle O_2BA$

可得 $\theta=\alpha-2\varphi$

（2）假设杆 AB 沿 B 点上滑趋势，受力如题 4-18 图 b 所示，由几何关系可知：

在直角三角形中 AO_3B 中，$\angle O_3AB=\alpha$，$\angle O_3BA=\theta$

在直角三角形中 AO_4B 中，$\angle O_4AB=\alpha+\varphi$，$\angle O_4BA=\theta-\varphi$

根据重力作用线过直角三角形 AO_4B 斜边中线可知：$\angle O_4AB=\angle O_4BA$

可得 $\theta=\alpha+2\varphi$

综上 $\alpha-2\varphi\leqslant\theta\leqslant\alpha+2\varphi$

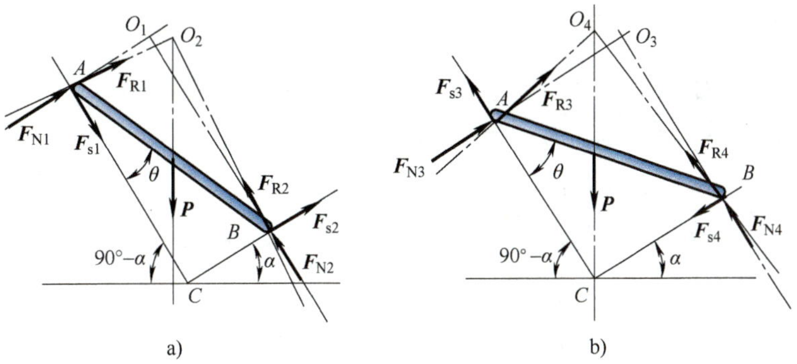

题 4-18 图

《理论力学（Ⅰ）》 第 5 章

5-1：解： $x=(l+a)\cos\varphi=(l+a)\cos\omega t$，$y=(l-a)\sin\varphi=(l-a)\sin\omega t$

消去 t，有轨迹 $\dfrac{x^2}{(l+a)^2}+\dfrac{y^2}{(l-a)^2}=1$

5-2：证明： 由题意知

$a_t=$常量，则 $s=\dfrac{1}{2}a_t t^2=R\varphi$，$v=a_t t$，$a_n=\dfrac{v^2}{R}=\dfrac{a_t^2 t^2}{R}$，

$$\tan\theta=\frac{a_n}{a_t}=\frac{a_t t^2}{R}=\frac{2s}{R}=2\varphi$$

5-3：解： $\tan\varphi=\dfrac{vt}{l}$

则 $\cos\varphi=\dfrac{l}{\sqrt{l^2+v^2t^2}}$，$\sin\varphi=\dfrac{vt}{\sqrt{l^2+v^2t^2}}$，$\dot{\varphi}=\dfrac{v}{l}\cos^2\varphi$

$$x_C=b\cos\varphi=\frac{bl}{\sqrt{l^2+v^2t^2}},\quad v_{C_x}=\dot{x}_C=-b\dot{\varphi}\sin\varphi\Big|_{\varphi=\frac{\pi}{4}}=-\frac{\sqrt{2}\,bv}{4l}$$

$$y_C=b\sin\varphi=\frac{bvt}{\sqrt{l^2+v^2t^2}},\quad v_{C_y}=\dot{y}_C=b\dot{\varphi}\cos\varphi\Big|_{\varphi=\frac{\pi}{4}}=\frac{\sqrt{2}\,bv}{4l},\quad v_C=\frac{bv}{2l}$$

5-4：解： 杆 AB 相对两个坐标系都做平动，设 $AB=l$

$$\cos\varphi=\frac{vt}{R},\quad \sin\varphi=\frac{\sqrt{R^2-v^2t^2}}{R}$$

$$x_B=0,\quad y_B=l+R\sin\varphi=l+\sqrt{R^2-v^2t^2}=l+0.01\sqrt{64-t^2}$$

$$v_B=\dot{y}_B=\frac{-0.01t}{\sqrt{64-t^2}}\text{m/s}^2$$

$$x_{1B}=R\cos\varphi=vt=0.01t,\quad v_{Bx_1}=\dot{x}_{1B}=0.01\text{m/s}^2$$

$y_{1B}=l+R\sin\varphi=l+\sqrt{R^2-v^2t^2}=l+0.01\sqrt{64-t^2}$，$v_{By_1}=\dot{y}_{1B}=\dfrac{-0.01t}{\sqrt{64-t^2}}\text{m/s}^2$

5-5：解： 推杆 AB 平动。

$y_A=e\sin\varphi+\sqrt{R^2-e^2\cos^2\varphi}=e\sin\omega t+\sqrt{R^2-e^2\cos^2\omega t}$

$v_A=\dot{y}_A=e\omega\cos\omega t+\dfrac{e^2\omega\cos\omega t\sin\omega t}{\sqrt{R^2-e^2\cos^2\omega t}}=e\omega\left(\cos\omega t+\dfrac{e\sin2\omega t}{2\sqrt{R^2-e^2\cos^2\omega t}}\right)$

5-6：解： $AB=\sqrt{l^2+x^2}$，两边求导，

$\dfrac{\mathrm{d}}{\mathrm{d}t}AB=-v=\dfrac{x\dot{x}}{\sqrt{l^2+x^2}}$

则套筒 A 的速度 $v_A=\dot{x}=-\dfrac{v\sqrt{l^2+x^2}}{x}$，加速度 $a_A=\ddot{x}=-\dfrac{v^2l^2}{x^3}$

5-7：解： 由题意知

$\dfrac{a_\mathrm{t}}{a_\mathrm{n}}=\dfrac{\alpha}{\omega^2}=\dfrac{1}{\omega^2}\dfrac{\mathrm{d}\omega}{\mathrm{d}t}=\tan60°=\sqrt{3}$

有 $\int_{\omega_0}^{\omega}\dfrac{1}{\omega^2}\mathrm{d}\omega=\int_0^t\sqrt{3}\,\mathrm{d}t$，可得 $\omega=\dfrac{\omega_0}{1-\sqrt{3}\omega_0t}$

积分可得转动方程 $\varphi=\int_0^t\omega\mathrm{d}t=\int_0^t\dfrac{\omega_0}{1-\sqrt{3}\omega_0t}\mathrm{d}t=\dfrac{1}{\sqrt{3}}\ln\left(\dfrac{1}{1-\sqrt{3}\omega_0t}\right)$

即 $\sqrt{3}\varphi=\ln\left(\dfrac{1}{1-\sqrt{3}\omega_0t}\right)$

整理有 $\mathrm{e}^{\sqrt{3}\varphi}=\dfrac{1}{1-\sqrt{3}\omega_0t}=\dfrac{1}{\omega_0}\dfrac{\omega_0}{1-\sqrt{3}\omega_0t}=\dfrac{\omega}{\omega_0}$

可得 $\omega=\omega_0\mathrm{e}^{\sqrt{3}\varphi}$

5-8：解： 齿轮节圆上任一点的切向加速度等于齿条的加速度，即 $a_\mathrm{t}=a_{AB}=0.5\text{m/s}^2$

$a_\mathrm{n}=\sqrt{a^2-a_\mathrm{t}^2}=\dfrac{v^2}{R}=\sqrt{8.75}\text{m/s}^2$

代入数值，解得 $v=0.86\text{m/s}$

5-9：解： $\tan\varphi=\dfrac{r\sin\theta}{l-r\cos\theta}=\dfrac{r\sin\omega t}{l-r\cos\omega t}$

有转动方程 $\varphi=\arctan\dfrac{r\sin\omega t}{l-r\cos\omega t}$

对转动方程求导可得摇杆 OB 的角速度和角加速度的变化规律，此处略去。

5-10：解： 因为连杆 AB 平动，所以齿轮Ⅱ上各点的速度和加速度与 A 点相同，即 $v_2\equiv2\omega r$，$a_2=2\omega^2r$，加速度方向平行于 O_1A。

齿轮Ⅰ节圆上与齿轮Ⅱ啮合点的速度 $v_1\equiv v_2\equiv2\omega r$，即齿轮Ⅰ做匀速定轴转动。则齿轮Ⅰ节圆上任一点只有法向加速度 $a_{\mathrm{I}}=\dfrac{v_1^2}{r}=4\omega^2r$

《理论力学（Ⅰ）》 第6章

6-1：解： $x=vt\cos\omega t$，$y=vt\sin\omega t$

轨迹为阿基米德螺旋线：$x^2+y^2=(vt)^2$

6-2：解： 取滑块 A 为动点，动系固连在杆 $BCDE$ 上。

$$\boldsymbol{v}_a=\boldsymbol{v}_e+\boldsymbol{v}_r$$

解得 $v_e=\dfrac{\sqrt{3}}{3}\omega r$

$$\boldsymbol{v}_a=\boldsymbol{v}_e+\boldsymbol{v}_r$$

解得 $v_e=0$

$$\boldsymbol{v}_a=\boldsymbol{v}_e+\boldsymbol{v}_r$$

解得 $v_e=\dfrac{\sqrt{3}}{3}\omega r$

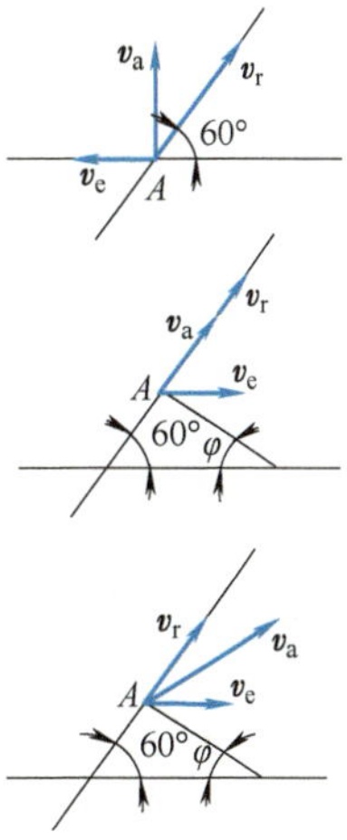

题 6-2 图

6-3：解： 取砂轮上的接触点为动点，动系固连在工件上。

	$\boldsymbol{v}_a$	=	$\boldsymbol{v}_e$	+	$\boldsymbol{v}_r$
大小	10π		$2\pi/3$		?
方向	向下		向上		?

$\boldsymbol{v}_r$ 方向向下，$v_r=33.5\text{m/s}$

6-4：解： 取套筒 A 为动点，动系固连在摇杆 OD 上。设摇杆 OD 的角速度为 ω。

	$\boldsymbol{v}_a$	=	$\boldsymbol{v}_e$	+	$\boldsymbol{v}_r$
大小	v		$\dfrac{l}{\cos\varphi}\omega$		?
方向	向上		$\perp OD$		OD

解得 $\omega=\dfrac{v}{2l}$，$v_D=\omega b=\dfrac{vb}{2l}$

还可以按照 $\tan\varphi=\dfrac{vt}{l}$，求导得到 OD 的角速度进行求解。

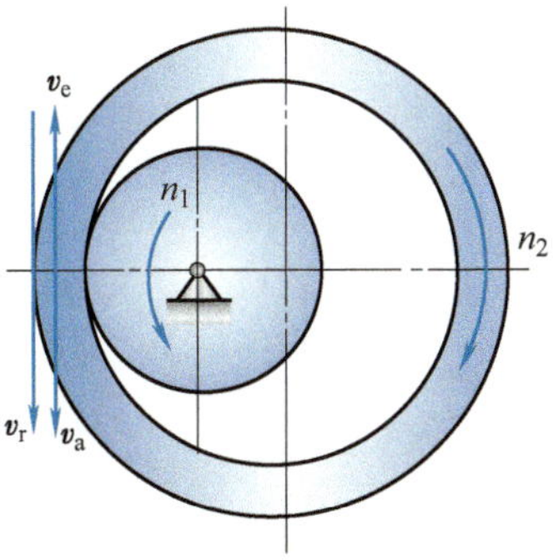

题 6-3 图

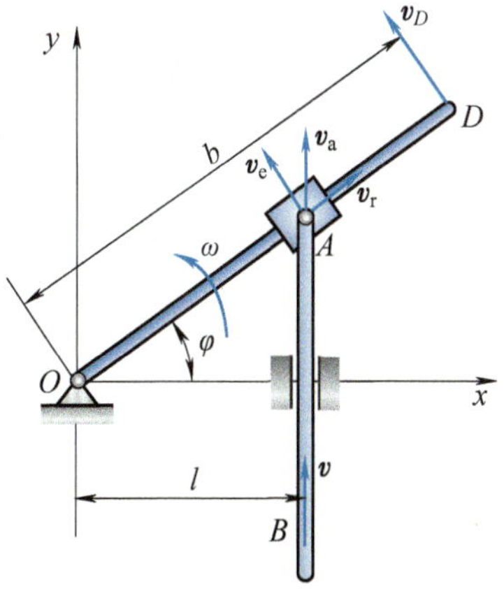

题 6-4 图

6-5：解： a）取套筒 A 为动点，动系固连在摇杆 O_2B 上。设摇杆 O_2B 的角速度为 ω_2。

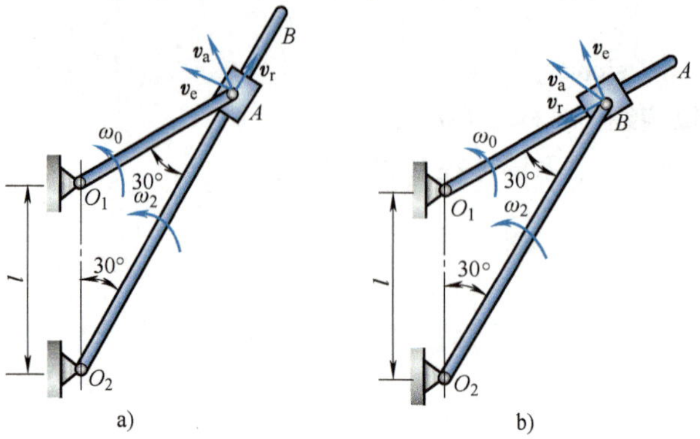

题 6-5 图

$$\boldsymbol{v}_a = \boldsymbol{v}_e + \boldsymbol{v}_r$$

大小 $\omega_0 l$ $\sqrt{3}\omega_2 l$?

方向 $\perp O_1A$ $\perp O_2B$ O_2B

解得 $\omega_2 = 0.5\omega_0$

b）取套筒 B 为动点，动系固连在摇杆 O_1A 上。设摇杆 O_2B 的角速度为 ω_2。

$$\boldsymbol{v}_a = \boldsymbol{v}_e + \boldsymbol{v}_r$$

大小 $\sqrt{3}\omega_2 l$ $\omega_0 l$?

方向 $\perp O_2B$ $\perp O_1A$ O_1A

解得 $\omega_2 = \dfrac{2}{3}\omega_0$

6-6：解： 取交点 M 为动点，动系分别固连在直线 AB 和直线 CD 上。

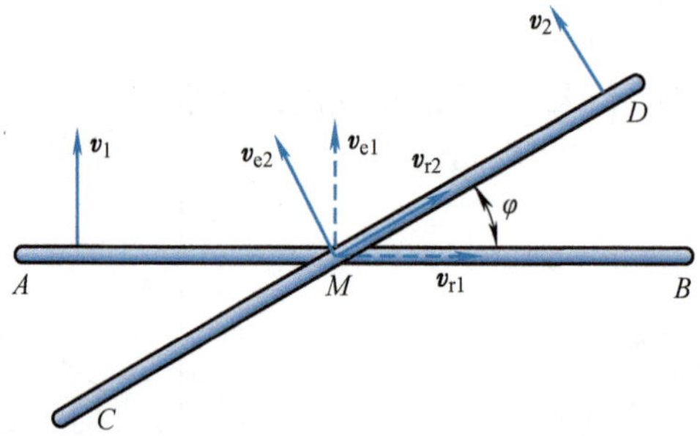

题 6-6 图

$$\boldsymbol{v}_a = \boldsymbol{v}_{e1} + \boldsymbol{v}_{r1} = \boldsymbol{v}_{e2} + \boldsymbol{v}_{r2}$$

大小 ? v_1 ? v_2 ?

方向 ? $\perp AB$ AB $\perp CD$ CD

沿 $\perp CD$ 方向投影，有

$v_1\cos\varphi+v_{r1}\sin\varphi=v_2$

可得 $v_{r1}=\dfrac{v_2-v_1\cos\varphi}{\sin\varphi}$

$v_a=\dfrac{v_2-v_1\cos\varphi}{\sin\varphi}\boldsymbol{i}+v_1\boldsymbol{j}$，大小 $v_a=\dfrac{1}{\sin\varphi}\sqrt{v_1^2+v_2^2-2v_1v_2\cos\varphi}$

6-7：解：取套筒 C 为动点，动系固连在杆 AB 上。

	$\boldsymbol{v}_a$	=	$\boldsymbol{v}_e$	+	$\boldsymbol{v}_r$
大小	?		ωr		?
方向	向上		$\perp O_1A$		水平

解得 $v_a=0.5\omega r$

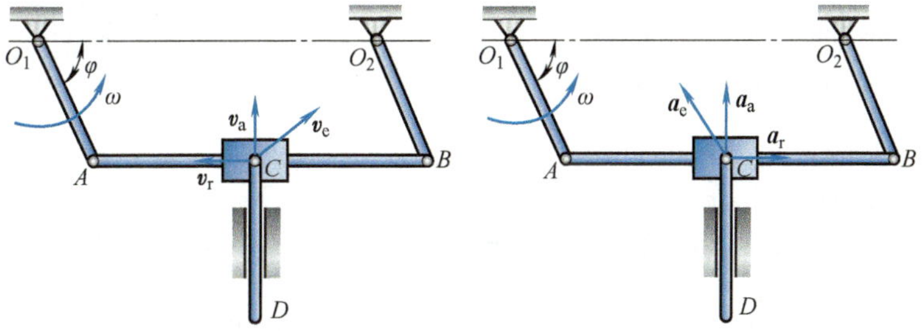

题 6-7 图

	$\boldsymbol{a}_a$	=	$\boldsymbol{a}_e$	+	$\boldsymbol{a}_r$
大小	?		$\omega^2 r$		?
方向	向上		$//O_1A$		水平

解得 $a_a=\dfrac{\sqrt{3}\omega^2 r}{2}$

6-8：解：取偏心轮轮心 C 为动点，动系固连在顶杆 AB 上。

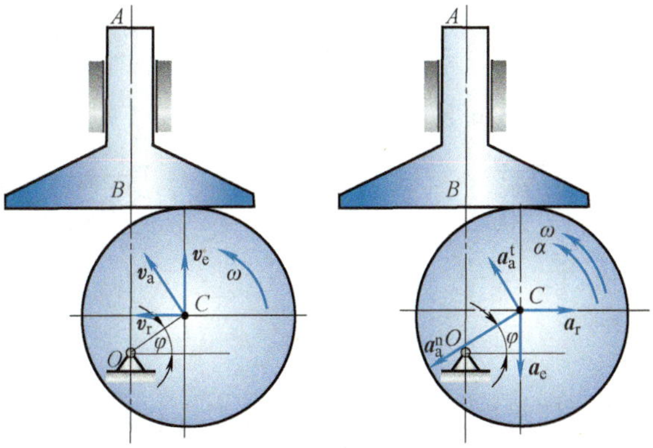

题 6-8 图

	$\boldsymbol{v}_a$	=	$\boldsymbol{v}_e$	+	$\boldsymbol{v}_r$
大小	ωe		?		?
方向	$\perp OC$		向上		水平

解得 $v_e=\omega e\cos\varphi$

$$\boldsymbol{a}_a^n + \boldsymbol{a}_a^t = \boldsymbol{a}_e + \boldsymbol{a}_r$$

大小　$\omega^2 e$　αe　?　?

方向　$C\to O$　$\perp OC$　向下　水平

解得 $a_e=\omega^2 e\sin\varphi-\alpha e\cos\varphi$

6-9：解： 取 M 为动点，动系固连在圆锥体上。建立 $Axyz$ 坐标系。

在 t 秒时，$OM=b+v_r t$

$$\boldsymbol{a}_a = \boldsymbol{a}_e + \boldsymbol{a}_C$$

大小　?　$\omega^2(b+v_r t)\sin\varphi$　$2\omega v_r\sin\varphi$

方向　?　x 轴负向　y 轴负向

$\boldsymbol{a}_a=-\omega^2(b+v_r t)\sin\varphi\boldsymbol{i}-2\omega v_r\sin\varphi\boldsymbol{j}$

大小 $a_a=\sqrt{(b+v_r t)^2\omega^4+4\omega^2 v_r^2}\sin\varphi$

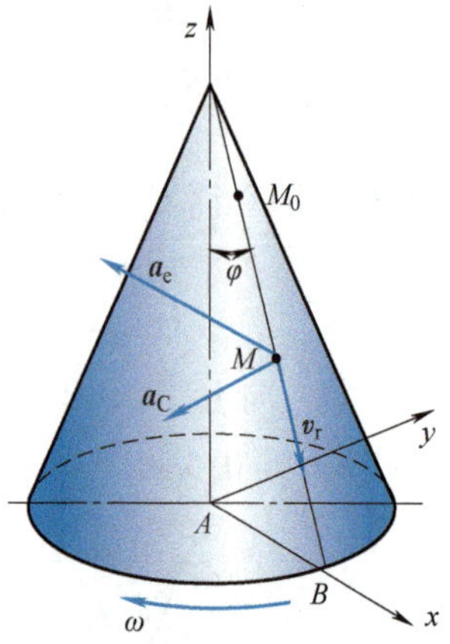

题 6-9 图

6-10：解： 取 M 为动点，动系固连在圆盘上。

$t=1\text{s}$ 时，$CM=0.04\text{m}$，$\omega=2\text{rad/s}$，$\alpha=2\text{rad/s}^2$，$v_r=0.08\text{m/s}$，$a_r=0.08\text{m/s}^2$。

$$\boldsymbol{a}_a = \boldsymbol{a}_e^n + \boldsymbol{a}_e^t + \boldsymbol{a}_r + \boldsymbol{a}_C$$

大小　?　$0.08\sqrt{3}$　$0.04\sqrt{3}$　0.08　$2\omega v_r\sin60°$

方向　?　z 轴负向　x 轴正向　$C\to M$　x 轴正向

$\boldsymbol{a}_a=0.2\sqrt{3}\boldsymbol{i}+0.04\boldsymbol{j}-0.04\sqrt{3}\boldsymbol{k}$

大小 $a_a=0.355\text{m/s}^2$

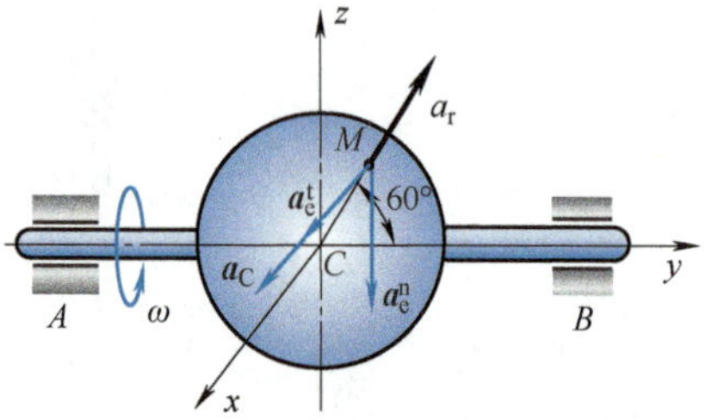

题 6-10 图

6-11：解： 取小环 M 为动点，动系固连在直角杆 OBD 上。

$$\boldsymbol{v}_a = \boldsymbol{v}_e + \boldsymbol{v}_r$$

大小　?　0.2ω　?

方向　水平　$\perp OM$　$B\to D$

解得，$v_r=0.2\text{m/s}$，$v_a=0.1\sqrt{3}\text{m/s}$

$$\boldsymbol{a}_a = \boldsymbol{a}_e + \boldsymbol{a}_r + \boldsymbol{a}_C$$

大小　?　$0.2\omega^2$　?　0.2

方向　水平　$M\to O$　$B\to D$　$\perp BD$

沿 $\perp BD$ 方向投影，解得

$a_a=-0.35\text{m/s}^2$

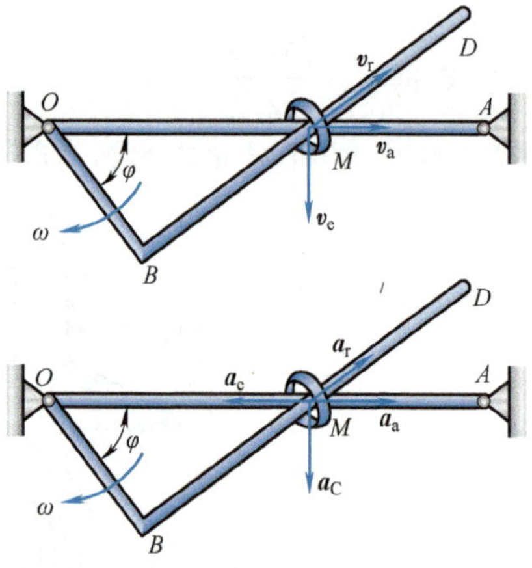

题 6-11 图

6-12：解： a）取物块 B 上与杆接触点为动点，动系固连在杆 OA 上。设杆 OA 的角速度为 ω，角加速度为 α。

$$\boldsymbol{v}_a = \boldsymbol{v}_e + \boldsymbol{v}_r$$

大小　v　$\dfrac{\omega h}{\sin\varphi}$　?

方向　水平　$\perp OA$　$A\to O$

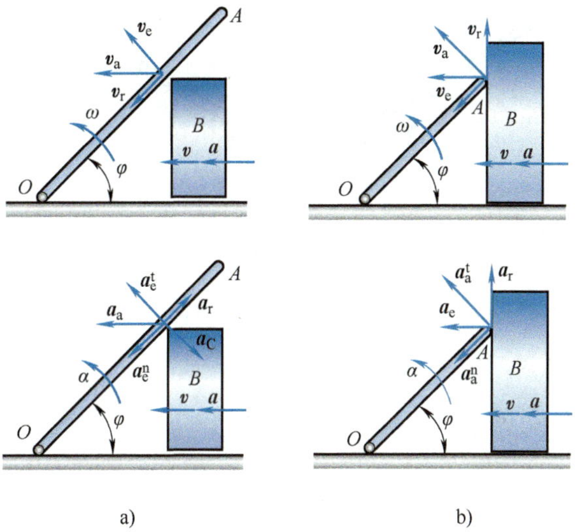

题 6-12 图

解得 $\omega=\dfrac{v}{h}\sin^2\varphi$，$v_r=v\cos\varphi$

	$\boldsymbol{a}_a$	=	$\boldsymbol{a}_e^n$	+	$\boldsymbol{a}_e^t$	+	$\boldsymbol{a}_r$	+	$\boldsymbol{a}_C$
大小	a		$\dfrac{\omega^2 h}{\sin\varphi}$		$\dfrac{\alpha h}{\sin\varphi}$		?		$\dfrac{v^2\sin2\varphi\sin\varphi}{h}$
方向	水平		$A\to O$		$\perp OA$		$O\to A$		$\perp OA$

解得 $\alpha=\dfrac{(ah+v^2\sin2\varphi)}{h^2}\sin^2\varphi$

b）取杆 OA 上 A 点为动点，动系固连在物块 B 上。设杆 OA 的角速度为 ω，角加速度为 α。

	$\boldsymbol{v}_a$	=	$\boldsymbol{v}_e$	+	$\boldsymbol{v}_r$
大小	ωl		v		?
方向	$\perp OA$		水平		向上

解得 $\omega=\dfrac{v}{l\sin\varphi}$

	$\boldsymbol{a}_a^n$	+	$\boldsymbol{a}_a^t$	=	$\boldsymbol{a}_e$	+	$\boldsymbol{a}_r$
大小	$\dfrac{v^2}{l\sin^2\varphi}$		αl		a		?
方向	$A\to O$		$\perp OA$		水平		向上

解得 $\alpha=\dfrac{a}{l\sin\varphi}-\dfrac{v^2\cos\varphi}{l^2\sin^3\varphi}$

6-13：解：取滑块 B 为动点，动系固连在曲柄 OA 上。

	$\boldsymbol{v}_a$	=	$\boldsymbol{v}_e$	+	$\boldsymbol{v}_r$
大小	?		$\sqrt{3}\omega l$		?
方向	水平		$\perp OB$		$\perp AB$

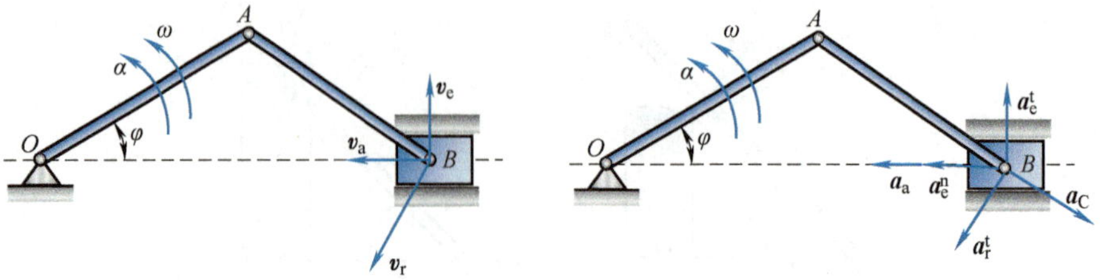

题 6-13 图

解得 $v_r = 2\omega l$，$v_a = \omega l$

$$\boldsymbol{a}_a = \boldsymbol{a}_e^n + \boldsymbol{a}_e^t + \boldsymbol{a}_r^n + \boldsymbol{a}_r^t + \boldsymbol{a}_C$$

大小	?	$\sqrt{3}\omega^2 l$	$\sqrt{3}\alpha l$	$4\omega^2 l$	?	$4\omega^2 l$
方向	水平	$B\to O$	$\perp OB$	$B\to A$	$\perp AB$	$A\to B$

解得 $a_a = \sqrt{3}\omega^2 l + \alpha l$

6-14：解： 取偏心轮轮心 C 为动点，动系固连在摇杆 O_1A 上。设摇杆 O_1A 的角速度为 ω_{O_1A}，角加速度为 α_{O_1A}。

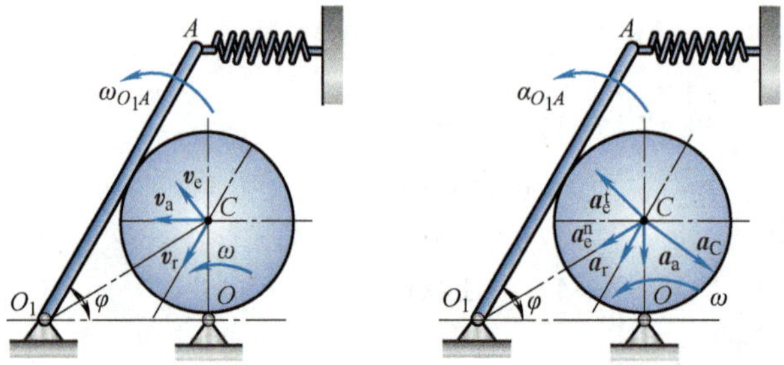

题 6-14 图

$$\boldsymbol{v}_a = \boldsymbol{v}_e + \boldsymbol{v}_r$$

大小	ωR	$2\omega_{O_1A}R$	?
方向	$\perp OC$	$\perp O_1C$	$// O_1A$

解得 $\omega_{O_1A} = 0.5\omega$，$v_r = \omega R$

$$\boldsymbol{a}_a = \boldsymbol{a}_e^n + \boldsymbol{a}_e^t + \boldsymbol{a}_r + \boldsymbol{a}_C$$

大小	$\omega^2 R$	$2\omega_{O_1A}^2 R$	$2\alpha_{O_1A}R$	?	$2\omega_{O_1A}v_r$
方向	$C\to O$	$C\to O_1$	$\perp O_1C$	$// O_1A$	$\perp O_1A$

解得 $\alpha_{O_1A} = \dfrac{\sqrt{3}}{12}\omega^2$

6-15：解： 首先取套筒 A 为动点，动系固连在摇杆 O_2B 上。设摇杆 O_2B 的角速度为 ω_{O_2B}，角加速度为 α_{O_2B}。

$$\boldsymbol{v}_{a1} = \boldsymbol{v}_{e1} + \boldsymbol{v}_{r1}$$

大小	0.2ω	$0.4\omega_{O_2B}$	?
方向	$\perp O_1A$	$\perp O_2A$	$A\to B$

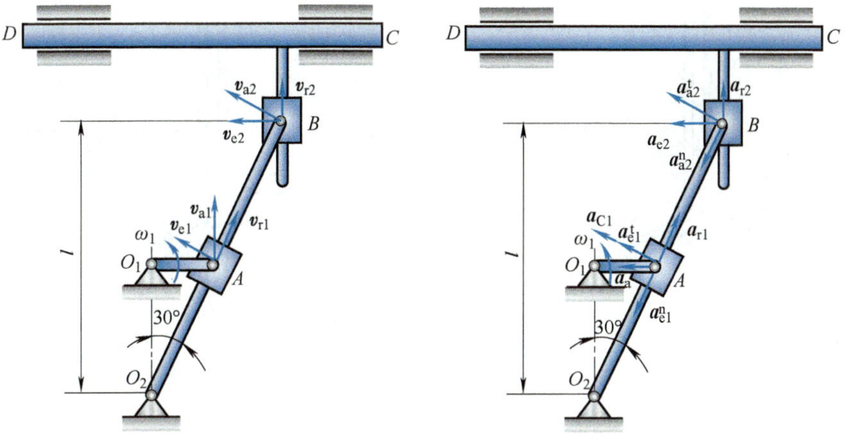

题 6-15 图

解得 $\omega_{O_2B}=0.5\text{rad/s}$，$v_{r1}=0.2\sqrt{3}\text{m/s}$

$$\boldsymbol{a}_{a1} = \boldsymbol{a}_{e1}^{n} + \boldsymbol{a}_{e1}^{t} + \boldsymbol{a}_{r1} + \boldsymbol{a}_{C1}$$

大小	$0.2\omega^2$	$0.4\omega_{O_2B}^2$	$0.4\alpha_{O_2B}$	?	$2\omega_{O_2B}v_r$
方向	$A\to O_1$	$A\to O_2$	$\perp O_2B$	$A\to B$	$\perp O_2B$

解得 $\alpha_{O_2B}=0.5\sqrt{3}\text{rad/s}^2$

再取套筒 B 为动点，动系固连在滑枕 CD 上。

$$\boldsymbol{v}_{a2} = \boldsymbol{v}_{e2} + \boldsymbol{v}_{r2}$$

大小	$\dfrac{2l}{\sqrt{3}}\omega_{O_2B}$	?	?
方向	$\perp O_2B$	水平	向上

解得 $v_{e2}=0.325\text{m/s}$。

$$\boldsymbol{a}_{a2}^{n} + \boldsymbol{a}_{a2}^{t} = \boldsymbol{a}_{e2} + \boldsymbol{a}_{r2}$$

大小	$\dfrac{2l}{\sqrt{3}}\omega_{O_2B}^2$	$\dfrac{2l}{\sqrt{3}}\alpha_{O_2B}$	?	?
方向	$B\to O_2$	$\perp O_2B$	水平	向上

解得 $a_{e2}=0.657\text{m/s}^2$

6-16：解： 取销钉 P 为动点，动系分别固连销构件 AB 和构件 CD 上。

$$\boldsymbol{v}_a = \boldsymbol{v}_{e1} + \boldsymbol{v}_{r1} = \boldsymbol{v}_{e2} + \boldsymbol{v}_{r2}$$

大小	?	v_1	?	v_2	?
方向	?				

沿速度 $\boldsymbol{v}_1$ 的方向投影，有

$v_1=\dfrac{v_2}{2}+\dfrac{\sqrt{3}v_{r2}}{2}$，解得

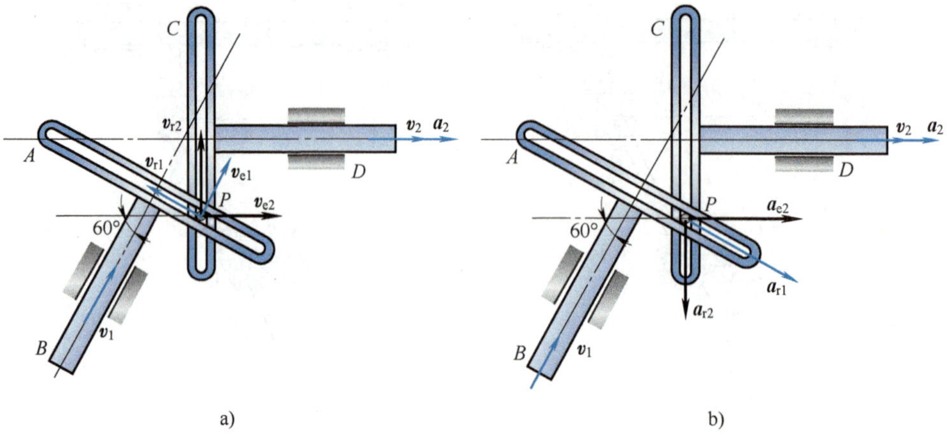

题 6-16 图

$$v_{r2}=\frac{\sqrt{3}\,(2v_1-v_2)}{3}=0.4\sqrt{3}\,\mathrm{m/s}$$

$\boldsymbol{v}_a=0.4\boldsymbol{i}+0.4\sqrt{3}\boldsymbol{j}$，其大小 $v_a=0.8\mathrm{m/s}$

$$\boldsymbol{a}_a=\boldsymbol{a}_{r1}=\boldsymbol{a}_{e2}+\boldsymbol{a}_{r2}$$

大小　?　?　a_2　?

方向　?

沿水平方向投影，有

$\frac{\sqrt{3}}{2}a_a=\frac{\sqrt{3}}{2}a_{r1}=a_2$，解得 $a_a=0.115\mathrm{m/s^2}$

6-17：解：首先取杆 AB 上 A 为动点，动系固连在套筒 D 上。**杆 AB 相对套筒做平动，因此杆 AB 上各点相对套筒的速度相同，加速度也相同。**设套筒的角速度为 ω，角加速度为 α。

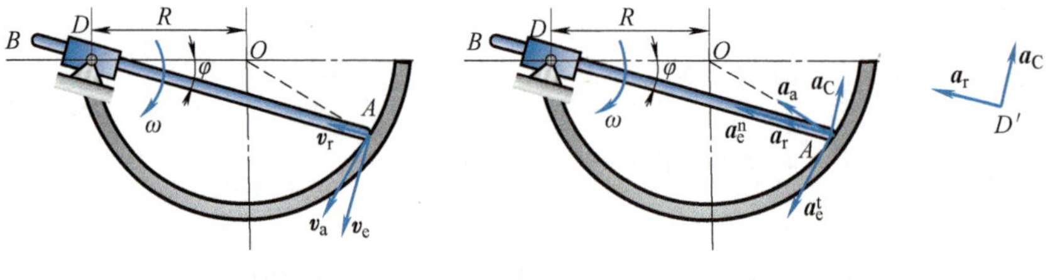

题 6-17 图

$$\boldsymbol{v}_a=\boldsymbol{v}_e+\boldsymbol{v}_r$$

大小　v　$2\omega R\cos\varphi$　?

方向　$\perp OA$　$\perp AD$　AD

解得 $\omega=\frac{v}{2R}$，$v_r=v\sin\varphi$

	$\boldsymbol{a}_a$	=	$\boldsymbol{a}_e^n$	+	$\boldsymbol{a}_e^t$	+	$\boldsymbol{a}_r$	+	$\boldsymbol{a}_C$
大小	$\dfrac{v^2}{R}$		$2\omega R\cos\varphi$		$2\alpha R\cos\varphi$		?		$2\omega v_r\sin 90°$
方向	$A\to O$		$A\to D$		$\perp AD$		$A\to B$		$\perp O_2B$

解得 $a_r=\dfrac{v^2}{2R}\cos\varphi$

再取杆 AB 上与 D 点重合的 D' 为动点，动系固连在套筒 D 上。因为动系上的重合点是轴 D，速度、加速度均为 0。

$v_{D'}=v_r=v\sin\varphi$

$\boldsymbol{a}_{D'}=\boldsymbol{a}_r+\boldsymbol{a}_C$

$a_{D'}=\dfrac{v^2}{2R}\sqrt{1+3\sin^2\varphi}$

6-18：解： 取 A 为动点，动系固连汽缸上。**连杆 AB 相对汽缸做平动，因此杆 AB 上各点相对套筒的速度相同**。因此，活塞 B 的科氏加速度与 A 点的科氏加速度相同。

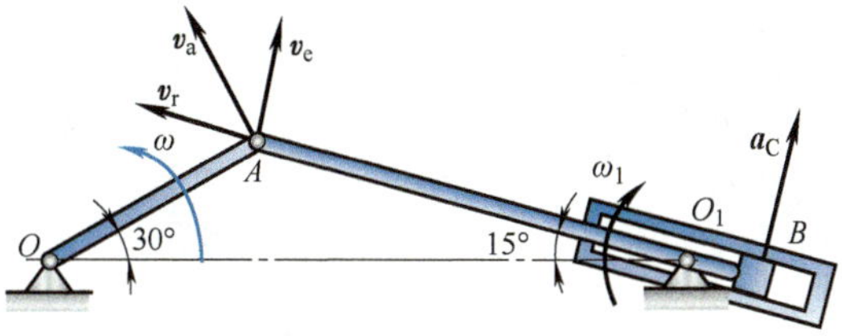

题 6-18 图

	$\boldsymbol{v}_a$	=	$\boldsymbol{v}_e$	+	$\boldsymbol{v}_r$
大小	0.1ω		$\dfrac{0.05\omega_1}{\sin 15°}$		?
方向	$\perp OA$		$\perp O_1A$		AD

其中汽缸的角速度 ω_1 为待求。

解得 $\omega_1=3.66\pi\text{rad/s}$，$v_r=\dfrac{\sqrt{2}}{2}\pi\text{m/s}$；$a_C=2\omega_1v_r\sin 90°=51\text{m/s}^2$

6-19：解： 取 M 为动点，动系固连杆 AD 上。设杆 AD 的角速度为 ω、角加速度为 α。

	$\boldsymbol{v}_a$	=	$\boldsymbol{v}_e$	+	$\boldsymbol{v}_r$
大小	v		ωl		?
方向	水平		$\perp AD$		AD

解得 $\omega=\dfrac{v}{2l}$，$v_r=\dfrac{\sqrt{3}}{2}v$

	$\boldsymbol{a}_a$	=	$\boldsymbol{a}_e^n$	+	$\boldsymbol{a}_e^t$	+	$\boldsymbol{a}_r$	+	$\boldsymbol{a}_C$
大小	0		$\omega^2 l$		αl		?		$2\omega v_r\sin 90°$
方向			$M\to A$		$\perp AD$		$A\to D$		$\perp AD$

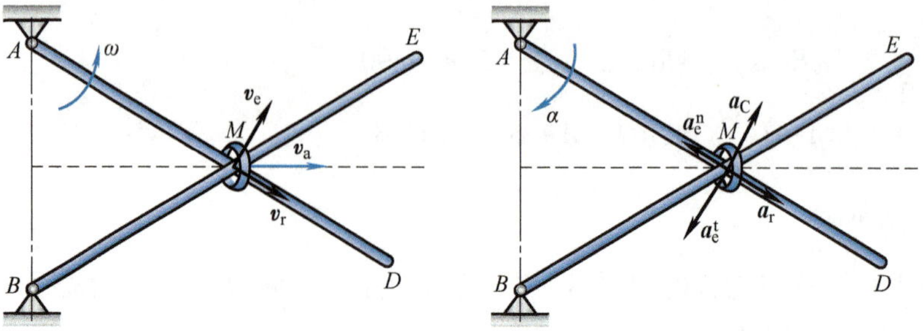

题 6-19 图

解得 $a_r=\dfrac{v^2}{4l}$

6-20：解： 取小环 M 为动点，动系固连在杆 OA 上。设杆 OA 的角速度为 ω，角加速度为 α。

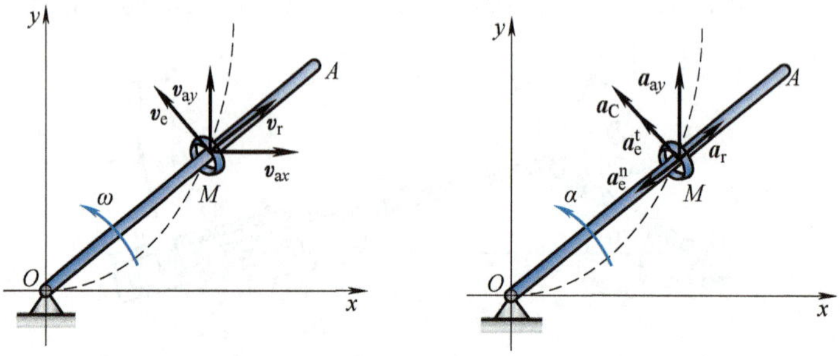

题 6-20 图

$x=\dfrac{\sqrt{3}}{10}t\text{m}$，$v_{ax}=x'=\dfrac{\sqrt{3}}{10}\text{m/s}$，$a_{ax}=x''=0\text{m/s}$

$y=\dfrac{\sqrt{3}}{10}t^2(\text{m})$，$v_{ay}=y'=\dfrac{\sqrt{3}}{5}t(\text{m/s})$，$a_{ay}=y''=\dfrac{\sqrt{3}}{5}\text{m/s}^2$。杆 OA 与水平成 45°角。

	$\boldsymbol{v}_{ax}$	+ $\boldsymbol{v}_{ay}$	= $\boldsymbol{v}_e$	+ $\boldsymbol{v}_r$
大小	$\dfrac{\sqrt{3}}{10}$	$\dfrac{\sqrt{3}}{5}$	$\dfrac{\sqrt{6}}{10}\omega$	?
方向	水平	铅直	$\perp OA$	$M\to A$

解得 $\omega=0.5\text{rad/s}$，$v_r=0.15\sqrt{6}=0.367\text{m/s}$

	$\boldsymbol{a}_{ax}$	+ $\boldsymbol{a}_{ay}$	= $\boldsymbol{a}_e^n$	+ $\boldsymbol{a}_e^t$	+ $\boldsymbol{a}_r$	+ $\boldsymbol{a}_C$
大小	0	$\dfrac{\sqrt{3}}{5}$	$\dfrac{\sqrt{6}}{10}\omega^2$	$\dfrac{\sqrt{6}}{10}\alpha$	?	$2\omega v_r\sin 90°$
方向		向上	$M\to O$	$\perp AD$	$M\to A$	$\perp AD$

解得 $\alpha=-0.5\text{rad/s}^2$，$a_r=\dfrac{0.5\sqrt{6}}{4}=0.306\text{m/s}^2$

6-21：解：解法 1： 取推杆 AB 上 A 为动点，动系固连在偏心轮上。$\sin\varphi=\frac{3}{\sqrt{10}}$，$\cos\varphi=\frac{1}{\sqrt{10}}$。

$$\boldsymbol{v}_a = \boldsymbol{v}_e + \boldsymbol{v}_r$$

大小　？　$\sqrt{10}\omega e$　？

方向　向上　$\perp OA$　$\perp AC$

水平方向投影，有

$0=-\sqrt{10}\omega e+v_r\sin\varphi$

解得 $v_a=\frac{\sqrt{10}}{3}\omega e$，$v_r=\frac{10}{3}\omega e$

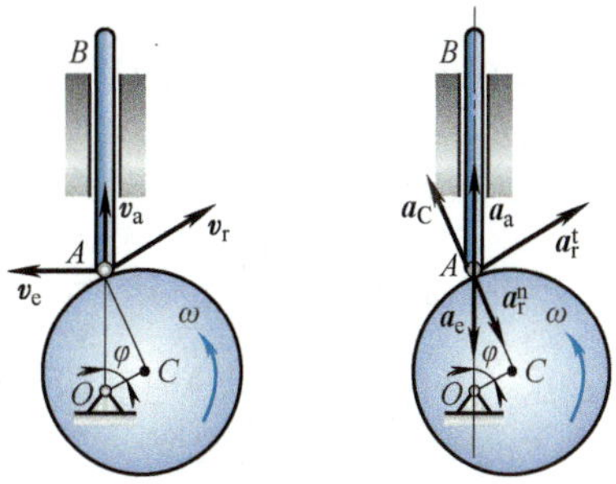

题 6-21 图

$$\boldsymbol{a}_a = \boldsymbol{a}_e + \boldsymbol{a}_r^n + \boldsymbol{a}_r^t + \boldsymbol{a}_C$$

大小　？　$\sqrt{10}\omega^2 e$　$\frac{v_r^2}{3e}$　？　$2\omega v_r\sin90°$

方向　向上　$A\to O$　$A\to C$　$\perp AC$　$C\to A$

解得 $a_a=-\frac{\sqrt{10}}{81}\omega^2 e$

解法 2： 以 O 为原点建立直角坐标系。OC 与 x 轴的夹角为 θ，$\theta=\frac{\pi}{2}-\varphi=\omega t$

$$y_B=e\sin\theta+\sqrt{r^2-(e\cos\theta)^2}=e\sin\theta+\sqrt{9e^2-e^2\cos^2\theta}=e\sin\theta+(8e^2+e^2\sin^2\theta)^{\frac{1}{2}}$$

$$y_B'=e\omega\cos\theta+\frac{1}{2}(8e^2+e^2\sin^2\theta)^{-\frac{1}{2}}(2e^2\omega\sin\theta\cos\theta)=e\omega\cos\theta+\frac{\omega e^2\sin\theta\cos\theta}{\sqrt{8e^2+e^2\sin^2\theta}}$$

代入图示位置，$\sin\theta=\frac{1}{\sqrt{10}}$，$\cos\theta=\frac{3}{\sqrt{10}}$，有 $v_B=y_B'=\frac{\sqrt{10}}{3}\omega e$

再求一次导，并代入 θ 的值，有 $a_B=y_B''=-\frac{\sqrt{10}}{81}\omega^2 e$

《理论力学（Ⅰ）》 第 7 章

7-1：解： 取 A 为基点，动齿轮的运动可以分解为随 A 点的平动和绕 A 点的转动。

角加速度 α 为常数，且 $t=0$ 时，$\varphi=0$，$\dot{\varphi}=0$，则

$$\varphi=\frac{\alpha t^2}{2}$$

$$x_A=(R+r)\cos\varphi=(R+r)\cos\frac{\alpha t^2}{2}$$

$$y_A=(R+r)\sin\varphi=(R+r)\sin\frac{\alpha t^2}{2}$$

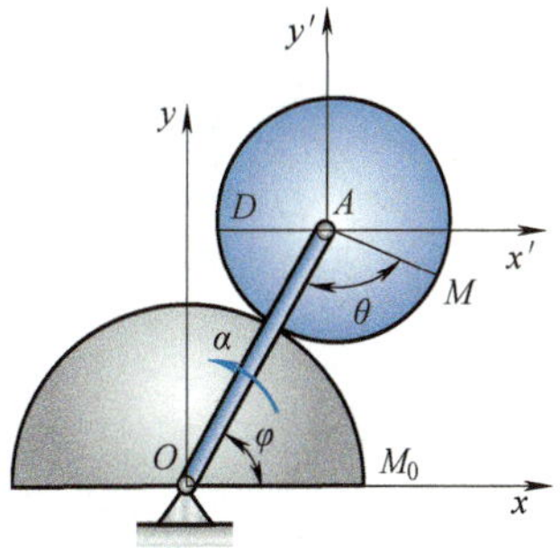

题 7-1 图

设 $t=0$ 时，动齿轮的啮合点为 M，即半径 AM 初始水平，则动齿轮的转角 $\varphi_A=\angle DAM=\varphi+\theta$

$$R\varphi = r\theta，即\ \varphi_A = \frac{R+r}{r}\varphi = \frac{R+r}{2r}\alpha t^2$$

7-2：解：

$$v_A = 0.3\,\frac{2\pi n}{60} = 0.4\pi\ \mathrm{m/s}$$

$$(\boldsymbol{v}_A)_{AB} = (\boldsymbol{v}_B)_{AB}，即\ v_A = v_B\cos 60°$$

$$解得\ v_{BD} = v_B = \frac{v_A}{\cos 60°} = 0.8\pi \approx 2.51\mathrm{m/s}$$

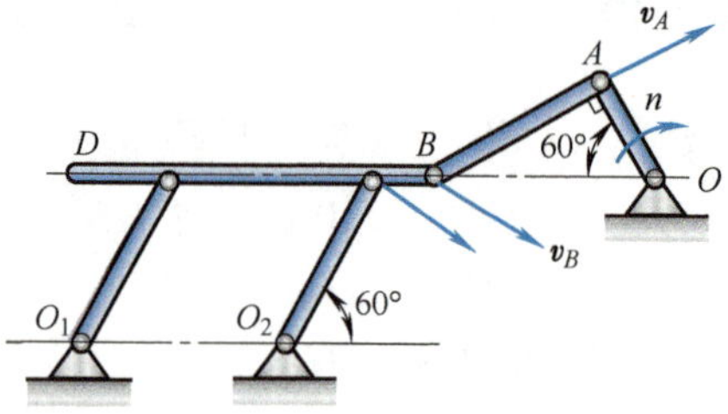

题 7-2 图

7-3：解： P 点是杆 AB 的速度瞬心。

$$|PA| = \frac{R\cot\varphi}{\sin\varphi} = \frac{R\cos\varphi}{\sin^2\varphi}$$

$$\omega_{AB} = \frac{v}{|PA|} = \frac{v\sin^2\varphi}{R\cos\varphi}$$

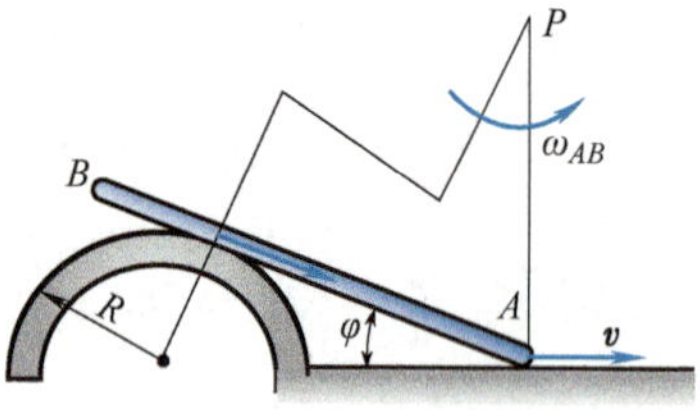

题 7-3 图

7-4：解： O_2 点是杆 AB 的速度瞬心。

由几何关系可知 $\angle O_1AB = 30°$。

$$\omega_{AB} = \frac{v_A}{|O_2A|} = \frac{3a}{2a\cos 30°} = \sqrt{3}\,\mathrm{rad/s}$$

$$\omega_{O_2B} = \omega_{AB} = \sqrt{3}\,\mathrm{rad/s}$$

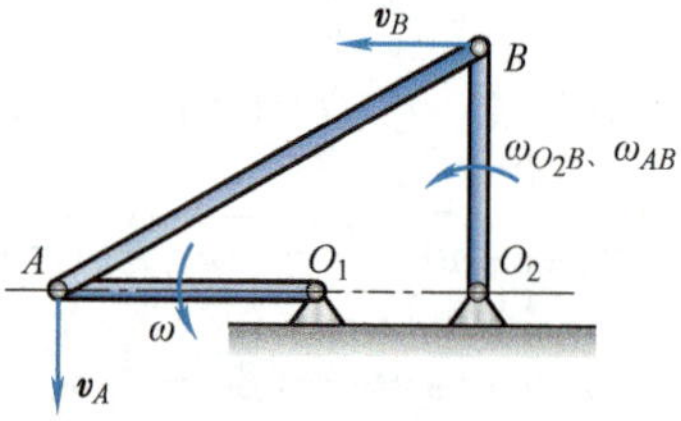

题 7-4 图

7-5：解： $\boldsymbol{v}_A /\!/ \boldsymbol{v}_B$ 且不垂直于 AB，则 AB 瞬时平动。则

$v_B = v_A = 0.4\mathrm{m/s}$

D 点是杆 BC 的速度瞬心。

$$\omega_{BC} = \omega_{CDE} = \frac{v_B}{|BD|} = 4\mathrm{rad/s}，\ v_E = 0.4\mathrm{m/s}$$

P 点是杆 EF 的速度瞬心，$\angle EPF = 30°$

$$解得\ \omega_{EF} = \frac{v_E}{|PE|} = \frac{4}{3}\mathrm{rad/s}，\ v_F = \omega_{EF}\,|PF| = \frac{0.8\sqrt{3}}{3}\mathrm{m/s}$$

7-6：解： P_1、P_2 分别为杆 BC 和杆 AB 的速度瞬心。

$|CP_1| = |BP_1|，\ v_B = v_C = 1\mathrm{m/s}$

$$v_A = \omega_{AB}\,|AP_2| = \frac{v_B}{|BP_2|}\,|AP_2| = \frac{v_B}{\sqrt{3}} = 0.577\mathrm{m/s}$$

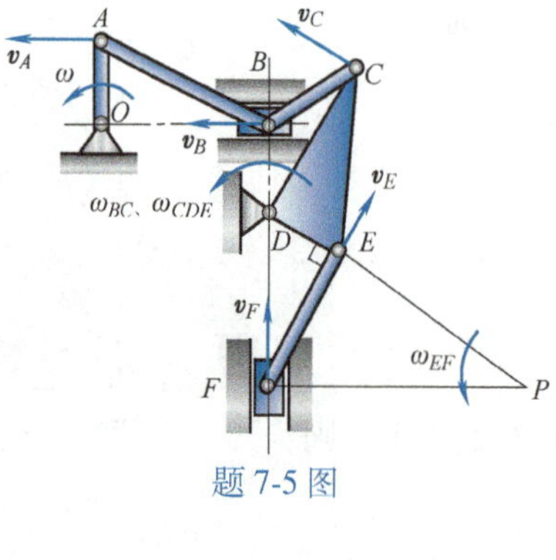

题 7-5 图

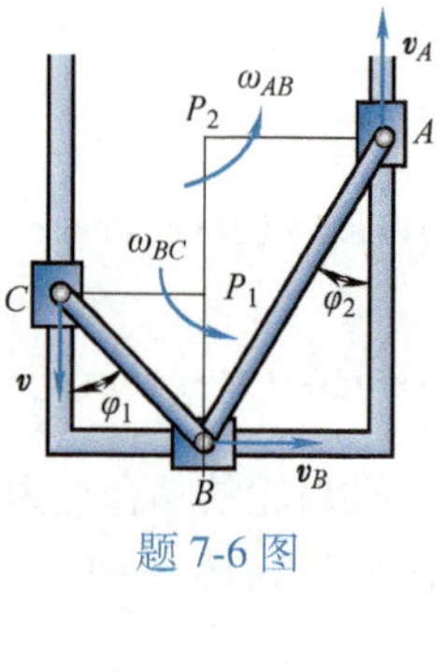

题 7-6 图

7-7：解： $\boldsymbol{v}_A /\!/ \boldsymbol{v}_B$ 且不垂直于 AB，则 AB 瞬时平动。则

$\boldsymbol{v}_C = \boldsymbol{v}_A$

D 点为杆 CD 的速度瞬心，则

$v_{DE} = v_D = 0$

7-8：解：

对杆 AB，$(\boldsymbol{v}_A)_{AB} = (\boldsymbol{v}_B)_{AB}$，即

$v_A = v_B \cos 30° = \omega r$

解得 $v_B = \dfrac{2\sqrt{3}}{3}\omega r$

$v_C = 2v_B = \dfrac{4\sqrt{3}}{3}\omega r$

对杆 CD，$(\boldsymbol{v}_C)_{CD} = (\boldsymbol{v}_D)_{CD}$，即 $v_C = v_D \cos 30° = \dfrac{4\sqrt{3}}{3}\omega r$

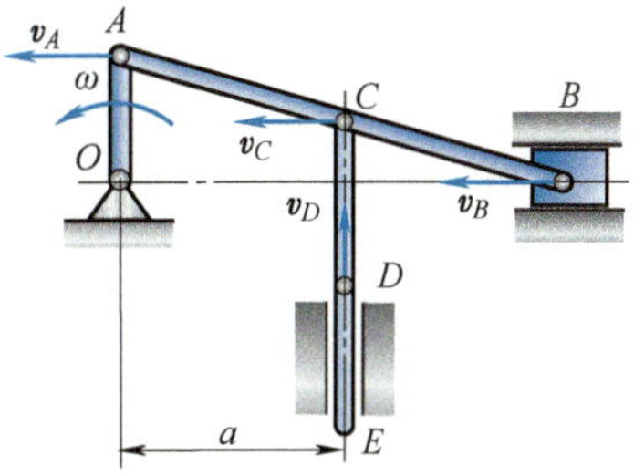

题 7-7 图

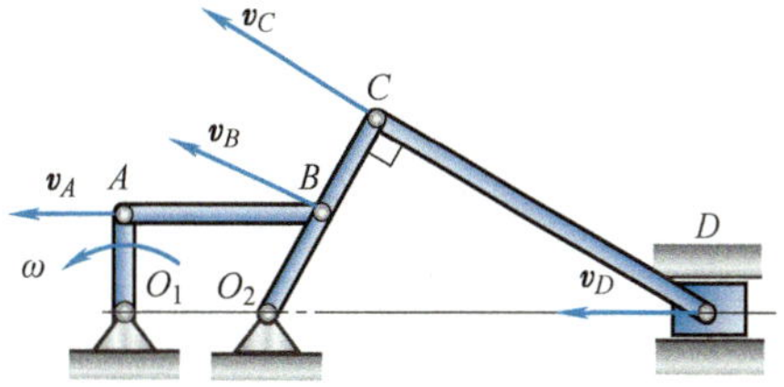

题 7-8 图

解得 $v_D = \dfrac{8}{3}\omega r$

7-9：解： B 点为杆 AB 的速度瞬心。

$v_C = \dfrac{v_A}{2} = \dfrac{\omega r}{2}$

$(\boldsymbol{v}_C)_{CE} = (\boldsymbol{v}_E)_{CE}$，即 $v_E = v_C \cos 30° = \dfrac{\sqrt{3}}{4}\omega r$

解得 $\omega_{O_2E} = \dfrac{v_E}{O_2E} = \dfrac{\sqrt{3}}{16}\omega = 0.866\text{rad/s}$

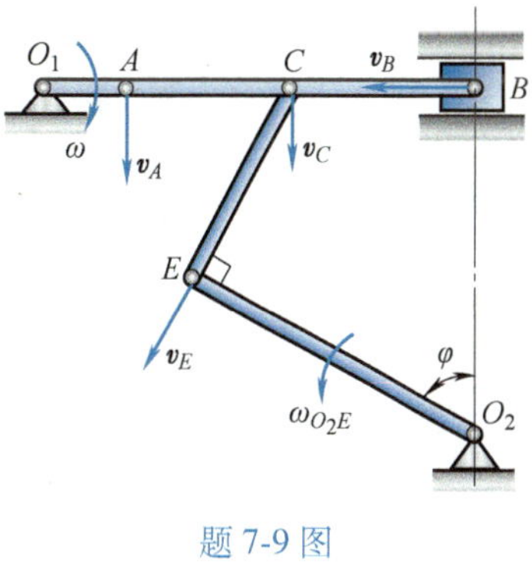

题 7-9 图

7-10：解： B 点和 O 点都固连在车身上，$v_O = v_B = v = 18\text{m/s}$

$\omega_O = \dfrac{v_O}{3r} = 20\text{rad/s}$

$v_D = 5r\omega_O = 30\text{m/s}$

$v_D = v_B + v_{DB}$

解得 $\omega = 40\text{rad/s}$

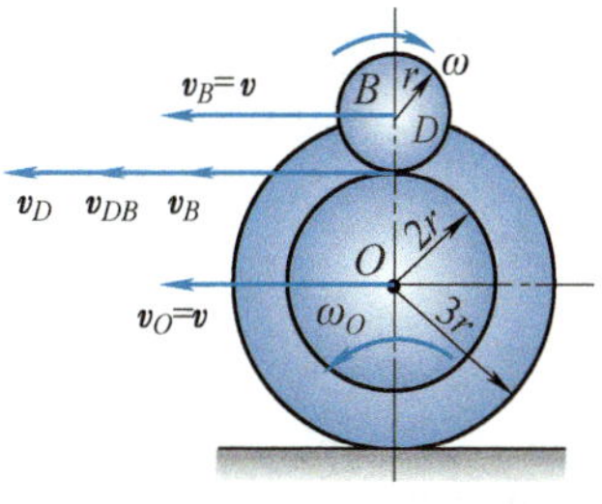

题 7-10 图

7-11：解： P 点为连杆 AB 的速度瞬心。

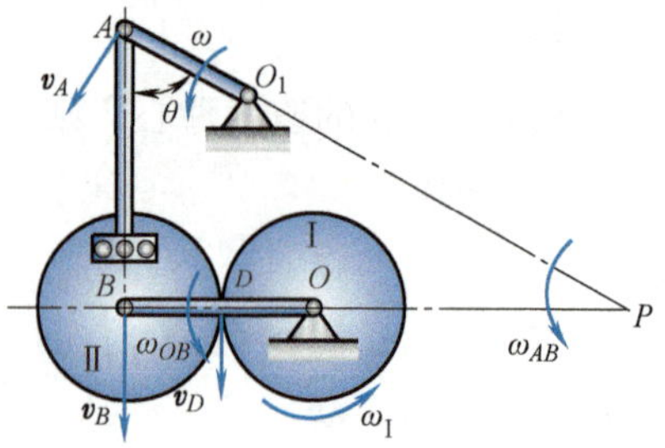

题 7-11 图

$$\omega_{AB}=\frac{v_A}{|AP|}=1.5\text{rad/s}$$

$$v_B=\omega_{AB}\,|BP|=\frac{9}{4}\sqrt{3}\,\text{m/s}$$

$$\omega_{OB}=\frac{v_B}{|OB|}=3.75\text{rad/s}$$

$$v_D=\omega_{AB}\,|PD|=\omega_{Ⅰ}r$$

解得 $\omega_{Ⅰ}=6\text{rad/s}$

7-12：解： $r_2=5r_1$

$$v_A=\omega\,|OA|=\omega(r_1+r_2)=\omega_{Ⅱ}r_2,\quad \omega_{Ⅱ}=\frac{6r_1}{5r_1}\omega=1.2\times30\pi=36\pi\ \text{rad/s}$$

$$v_D=r_1\omega_{Ⅰ}=2r_2\omega_{Ⅱ}=10r_1\omega_{Ⅱ}$$

解得 $\omega_{Ⅰ}=10\omega_{Ⅱ}=360\pi\ \text{rad/s}$

7-13：解： P、Q 分别为圆盘和杆 AB 的速度瞬心。APD 是边长为$\sqrt{3}r$ 的正三角形。

$$\omega_{AB}=\frac{v_A}{|AQ|}=\frac{v}{3r}$$

$$v_D=\omega_C\,|DP|=\omega_{AB}\,|DQ|$$

解得 $\omega_C=\omega_{AB}=\dfrac{v}{3r}$

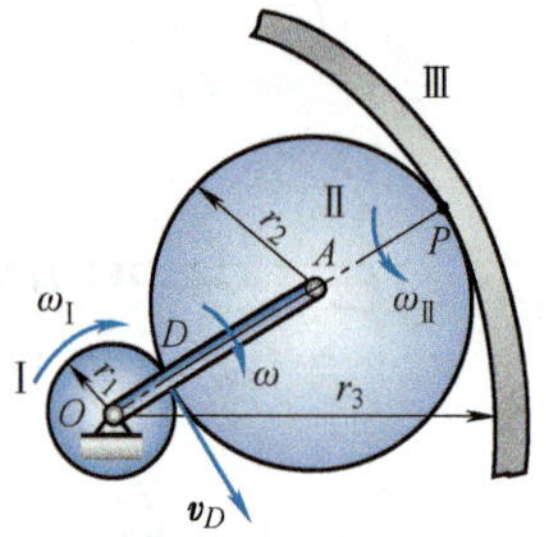

题 7-12 图

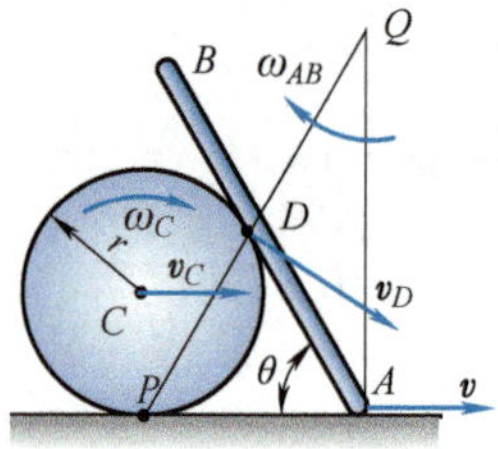

题 7-13 图

7-14：解： P 点为杆 AB 的速度瞬心。

$$\omega_{AB}=\frac{v_B}{|BP|}=\frac{v}{l\sin30^\circ}=\frac{2v}{l}$$

取 B 为基点，分析 A 点的加速度：

$$\boldsymbol{a}_A=\boldsymbol{a}_B+\boldsymbol{a}_{AB}^{n}+\boldsymbol{a}_{AB}^{t}$$

	$\boldsymbol{a}_A$	$\boldsymbol{a}_B$	$\boldsymbol{a}_{AB}^{n}$	$\boldsymbol{a}_{AB}^{t}$
大小	?	0	$\dfrac{4v^2}{l}$	$\alpha_{AB}l$
方向	水平		$A\to B$	$\perp AB$

解得 $a_A=\dfrac{8v^2}{l}$，$\alpha_{AB}=\dfrac{4\sqrt{3}v^2}{l^2}$

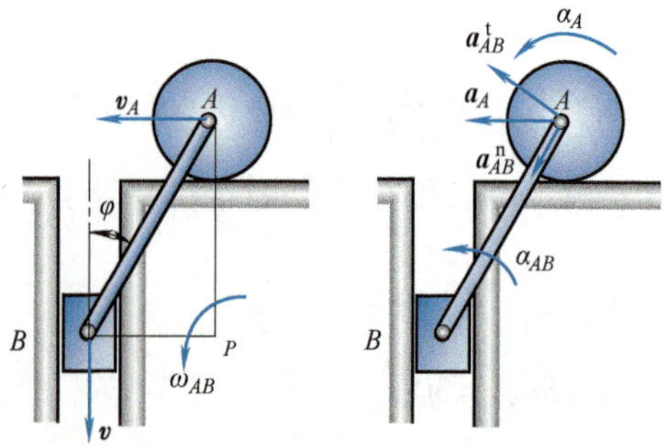

题 7-14 图

7-15：解： P 点为鼓轮的速度瞬心。

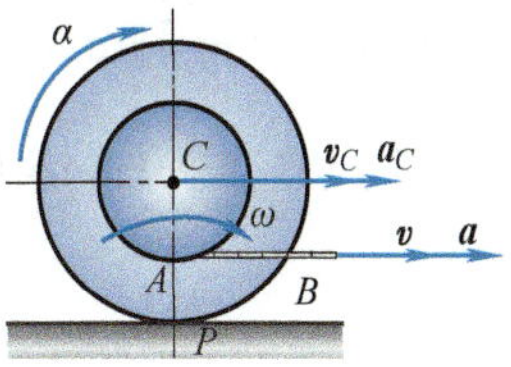

题 7-15 图

$$\omega=\frac{v}{R-r}，求导\ \alpha=\frac{d\omega}{dt}=\frac{1}{R-r}\frac{dv}{dt}=\frac{a}{R-r}$$

$$v_C=\omega R=\frac{R}{R-r}v$$

$$a_C=\alpha R=\frac{R}{R-r}a$$

7-16：解： 齿圈中心 C 点的运动轨迹是以 O 为圆心、$R-r$ 为半径的圆。

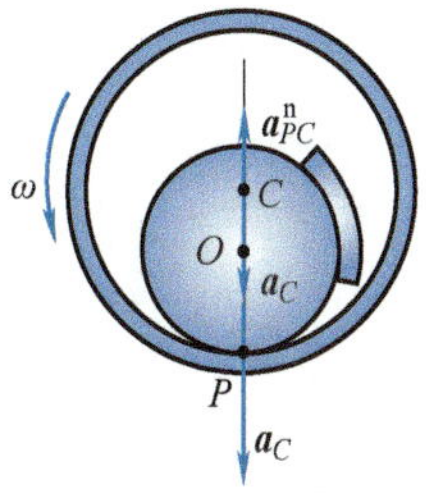

题 7-16 图

$v_C\equiv\omega R$，则 $a_C=\frac{v_C^2}{R-r}=\frac{\omega^2R^2}{R-r}$

以齿圈中心 C 为基点分析 P 点的加速度：

$$\boldsymbol{a}_P=\ \boldsymbol{a}_C\ +\boldsymbol{a}_{PC}^n\ +\boldsymbol{a}_{PC}^t$$

大小	?	$\frac{\omega^2R^2}{R-r}$	ω^2R	0
方向	?	向下	$P\rightarrow C$	

解得 $a_P=\frac{\omega^2Rr}{R-r}$，方向向下。

7-17：解： P 点为杆 BC 的速度瞬心。

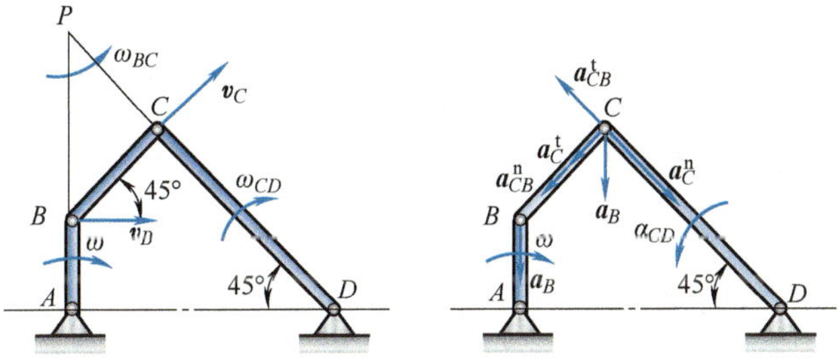

题 7-17 图

$$\omega_{BC}=\frac{v_B}{|BP|}=\frac{\omega l}{2l}=\frac{\omega}{2}$$

$$v_C=\omega_{BC}\,|CP|=\sqrt{2}l\frac{\omega}{2}=\omega_{CD}\,|CD|=2\sqrt{2}l\omega_{CD}$$

解得 $\omega_{CD}=\frac{\omega}{4}$

以 B 为基点，分析 C 点的加速度：

$$\boldsymbol{a}_C^n\ +\ \boldsymbol{a}_C^t\ =\ \boldsymbol{a}_B\ +\ \boldsymbol{a}_{CB}^n\ +\ \boldsymbol{a}_{CB}^t$$

大小	$\frac{\sqrt{2}}{8}\omega^2l$	待求	ω^2l	$\frac{\sqrt{2}}{4}\omega^2l$	?
方向	$C\rightarrow D$	$\perp CD$	$B\rightarrow A$	$C\rightarrow B$	$\perp CD$

解得 $a_C^t=\dfrac{3\sqrt{2}}{40}\text{rad/s}^2$

7-18：解： P 点为杆 AB 的速度瞬心。

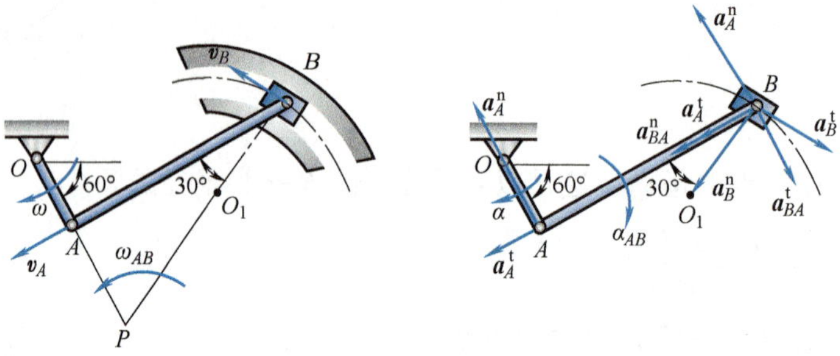

题 7-18 图

$|AP|=2a$，$\omega_{AB}=\dfrac{v_A}{|PA|}=\dfrac{\omega a}{2a}=0.5\omega$

$v_B=\omega_{AB}|BP|=2\omega a$，$a_B^n=2\omega^2 a$

以 A 为基点分析 B 点加速度：

$$\boldsymbol{a}_B^n + \boldsymbol{a}_B^t = \boldsymbol{a}_A^n + \boldsymbol{a}_A^t + \boldsymbol{a}_{BA}^n + \boldsymbol{a}_{BA}^t$$

大小	$2\omega^2 a$	待求	$\omega^2 a$	αa	$\dfrac{\sqrt{3}}{2}\omega^2 a$	？
方向	$B\to O_1$	$\perp BO_1$	$A\to O$	$\perp AO$	$B\to A$	$\perp AB$

沿 AB 方向投影，$a_B^n\cos30°-a_B^t\cos60°=a_A^t+a_{BA}^n$

解得 $a_B^t=a(\sqrt{3}\omega^2-2\alpha)$

7-19：解： P_1、P_2 分别为杆 AB 和杆 BD 的速度瞬心。

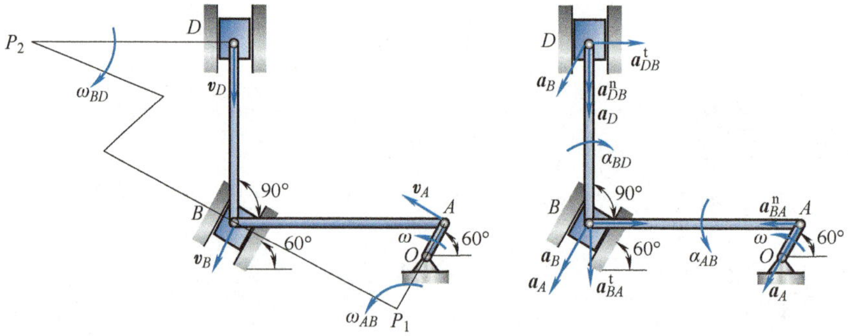

题 7-19 图

$$\omega_{AB}=\frac{v_A}{|P_1A|}=\frac{\omega r}{3r}=\frac{\omega}{3}$$

$$\omega_{BD}=\frac{v_B}{|P_2B|}=\frac{\omega_{AB}|P_1B|}{|P_2B|}=\frac{3\sqrt{3}r\omega_{AB}}{6\sqrt{3}r}=\frac{\omega}{6}$$

$v_D=\omega_{BD}\mid P_2D\mid=9r\omega_{BD}=\frac{3}{2}\omega r$

以 A 为基点分析 B 点加速度：$\boldsymbol{a}_B=\boldsymbol{a}_A^{\mathrm{n}}+\boldsymbol{a}_{BA}^{\mathrm{n}}+\boldsymbol{a}_{BA}^{\mathrm{t}}$

沿水平方向投影，解得 $a_B=-\frac{1}{3}\omega^2 r$

以 B 为基点分析 D 点加速度：$\boldsymbol{a}_D=\boldsymbol{a}_B+\boldsymbol{a}_{DB}^{\mathrm{n}}+\boldsymbol{a}_{DB}^{\mathrm{t}}$

沿水平方向投影，解得 $a_D=-\frac{\sqrt{3}}{12}\omega^2 r$

7-20：解： $\boldsymbol{v}_A /\!/ \boldsymbol{v}_B$ 且不垂直于 AB，则 ABD 瞬时平动。则

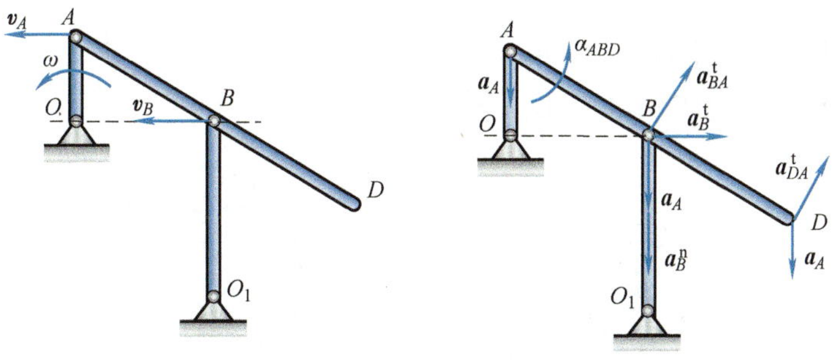

题 7-20 图

$\omega_{ABD}=0$，$v_B=v_A=\omega r$

以 A 为基点分析 B 点加速度：　$\boldsymbol{a}_B^{\mathrm{n}}+\boldsymbol{a}_B^{\mathrm{t}}=\boldsymbol{a}_A^{\mathrm{n}}+\boldsymbol{a}_{BA}^{\mathrm{n}}+\boldsymbol{a}_{BA}^{\mathrm{t}}$

	$\boldsymbol{a}_B^{\mathrm{n}}$	$\boldsymbol{a}_B^{\mathrm{t}}$	$\boldsymbol{a}_A^{\mathrm{n}}$	$\boldsymbol{a}_{BA}^{\mathrm{n}}$	$\boldsymbol{a}_{BA}^{\mathrm{t}}$
大小	$\frac{\omega^2 r}{2}$	?	$\omega^2 r$	0	$2r\alpha_{ABD}$
方向	$B\rightarrow O_1$	水平	$A\rightarrow O$		$\perp AB$

沿铅直方向投影，解得 $\alpha_{ABD}=\frac{\sqrt{3}}{6}\omega^2$

以 A 为基点分析 D 点加速度：$\boldsymbol{a}_D=\boldsymbol{a}_A+\boldsymbol{a}_{DA}^{\mathrm{t}}$

解得 $\boldsymbol{a}_D=\frac{\sqrt{3}}{3}\omega^2 r\boldsymbol{i}$

7-21：解： P 点是行星齿轮的速度瞬心。则

$v_A=2r\omega=\omega_B r$

解得 $\omega_B=2\omega$，求导有 $\alpha_B=2\alpha$

以 A 为基点分别分析 P 点和 B 点加速度：

$\boldsymbol{a}_P=\boldsymbol{a}_A^{\mathrm{n}}+\boldsymbol{a}_A^{\mathrm{t}}+\boldsymbol{a}_{PA}^{\mathrm{n}}+\boldsymbol{a}_{PA}^{\mathrm{t}}$

	$\boldsymbol{a}_P$	$\boldsymbol{a}_A^{\mathrm{n}}$	$\boldsymbol{a}_A^{\mathrm{t}}$	$\boldsymbol{a}_{PA}^{\mathrm{n}}$	$\boldsymbol{a}_{PA}^{\mathrm{t}}$
大小	?	$2\omega^2 r$	$2\alpha r$	$4\omega^2 r$	$2\alpha r$
方向	?	$A\rightarrow O$	$\perp AO$	$P\rightarrow A$	$\perp PA$

沿 OA 方向投影，解得 $\boldsymbol{a}_P=2\omega^2 r\boldsymbol{i}$

$\boldsymbol{a}_B=\boldsymbol{a}_A^{\mathrm{n}}+\boldsymbol{a}_A^{\mathrm{t}}+\boldsymbol{a}_{BA}^{\mathrm{n}}+\boldsymbol{a}_{BA}^{\mathrm{t}}$

	$\boldsymbol{a}_B$	$\boldsymbol{a}_A^{\mathrm{n}}$	$\boldsymbol{a}_A^{\mathrm{t}}$	$\boldsymbol{a}_{BA}^{\mathrm{n}}$	$\boldsymbol{a}_{BA}^{\mathrm{t}}$
大小	?	$2\omega^2 r$	$2\alpha r$	$4\omega^2 r$	$2\alpha r$
方向	?	$A\rightarrow O$	$\perp AO$	$B\rightarrow A$	$\perp BA$

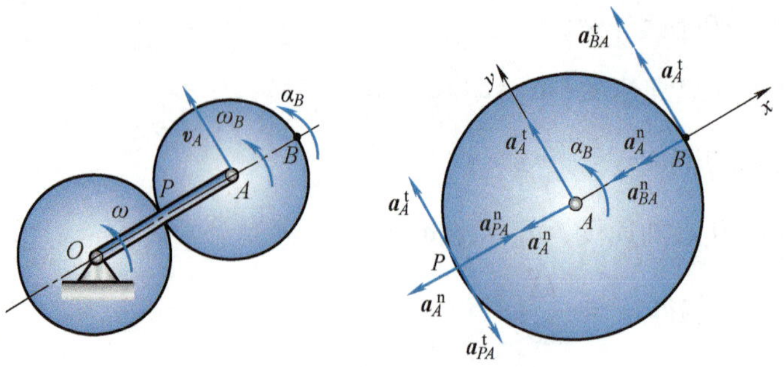

题 7-21 图

沿 OA 方向投影，解得 $\boldsymbol{a}_B=-6\omega^2 r\boldsymbol{i}+4\alpha r\boldsymbol{j}$

7-22：解：P 点是行星齿轮的速度瞬心。则

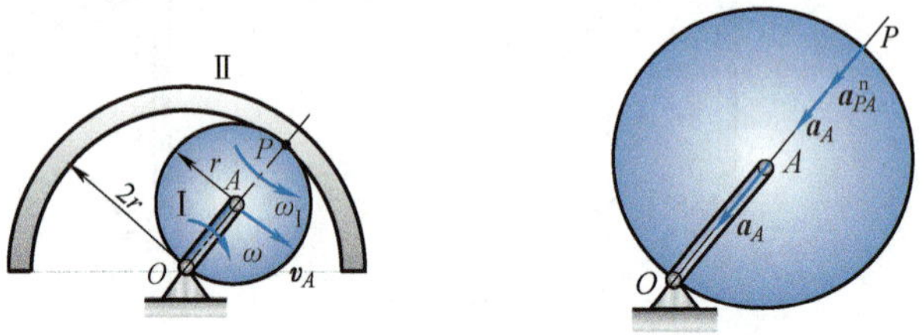

题 7-22 图

$v_A=\omega r=\omega_{\text{I}} r$

解得 $\omega_{\text{I}}=\omega$

以 A 为基点分别分析 P 点加速度：$\boldsymbol{a}_P=\boldsymbol{a}_A+\boldsymbol{a}_{PA}^n$解得 $a_P=2\omega^2 r$，方向由 P 指向 A。

7-23：解：链条与齿轮之间没有相对滑动，因此 $v_C=v_{C'}=0$，$v_B=v_{B'}$

$B'C'$段链条上各点的速度在这段链条上的投影相等，都等于 0，因此这段链条上各点的速度均垂直于链条。

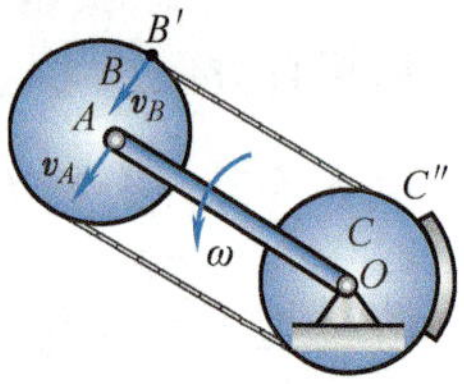

题 7-23 图

$\boldsymbol{v}_A /\!/ \boldsymbol{v}_B$ 且不垂直于 AB，则动齿轮 A 瞬时平动，$\omega_A=0$

又在任意时刻动齿轮 A 都做瞬时平动，则 $\omega_A\equiv 0$，$\alpha_A=0$，动齿轮 A 平动。按照平动的特点，动齿轮 A 上各点的速度相同，$v_A=\omega l$；动齿轮 A 上各点的加速度相同，$a_A=\omega^2 l$

7-24：解：P 点是动齿轮 A 的速度瞬心。

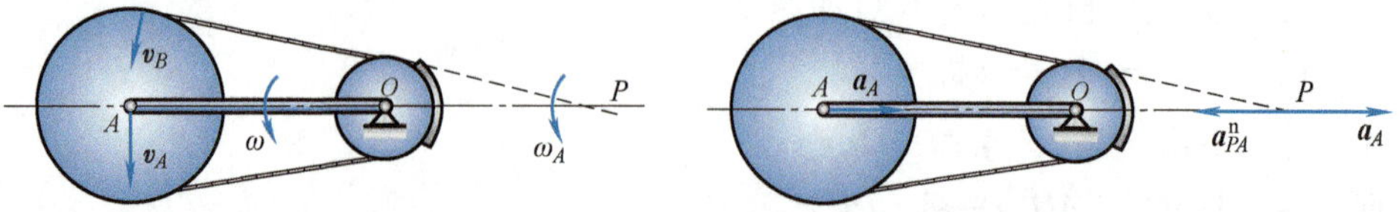

题 7-24 图

$\omega_A=\dfrac{v_A}{|PA|}=\dfrac{\omega l}{2l}=\dfrac{\omega}{2}$，求导有 $\alpha_A=0$。以 A 为基点分别分析 P 点加速度：

$$\boldsymbol{a}_P = \boldsymbol{a}_A + \boldsymbol{a}_{PA}^{n}$$

大小　?　$\omega^2 l$　$\dfrac{\omega^2 l}{2}$

方向　?　水平右　水平左

解得 $a_P=\dfrac{\omega l}{2}$，方向水平向右。

7-25：解： 圆盘最低点 A 是圆盘的速度瞬心。圆盘中心 C 点的轨迹是以 O 为圆心、$R-r$ 为半径的圆。

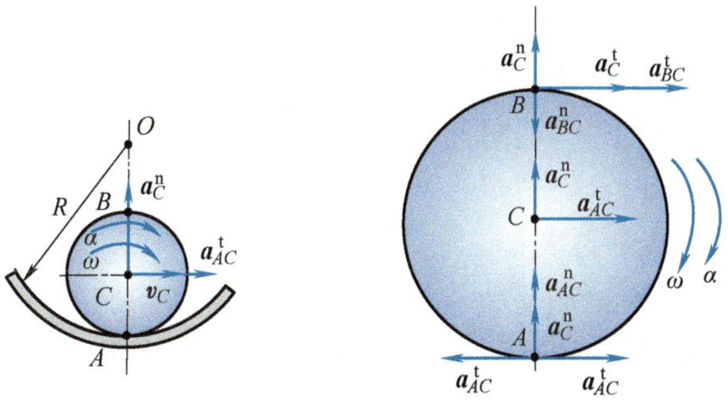

题 7-25 图

$a_C^n=\dfrac{v_C^2}{R-r}$；$\omega=\dfrac{v_C}{r}$，求导有 $\alpha=\dfrac{1}{r}\dfrac{\mathrm{d}v_C}{\mathrm{d}t}=\dfrac{a_C^t}{r}$

以 C 为基点分别分析 A 点和 B 点加速度：

$$\boldsymbol{a}_A = \boldsymbol{a}_C^n + \boldsymbol{a}_C^t + \boldsymbol{a}_{AC}^n + \boldsymbol{a}_{AC}^t$$

大小　?　$\dfrac{v_C^2}{R-r}$　a_C^t　$\dfrac{v_C^2}{r}$　a_C^t

方向　?　向上　水平右　向上　水平左

解得 $a_A=\dfrac{Rv_C^2}{r(R-r)}$，方向铅直向上；

$$\boldsymbol{a}_B = \boldsymbol{a}_C^n + \boldsymbol{a}_C^t + \boldsymbol{a}_{BC}^n + \boldsymbol{a}_{BC}^t$$

大小　?　$\dfrac{v_C^2}{R-r}$　a_C^t　$\dfrac{v_C^2}{r}$　a_C^t

方向　?　向上　水平右　向下　水平右

解得 $\boldsymbol{a}_B=2a_C^t\boldsymbol{i}+\dfrac{(2r-R)v_C^2}{r(R-r)}\boldsymbol{j}$

7-26：解： 圆盘中心 B 点的轨迹是以 O_1 为圆心、r 为半径的圆。$\boldsymbol{v}_A /\!/ \boldsymbol{v}_B$ 且不垂直于 AB，则杆 AB 瞬时平动。

$\omega_{AB}=0$；$v_B=v_A=2\omega r=\omega_B r$，$\omega_B=2\omega$；$a_B^n=\dfrac{v_B^2}{r}=4\omega^2 r$

以 A 为基点分析 B 点加速度：

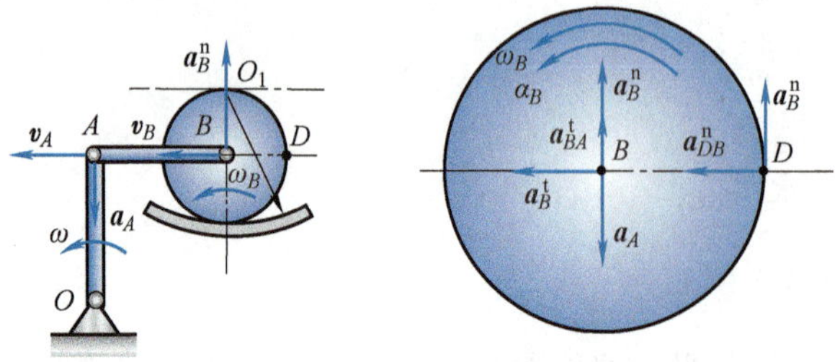

题 7-26 图

$$\boldsymbol{a}_B^n \quad + \quad \boldsymbol{a}_B^t \quad = \quad \boldsymbol{a}_A \quad + \boldsymbol{a}_{BA}^n + \boldsymbol{a}_{BA}^t$$

大小　$4\omega^2 r$　$\alpha_B r$　$2\omega^2 r$　0　?

方向　向上　水平左　向下　　向上

解得 $a_B^t = \alpha_B r = 0$，$\alpha_B = 0$

再以 B 为基点分析 D 点加速度：

$$\boldsymbol{a}_D = \boldsymbol{a}_B^n + \boldsymbol{a}_{DB}^n = -4\omega^2 r\boldsymbol{i} + 4\omega^2 r\boldsymbol{j}$$

7-27：解： 三角形 ABC 是刚体，因此只有一个角速度 ω 和角加速度 α。

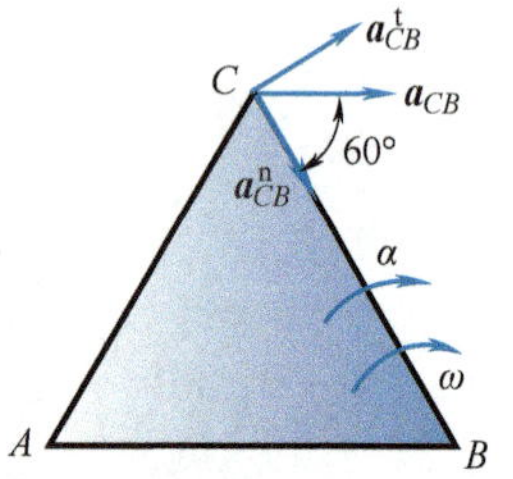

题 7-27 图

$$\boldsymbol{a}_{CB} = \boldsymbol{a}_{CB}^n + \boldsymbol{a}_{CB}^t$$

$$a_{CB}^n = a_{CB}\cos 60° = 3 = 0.6\omega^2$$

解得 $\omega = \pm\sqrt{5}\,\text{rad/s}$

$$a_{CB}^t = a_{CB}\sin 60° = 3\sqrt{3} = 0.6\alpha$$

解得 $\alpha = 5\sqrt{3}\,\text{rad/s}^2$，转向顺时针。

7-28：解： 杆 AB 相对套筒做平动，因此，杆 AB 与套筒的转动情况相同，杆 AB 上各点相对套筒的速度和加速度相同。以 A 为动点，动系固连在套筒上，相对运动轨迹为直线 AB。

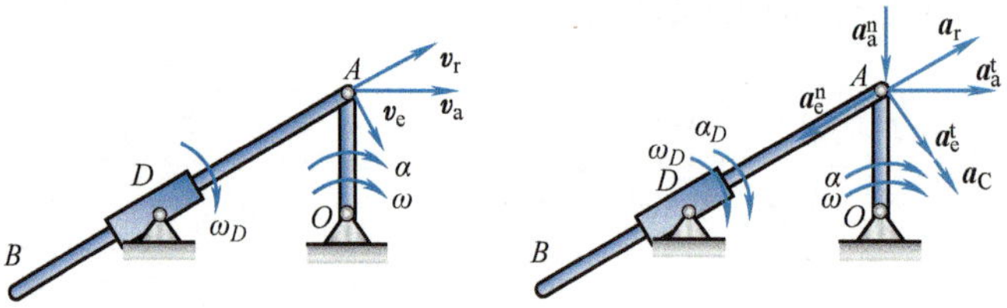

题 7-28 图

$$\boldsymbol{v}_a \quad = \quad \boldsymbol{v}_e \quad + \quad \boldsymbol{v}_r$$

大小　$3\omega r$　$5\omega_D r$　?

方向　水平　$\perp AD$　$B\to A$

解得 $\omega_D = 0.36\omega$，$v_r = 2.4\omega r$

$$\boldsymbol{a}_a^n \quad + \quad \boldsymbol{a}_a^t \quad = \quad \boldsymbol{a}_e^n \quad + \quad \boldsymbol{a}_e^t \quad + \quad \boldsymbol{a}_r \quad + \quad \boldsymbol{a}_C$$

大小　$3\omega^2 r$　$3\alpha r$　$5\omega_D^2 r$　$5\alpha_D r$　?　$2\omega_D v_r \sin 90°$

方向　向下　水平　$A\to B$　$\perp AB$　$B\to A$　$\perp AB$

解得 $\alpha_D=0.1344\omega^2+0.36\alpha$，$a_r=2.4\alpha r-1.152\omega^2 r$

7-29：解： 取顶帽 AB 上 A 为动点，动系固连在车轮上。相对运动轨迹是以 C 为圆心、r 为半径的圆。接触点 P 是车轮的速度瞬心。$\angle 1=\dfrac{\varphi}{2}$，$\angle 2=90°-\varphi$，$\angle 3=\dfrac{\varphi}{2}$。

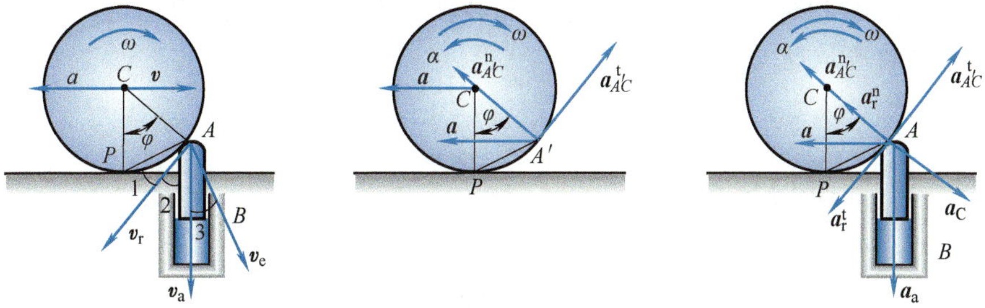

题 7-29 图

$$\boldsymbol{v}_a \quad = \quad \boldsymbol{v}_e \quad + \quad \boldsymbol{v}_r$$

大小　?　$\dfrac{v}{r}2r\sin\dfrac{\varphi}{2}$　?

方向　向下　$\perp PA$　$\perp CA$

沿 $C\to A$ 方向投影，$v_a\cos\varphi=v_e\cos\dfrac{\varphi}{2}$，解得，$v_a=v\tan\varphi$

沿铅直向下投影，解得 $v_r=\dfrac{1-\cos\varphi}{\cos\varphi}v$

以轮心 C 为基点分析轮缘上与 A 重合点 A' 的加速度，按照牵连加速度的定义 A' 的加速度就是 A 点的牵连加速度。

$$\boldsymbol{a}_e=\boldsymbol{a}_{A'}=\boldsymbol{a}_C+\boldsymbol{a}_{A'C}^n+\boldsymbol{a}_{A'C}^t=\boldsymbol{a}+\boldsymbol{a}_{A'C}^n+\boldsymbol{a}_{A'C}^t$$

$$\boldsymbol{a}_a=\boldsymbol{a}_e+\boldsymbol{a}_r^n+\boldsymbol{a}_r^t+\boldsymbol{a}_C=\boldsymbol{a}+\boldsymbol{a}_{A'C}^n+\boldsymbol{a}_{A'C}^t+\boldsymbol{a}_r^n+\boldsymbol{a}_r^t+\boldsymbol{a}_C$$

大小　?　a　$\dfrac{v^2}{r}$　a　$\dfrac{v_r^2}{r}$　?　$2\dfrac{v}{r}v_r\sin 90°$

方向　向下　水平　$A\to C$　$\perp AC$　$A\to C$　$\perp AC$　$A\to C$

沿 $A\to C$ 方向投影，$-a_a\cos\varphi=a\sin\varphi+a_{A'C}^n+a_r^n+a_C$

解得 $a_a=-\left(a\tan\varphi+\dfrac{v^2}{r\cos^3\varphi}\right)$

7-30：解： P 点是杆 AD 的速度瞬心。取套筒 B 为动点，动系固连在曲柄 OA 上。

$$\boldsymbol{v}_{a1}=\boldsymbol{v}_{e1}+\boldsymbol{v}_{r1}$$

其中 $v_{e1}=\omega r$，解得 $v_{a1}=\dfrac{2\sqrt{3}}{3}\omega r$

$$v_D=\frac{v_A}{|PA|}|PD|=2\omega r\frac{2\sqrt{3}r}{3r}=\frac{4\sqrt{3}}{3}\omega r$$

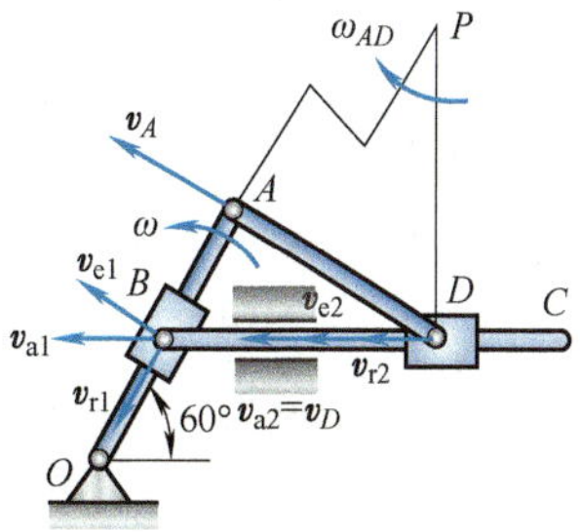

题 7-30 图

取套筒 D 为动点，动系固连在杆 BC 上。

$\boldsymbol{v}_{a2}=\boldsymbol{v}_{e2}+\boldsymbol{v}_{r2}$

式中，$\boldsymbol{v}_{a2}=\boldsymbol{v}_D$，$\boldsymbol{v}_{e2}=\boldsymbol{v}_{a1}$，解得 $v_{r2}=\dfrac{2\sqrt{3}}{3}\omega r$

7-31：解法 1： 杆 AB 相对套筒做平动，它们的转动情况相同。取 A 为动点，动系固连在套筒上，相对运动轨迹是直线 AB。

$\boldsymbol{v}_a=\boldsymbol{v}_e+\boldsymbol{v}_r$

其中，$\boldsymbol{v}_a=\boldsymbol{v}$，$v_e=\dfrac{\omega h}{\cos\varphi}$，解得 $v_r=v\sin\varphi$，$\omega=\dfrac{v\cos^2\varphi}{h}$

$\boldsymbol{a}_a=\boldsymbol{a}_e^n+\boldsymbol{a}_e^t+\boldsymbol{a}_r+\boldsymbol{a}_C$

其中，$a_a=0$，则 $a_e^t=\dfrac{\alpha h}{\cos\varphi}=a_C=2\omega v_r=\dfrac{2v^2\sin\varphi\cos^2\varphi}{h}$

解得 $\alpha=\dfrac{2v^2\sin\varphi\cos^3\varphi}{h^2}$

解法 2： $\tan\varphi=\dfrac{x}{h}=\dfrac{vt}{h}$，求导有

$\dfrac{\omega}{\cos^2\varphi}=\dfrac{v}{h}$，解得 $\omega=\dfrac{v\cos^2\varphi}{h}$，再求导有

$\alpha=-\dfrac{2v\sin\varphi\cos\varphi}{h}\omega=-\dfrac{2v^2\sin\varphi\cos^3\varphi}{h^2}$，负号表示 α 的转向与 ω 的转向相反。

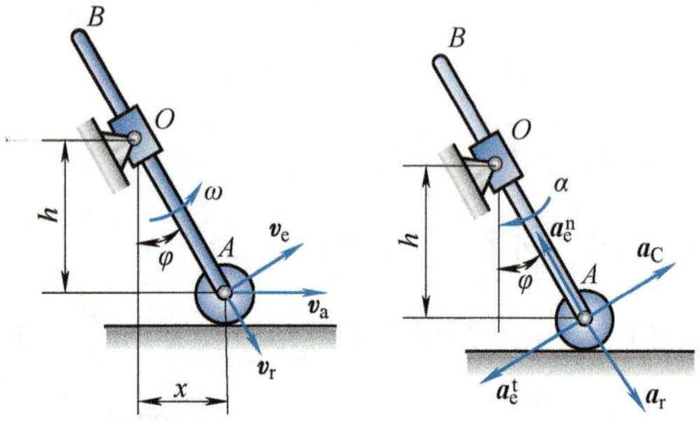

题 7-31 图

《理论力学（Ⅰ）》 第 8 章

略。

《理论力学（Ⅰ）》 第 9 章

9-1：解：（1）$p_1=\sum m_i v_i=mv_C=mv_0(\rightarrow)$；（2）$p_2=\sum\limits_{i=1}^{3}m_i v_{C_i}=0$；（3）$p_3=(m'+4m)v(\rightarrow)$；

（4）$p_4=\sum m_i v_{C_i}=(m'+m)l\omega(\perp O_1A)$

9-2：解： 系统水平方向不受力，且初始静止，则系统质心坐标 x_C 始终不变，满足 $\sum m_i\Delta x_i=0$

设四棱柱体相对于地面向左运动的位移为 Δx，上式可写为

$m\Delta x+m_1\Delta x+m_2(\Delta x-1)+m_3(\Delta x-1\times\cos60°)=0$

解得 $\Delta x=\dfrac{m_2+m_3\cos60°}{m+m_1+m_2+m_3}=\dfrac{15+10\cos60°}{100+20+15+10}\mathrm{m}=0.138\mathrm{m}(\leftarrow)$

9-3：解： 凸轮平面运动微分方程：

$\sum ma_{Cx}=\sum F_x^e$，　　$-\dfrac{P+Q}{g}a_C\cos\omega t=F_{Rx}$

$\sum ma_{Cy}=\sum F_y^e$, $\quad -\dfrac{Q}{g}a_C\sin\omega t=F_{Ry}$

$\sum J_A\alpha=\sum M_A(F^e)$, $\quad 0=M$

将 $a_C=e\omega^2$ 代入，得到 $F_{Rx}=-\dfrac{P+Q}{g}e\omega^2\cos\omega t$，$F_{Ry}=-\dfrac{Q}{g}e\omega^2\sin\omega t$

9-4：解：

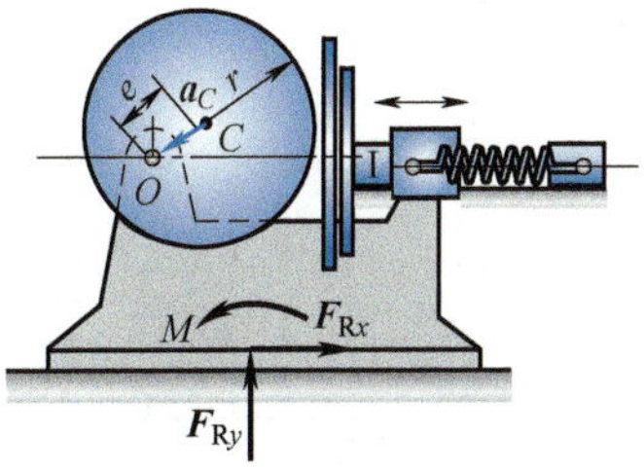

题 9-3 图

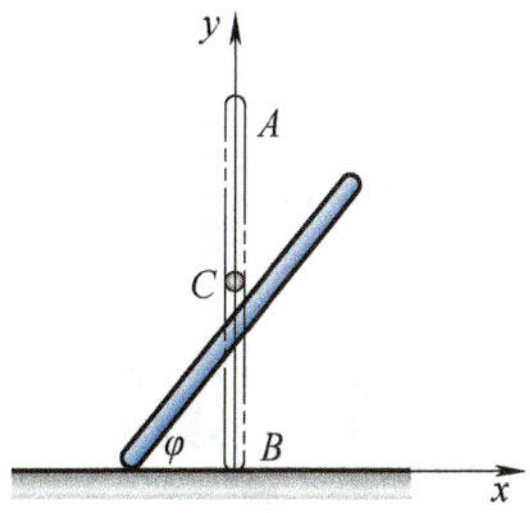

题 9-4 图

水平动量守恒，杆质心 C 轨迹为铅直线，建立图示坐标系。点 A 的坐标为 $x_A=-\dfrac{l}{2}\cos\varphi$，$y_A=l\sin\varphi$。其运动方程为 $\left(\dfrac{x_A}{\frac{l}{2}}\right)^2+\left(\dfrac{y_A}{l}\right)^2=1$，运动轨迹为椭圆。

9-5：解：

a）$p_1=0$，$L_{1O}=-\dfrac{1}{2}mR^2\omega$（顺时针）；b）$p_2=-mR\omega(\leftarrow)$，$L_{2O}=-\dfrac{3}{2}mR^2\omega$（顺时针）；

c）$p_3=\dfrac{1}{2}ml\omega(\rightarrow)$，$L_{3O}=\dfrac{1}{3}ml^2\omega$（逆时针）；d）$p_4=m\cdot\dfrac{1}{2}l\omega+ml\omega=\dfrac{3}{2}ml\omega(\rightarrow)$

$L_{4O}=\left[\dfrac{1}{3}ml^2+\left(\dfrac{1}{12}ml^2+ml^2\right)\right]\omega=\dfrac{17}{12}ml^2\omega$（逆时针）；

e）$p_{5x}=-3m\cdot R\omega\cdot\cos45°=-\dfrac{3\sqrt{2}}{2}mR\omega(\leftarrow)$

$p_{5y}=-mR\omega+3m\cdot R\omega\cdot\sin45°=\left(\dfrac{3\sqrt{2}}{2}-1\right)mR\omega(\uparrow)$

$L_{5O}=mR^2\omega+\dfrac{2mR^2}{2}\omega+\left(\dfrac{3m}{2}\cdot\dfrac{R^2}{4}\cdot2\omega+3mR\omega\cdot R\right)=\dfrac{23}{4}mR^2\omega$（逆时针）

f）$p_6=-\dfrac{1}{6}ml\omega(\leftarrow)$，$L_{6O}=\left[\dfrac{1}{12}ml^2+m\left(\dfrac{l}{6}\right)^2\right]\omega=\dfrac{1}{9}ml^2\omega$（逆时针）

9-6：解： $\omega_r=\omega$，圆盘：$\omega_a=\omega_e+\omega_r=2\omega$

$L_O=-\left[\dfrac{1}{3}m_{杆}l^2\omega+\dfrac{1}{2}mR^2\cdot2\omega+ml\omega\cdot l\right]=-\dfrac{m_{杆}l^2+3m(R^2+l^2)}{3}\omega$（顺时针）

$\omega_r=-\omega$，圆盘做平动，$\omega_a=\omega_e+\omega_r=\omega-\omega=0$

$$L_O=-\left[\frac{1}{3}m_{杆}l^2\omega+ml\omega\cdot l\right]=-\frac{1}{3}(m_{杆}+3m)l^2\omega\ （顺时针）$$

9-7：解： 杆 CD 对转轴 AB 的动量矩为

$$L_{1AB}=\int_{m杆}r^2\mathrm{d}m\cdot\omega=\int_{-l}^{l}(x\sin\theta)^2\cdot m_{杆}\frac{\mathrm{d}x}{2l}\cdot\omega=\frac{1}{3}m_{杆}l^2\omega\sin^2\theta$$

球 C 与 D 对转轴 AB 的动量矩 $L_{2AB}=2J_{AB}\omega=2ml^2\omega\sin^2\theta$

则系统对转轴 AB 的动量矩为 $L_{AB}=L_{1AB}+L_{2AB}=\dfrac{m_{杆}+6m}{3}l^2\omega\sin^2\theta$

9-8：解： 曲柄 OA 的动量 $p_1=m_1\cdot\dfrac{l}{2}\omega(\perp OA)$

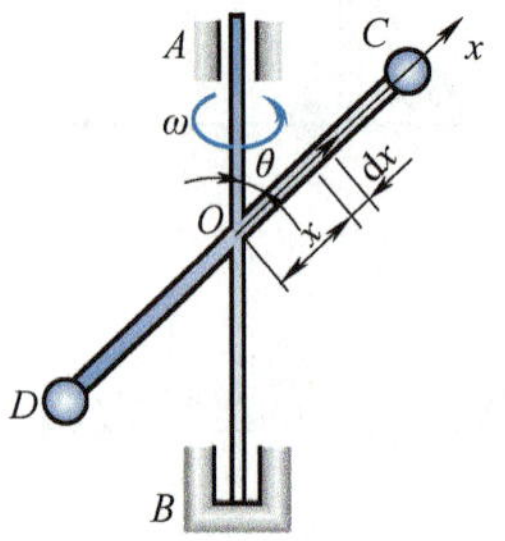

题 9-7 图

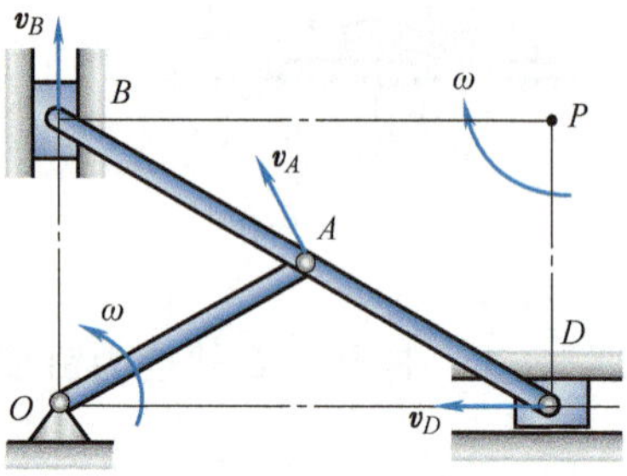

题 9-8 图

连杆 AB 做平面运动，其瞬心在图示点 P，$\omega_{BD}=\dfrac{v_A}{l}=\dfrac{l\omega}{l}=\omega$

滑块 B、D，以及连杆 BD 的动量 $p_2=(m_{BD}+m_B+m_D)v_A=(2m_1+2m_2)l\omega$

系统总动量 $p=p_1+p_2=m_1\cdot\dfrac{l}{2}\omega+(2m_1+2m_2)l\omega=\dfrac{5m_1+4m_2}{2}l\omega(\perp OA)$

系统对转轴 O 的总动量矩

$$L_O=L_{OA}+L_{BD}+L_B+L_D=\frac{1}{3}m_1l^2\omega+\left[-\frac{1}{12}\cdot 2m_1(2l)^2\omega+2m_1l\omega\cdot l\right]+0+0=\frac{5}{3}m_1l^2\omega\ （逆时针）$$

9-9：解： 系统对转轴力矩为零，对转轴动量矩守恒：$L=L_0$，$(J_A+J_B)\omega=J_B\omega_B$

解得 $\omega=\dfrac{J_B}{J_A+J_B}\omega_B$

9-10：解： $\boldsymbol{v}_B=\boldsymbol{v}_e+\boldsymbol{v}_r$，$v_e=r\omega$，$v_r=\dfrac{\mathrm{d}s}{\mathrm{d}t}=\dfrac{\mathrm{d}\left(\dfrac{1}{2}bt^2\right)}{\mathrm{d}t}=bt$

系统对点 O 的动量矩守恒：$L_O=\dfrac{PR^2}{2g}\omega+\dfrac{rQ}{g}(r\omega-bt)=0$

解得 $\omega=\dfrac{2rQb}{PR^2+2Qr^2}t$，$\alpha=\dfrac{\mathrm{d}\omega}{\mathrm{d}t}=\dfrac{2rQb}{PR^2+2Qr^2}$

9-11：解： 通风机对中心轴的动量矩定理：$\dfrac{\mathrm{d}L}{\mathrm{d}t}=-M$，$\dfrac{\mathrm{d}(J\omega)}{\mathrm{d}t}=-k\omega$

积分 $\int_{\omega_0}^{\omega}\frac{1}{\omega}\mathrm{d}\omega=-\int_0^t\frac{k}{J}\mathrm{d}t$，可得 $\omega=\omega_0\mathrm{e}^{-\frac{kt}{J}}$

当 $\omega=\frac{\omega_0}{2}$时，解得 $t=\frac{J}{k}\ln 2$

在此时间内转过的角度为 $\theta=\int_0^t\omega\mathrm{d}t=\int_0^{\frac{J}{k}\ln 2}\omega_0\mathrm{e}^{-\frac{kt}{J}}\mathrm{d}t=\frac{J\omega_0}{2k}$

共转过的转数为 $n=\frac{\theta}{2\pi}=\frac{J\omega_0}{4\pi k}$

9-12：解： 飞轮对铅直轴的动量矩定理：

$$\frac{\mathrm{d}L}{\mathrm{d}t}=M_0\cos\omega t,\quad \frac{\mathrm{d}\left(\frac{2Pr^2}{g}\omega\right)}{\mathrm{d}t}=M_0\cos\omega t$$

$$\frac{4P\omega r}{g}\cdot\frac{\mathrm{d}r}{\mathrm{d}t}+\frac{2Pr^2}{g}\cdot\frac{\mathrm{d}\omega}{\mathrm{d}t}=M_0\cos\omega t,\quad \frac{\mathrm{d}\omega}{\mathrm{d}t}=0$$

则有$\frac{4P\omega r}{g}\frac{\mathrm{d}r}{\mathrm{d}t}=M_0\cos\omega t$

积分$\int_{r_0}^{r}\frac{4P\omega r}{g}\mathrm{d}r=\int_0^t M_0\cos\omega t\mathrm{d}t$

解得 $r^2=r_0^2+\frac{M_0 g}{2P\omega^2}\sin\omega t$

9-13：解： $v=r_1\omega_A=r_2\omega_B$

由 $\mathrm{d}\omega_A=\alpha_A\mathrm{d}t$，$\mathrm{d}\omega_B=\alpha_B\mathrm{d}t$，积分可得 $\omega_A=\alpha_A t+\omega$，$\omega_B=\alpha_B t$

分别对轮 A、B 应用动量矩定理：

$J_A\alpha_A=\sum M_A=-Fr_1$

$J_B\alpha_B=\sum M_B=F'r_2$

$J_A=\frac{P_1}{2g}r_1^2$，$J_B=\frac{P_2}{2g}r_2^2$

摩擦力 $F=F'=f'P_1$

解得 $t=\frac{\omega r_1 P_2}{2f'g(P_1+P_2)}$

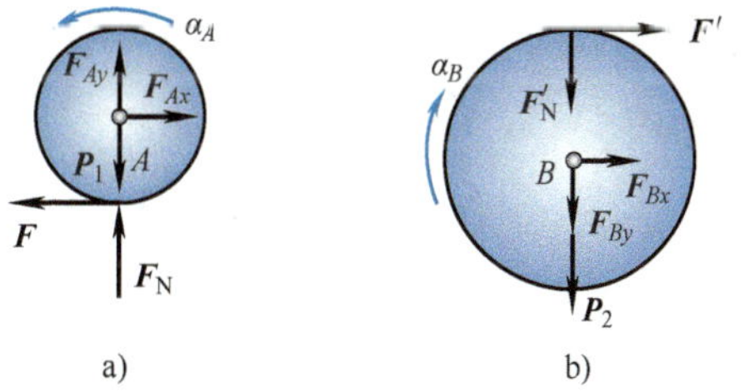

题 9-13 图

9-14：解：

主动轮：$J_1\alpha_1=M-FR_1$

鼓轮与重物：$\left(J_2+\frac{P}{g}R^2\right)\alpha_2=FR_2-PR$

$\frac{\alpha_1}{\alpha_2}=\frac{R_2}{R_1}=\frac{z_2}{z_1}=i$，$a=R\alpha_2$

解得 $a=\frac{(Mi-PR)Rg}{PR^2+(J_1i^2+J_2)g}$

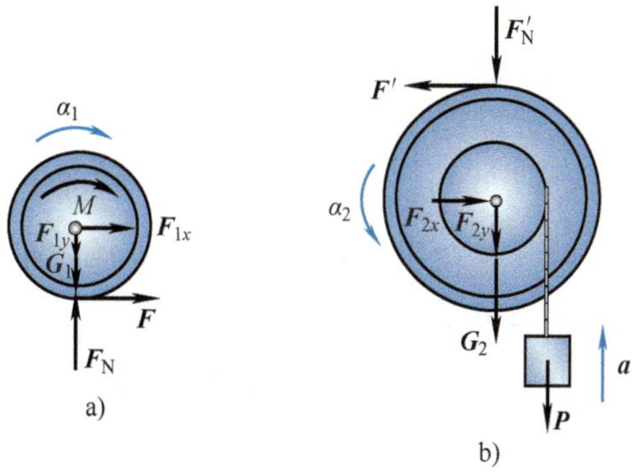

题 9-14 图

9-15：解： 此瞬时两杆角速度为零。

杆 OA：$\frac{1}{3}ml^2\alpha_{OA}=F_{Ax}l$

杆 AB：$ma_{Cx}=F-F'_{Ax}$，$\frac{1}{12}ml^2\alpha_{AB}=F\frac{l}{2}+F'_{Ax}\frac{l}{2}$

杆 AB 平面运动，以 A 为基点：

$\boldsymbol{a}_C=\boldsymbol{a}_A+\boldsymbol{a}^{\mathrm{t}}_{CA}+\boldsymbol{a}^{\mathrm{n}}_{CA}$，$a_A=l\alpha_{OA}$，$a^{\mathrm{t}}_{CA}=\frac{l}{2}\alpha_{AB}$，$a^{\mathrm{n}}_{CA}=0$

向 x 轴投影：$a_{Cx}=a_A+a^{\mathrm{t}}_{CA}=l\alpha_{OA}+\frac{l}{2}\alpha_{AB}$

解得 $\alpha_{OA}=\frac{6F}{7ml}$（顺时针），$\alpha_{AB}=\frac{30F}{7ml}$（逆时针）

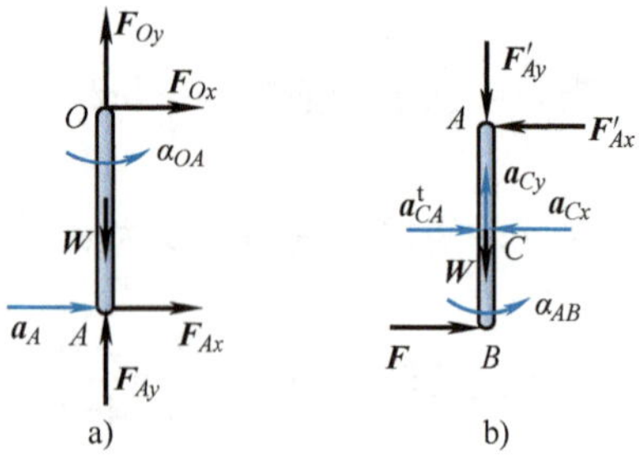

题 9-15 图

9-16：解：

圆轮：$J_O\alpha=\sum M_O$，即 $\frac{GR^2}{2g}\cdot\frac{\mathrm{d}\omega}{\mathrm{d}t}=-f'F_{\mathrm{N}}R$

积分：$\frac{GR}{2g}\int_{\frac{\pi n}{30}}^{0}\mathrm{d}\omega=-\int_0^t f'F_{\mathrm{N}}\mathrm{d}t$

解得 $F_{\mathrm{N}}=\frac{GR\pi n}{60f'gt}$

杆：$\sum M_{O_1}=0$　　$-F_{\mathrm{N}}\times1.5+P\times3.5=0$

解得 $P=\frac{3}{7}\cdot\frac{GR\pi n}{60f'gt}=\frac{3\times1000\times1\times3.14\times120}{7\times60\times0.1\times9.8\times10}\mathrm{N}=274.6\mathrm{N}$

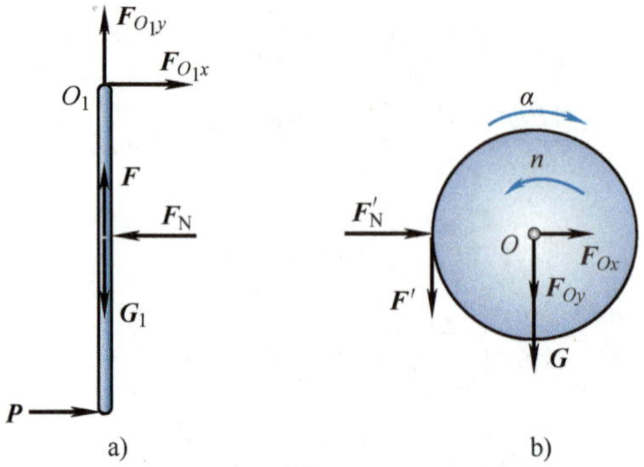

题 9-16 图

9-17：解：

分别取两轮为研究对象：

$J_1\alpha_1=(F_{\mathrm{T1}}-F_{\mathrm{T2}})R_1+M$，　$J_2\alpha_2=(F'_{\mathrm{T2}}-F'_{\mathrm{T1}})R_2-M'$

$F'_{\mathrm{T1}}=F_{\mathrm{T1}}$，$F'_{\mathrm{T2}}=F_{\mathrm{T2}}$，$J_1=\frac{P_1R_1^2}{2g}$，$J_2=\frac{P_2R_2^2}{2g}$

两轮角加速度之比 $\frac{\alpha_1}{\alpha_2}=\frac{R_2}{R_1}$

解得 $\alpha_1=\frac{2(R_2M-R_1M')}{(P_1+P_2)R_2R_1^2}g$

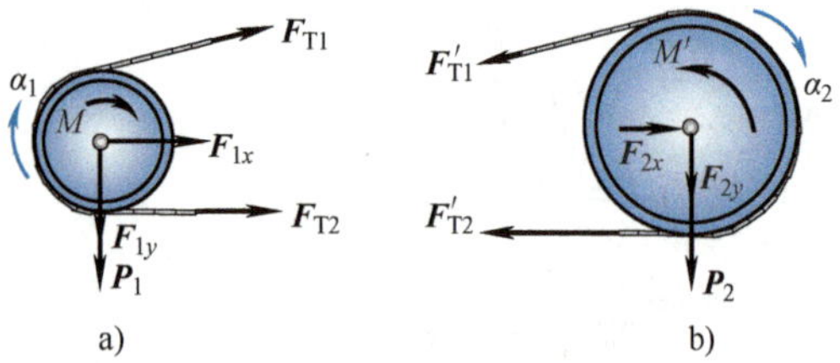

题 9-17 图

9-18：解：

圆柱：$\alpha=\frac{a_C}{R}$，其平面运动微分方程：

$ma_{Cx}=\sum F^{\mathrm{e}}_x$，　　$-ma_C=F-mg\sin\theta$

$ma_{Cy}=\sum F^{\mathrm{e}}_y$，　　$0=F_{\mathrm{N}}-mg\cos\theta$

$J_C\alpha=\sum M_C(\boldsymbol{F}^{\mathrm{e}})$，　　$\frac{1}{2}mR^2\cdot\alpha=FR$

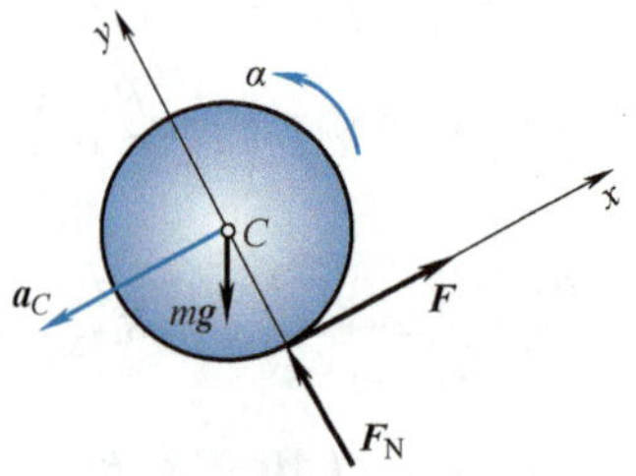

题 9-18 图

解得 $a_C=\dfrac{2}{3}g\sin\theta$，$F_N=mg\cos\theta$，$F=\dfrac{1}{3}mg\sin\theta$

纯滚动需满足 $-fF_N\leqslant F\leqslant fF_N$，即 $-fmg\cos\theta\leqslant\dfrac{1}{3}mg\sin\theta\leqslant fmg\cos\theta$

所以纯滚动的条件为 $f\geqslant\dfrac{1}{3}\tan\theta$

9-19：解：

滚子 $\alpha=\dfrac{a_O}{R}$，其平面运动微分方程：

$$ma_O=\sum F_x^e,\qquad ma_O=F\cos\theta+F_f$$

$$J_O\alpha=\sum M_O(\boldsymbol{F}^e),\qquad m\rho^2\frac{a_O}{R}=-Fr-F_fR$$

解得 $a_O=\dfrac{FR(R\cos\theta-r)}{m(\rho^2+R^2)}$

9-20：解：

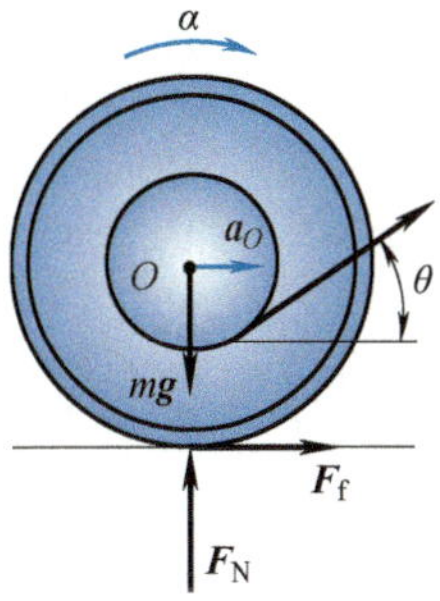

题 9-19 图

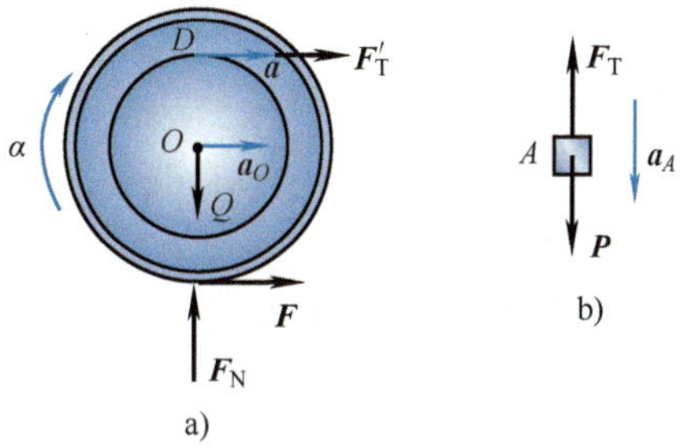

题 9-20 图

对鼓轮，以 O 为基点：$\boldsymbol{a}_D=\boldsymbol{a}_O+\boldsymbol{a}_{DO}$，$a_O=R\alpha$

向 x 轴投影：$a_A=a_{Dx}=a_O+r\alpha=(R+r)\alpha$

以重物 A 为研究对象：$ma_A=\sum F$，即 $\dfrac{P}{g}\cdot(R+r)\alpha=P-F_T$

以鼓轮为研究对象：

$$ma_O=\sum F_x^e,\qquad \frac{Q}{g}R\alpha=F'_T+F$$

$$J_O\alpha=\sum M_O(\boldsymbol{F}^e),\qquad \frac{Q\rho^2}{g}\alpha=F'_Tr-FR$$

求出 $\alpha=\dfrac{P(R+r)}{P(R+r)^2+Q(\rho^2+R^2)}g$

则有 $a_A=(R+r)\alpha=\dfrac{P(R+r)^2}{P(R+r)^2+Q(\rho^2+R^2)}g$

9-21：解：

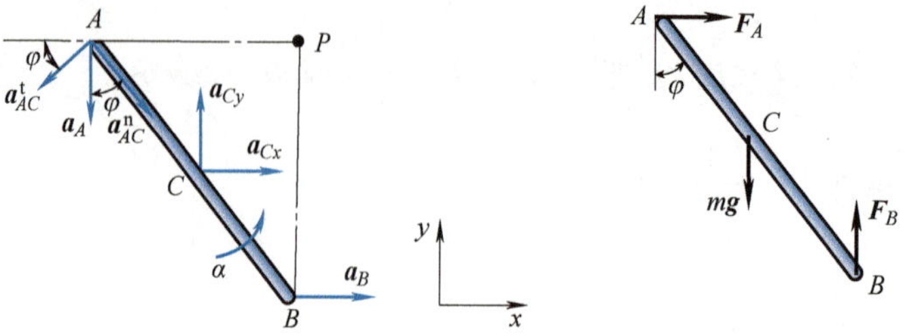

a)　　　　b)

题 9-21 图

（1）求 ω、α

杆 AB 做平面运动，瞬心为 P，其微分方程为

$ma_{Cx}=\sum F_x^e$，　　$ma_{Cx}=F_A$

$J_P\alpha=\sum M_P(\boldsymbol{F}^e)$，　　$\left[\frac{1}{12}ml^2+m\left(\frac{l}{2}\right)^2\right]\alpha=mgl\sin\varphi$

解得 $\alpha=\frac{3g}{2l}\sin\varphi$

上式可变为

$\frac{\mathrm{d}\omega}{\mathrm{d}t}\cdot\frac{\mathrm{d}\varphi}{\mathrm{d}\varphi}=\frac{3g}{2l}\sin\varphi$，$\omega\mathrm{d}\omega=\frac{3g}{2l}\sin\varphi\mathrm{d}\varphi$

积分：$\int_0^{\omega}\omega\mathrm{d}\omega=\int_{\varphi_0}^{\varphi}\frac{3g}{2l}\sin\varphi\mathrm{d}\varphi$

解得 $\omega=\sqrt{\frac{3g}{l}(\cos\varphi_0-\cos\varphi)}$

（2）求当杆脱离墙时，此杆与铅直面所夹的角

$\boldsymbol{a}_A=\boldsymbol{a}_C+\boldsymbol{a}_{AC}^t+\boldsymbol{a}_{AC}^n$

向 x 轴投影：

$0=a_{cx}-\frac{l}{2}\alpha\cos\varphi+\frac{l}{2}\omega^2\sin\varphi$

将 ω、α 代入上式有 $a_{cx}=\frac{3g}{4}\sin\varphi(3\cos\varphi-2\cos\varphi_0)$

则有 $F_A=\frac{3mg}{4}\sin\varphi(3\cos\varphi-2\cos\varphi_0)$

脱离墙时 $F_A=0$，解得 $\varphi_1=\arccos\left(\frac{2}{3}\cos\varphi_0\right)$

9-22：解：

圆柱：$a_O=a+r\alpha$，其平面运动微分方程：

$ma_O=\sum F_x^e$，　　$\frac{Q}{g}(a+r\alpha)=F_1$

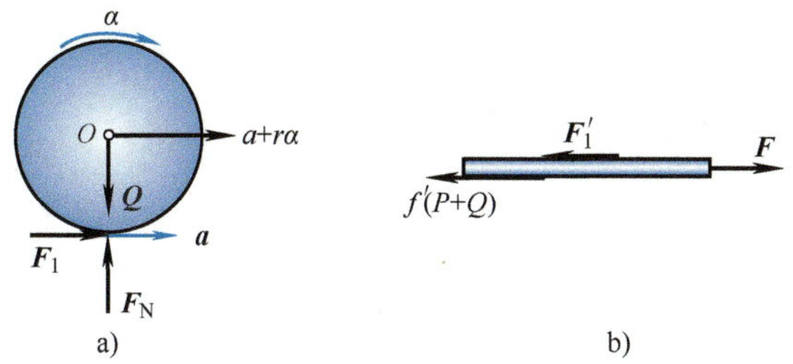

题 9-22 图

$J_O\alpha=\sum M_O(\boldsymbol{F}^e)$，　$\dfrac{Q}{2g}r^2\alpha=-F_1r$

板的微分方程：$\dfrac{P}{g}a=F-F_1-f'(P+Q)$

解得　$a=\dfrac{3F-3f'(P+Q)}{3P+Q}g$

9-23：解： 杆 AB 做平面运动，以 A 为基点，$a_A^t=0$，$a_A^n=OA\omega^2=\dfrac{1}{4}l\omega^2$

$\boldsymbol{a}_C=\boldsymbol{a}_A+\boldsymbol{a}_{CA}^t+\boldsymbol{a}_{CA}^n$

投影得到

$a_{Cx}=a_A^n+a_{CA}^n=\dfrac{1}{4}l\omega^2+\dfrac{1}{2}l\omega^2=\dfrac{3}{4}l\omega^2$，$a_{Cy}=a_{CA}^t=\dfrac{1}{2}l\alpha$

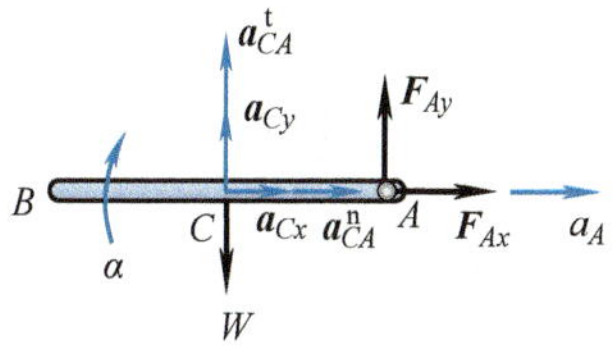

题 9-23 图

杆 AB 平面运动微分方程：

$ma_{Cx}=\sum F_x^e$，　$\dfrac{W}{g}\cdot\dfrac{3}{4}l\omega^2=F_{Ax}$

$ma_{Cy}=\sum F_y^e$，　$\dfrac{W}{g}\cdot\dfrac{1}{2}l\alpha=F_{Ay}-W$

$J_C\alpha=\sum M_C(\boldsymbol{F}^e)$，　$\dfrac{Wl^2}{12g}\alpha=-F_{Ay}\cdot\dfrac{l}{2}$

解得 $\alpha=-\dfrac{3g}{2l}$（逆时针），$F_{Ax}=\dfrac{3W}{4g}l\omega^2(\rightarrow)$，$F_{Ay}=\dfrac{W}{4}(\uparrow)$

9-24：解： 圆柱体 A 和薄铁环 B 速度瞬心分别为 P_1 和 P_2，两者的转动微分方程为

$J_{P_1}\alpha_1=\sum M_{P_1}(\boldsymbol{F})$，　$\left(\dfrac{W}{2g}r^2+\dfrac{W}{g}r^2\right)\alpha_1=Fr+W\sin\theta\cdot r$

$J_{P_2}\alpha_2=\sum M_{P_2}(\boldsymbol{F})$，　$\left(\dfrac{W}{g}r^2+\dfrac{W}{g}r^2\right)\alpha_2=W\sin\theta\cdot r-F'r$

其中，$\alpha_1=\alpha_2$，$F'=F$

解得 $\alpha_1=\dfrac{4g}{7r}\sin\theta\Rightarrow a=r\alpha_1=\dfrac{4}{7}g\sin\theta$，$F=-\dfrac{W}{7}\sin\theta$

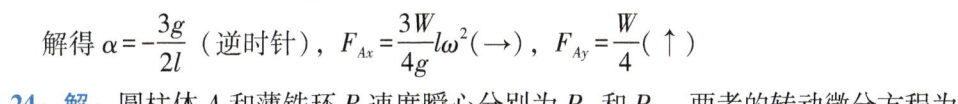

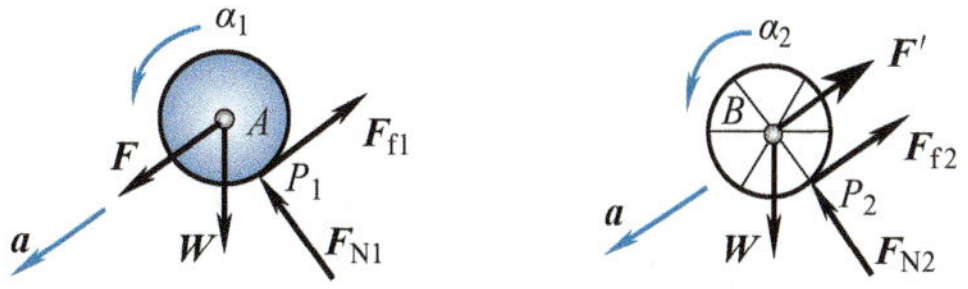

题 9-24 图

9-25：解： 初始 $\omega_0 r< v_0$，圆柱体上点 D 向右滑动，所受动滑动摩擦力向左。

圆柱体平面运动微分方程：

$$ma_{Cx}=\sum F_x,\qquad \frac{Q}{g}\cdot\frac{dv}{dt}=-f'F_N$$

$$ma_{Cy}=\sum F_y,\qquad 0=F_N-Q$$

$$J_C\alpha=\sum M_C(\boldsymbol{F}),\qquad \frac{Qr^2}{2g}\cdot\frac{d\omega}{dt}=f'F_N r$$

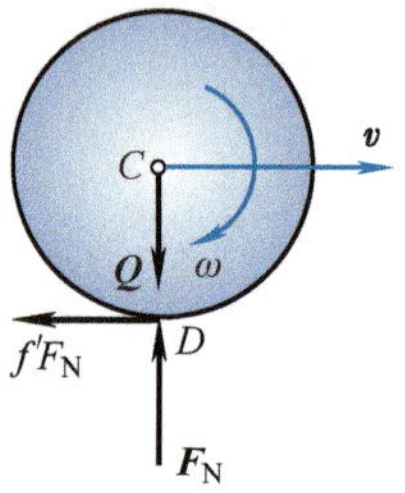

题 9-25 图

求出 $dv=-f'gdt$，$\quad d\omega=\dfrac{2f'g}{r}dt$

积分得到 $v=v_0-f'gt$，$\omega=\omega_0+\dfrac{2f'gt}{r}$

保证圆柱体只滚不滑的条件为 $v=r\omega$

解得 $t=\dfrac{v_0-r\omega_0}{3f'g}$，$v=\dfrac{2v_0+r\omega_0}{3}$

9-26：解：

圆柱体速度瞬心为 D 点，其微分方程为

$$ma_{Cy}=\sum F_y,\qquad 0=F_N-P\cos60°$$

$$J_D\alpha=\sum M_D(\boldsymbol{F}),\qquad \left(\frac{P}{2g}r^2+\frac{P}{g}r^2\right)\alpha=P\sin60°\cdot r-fF_N\cdot 2r$$

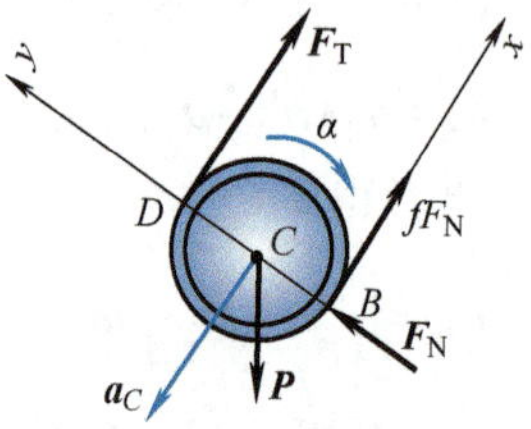

题 9-26 图

解得 $\alpha=\dfrac{2g}{3r}\left(\dfrac{\sqrt{3}}{2}-f\right)$

则有 $a_C=r\alpha=0.355g$

9-27：解：

圆柱体 A：$J_O\alpha_A=\sum M_O=F_T r$

圆柱体 B 的平面运动微分方程：

$$ma_C=\sum F_y\qquad ma_C=mg-F'_T$$

$$J_C\alpha_B=\sum M_C,\qquad \frac{1}{2}mr^2\alpha_B=F'_T r$$

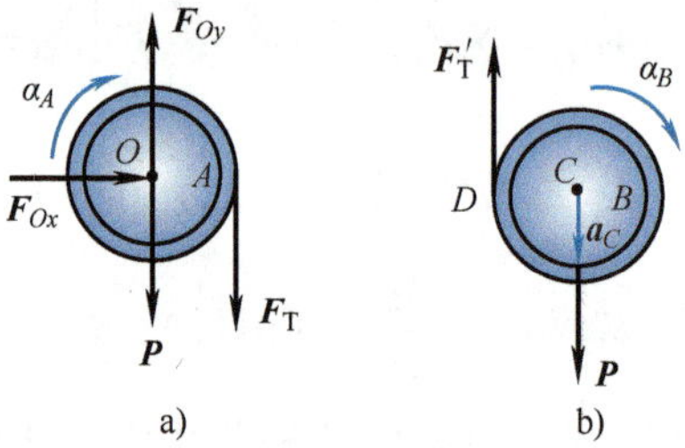

题 9-27 图

对圆柱体 B，以 D 为基点，$a_D=r\alpha_A$

$a_C=a_D+r\alpha_B=r(\alpha_A+\alpha_B)$

解得 $a_C=\dfrac{4}{5}g$

9-28：解：

杆 AB：$J_A\alpha_1=\sum M_A$，$m_1\rho_A^2\alpha_1=-F\cdot AO+m_1g\cos60°AC$

其中，$AO=\dfrac{r}{\cos30°}$，$AC=0.08\text{m}$

轮 O：$J_P\alpha=\sum M_P$，$(m_2\rho_O^2+m_2r^2)\alpha=F'r\sin60°$

以轮轴心 O 为动点，杆 AB 为动系：

$\boldsymbol{a}_O=\boldsymbol{a}_e^t+\boldsymbol{a}_e^n+\boldsymbol{a}_r+\boldsymbol{a}_C$，$\omega_1=0$，$a_e^n=AO\omega_1^2=0$，$a_C=2\omega_1 v_r=0$

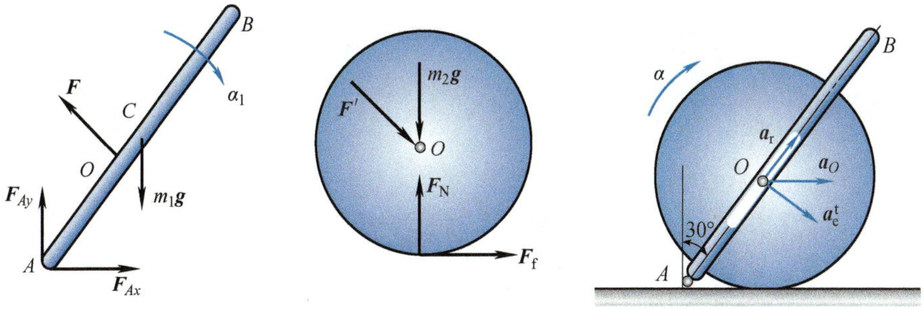

a) b) c)

题 9-28 图

向 $\boldsymbol{a}_e^t$ 方向投影，可得

$a_O\cos30° = a_e^t$，$a_O = r\alpha$，$a_e^t = AO\alpha_1$

解得 $\alpha = 34.1\text{rad/s}^2$

9-29：解： 圆柱的微分方程为

$ma_C^n = \sum F_n$，　$m(R+r)\omega^2 = mg\cos\varphi - F_N$，　$F_N = mg\cos\varphi - m(R+r)\omega^2$

$J_P\alpha_1 = \sum M_P$，　$\dfrac{3}{2}mr^2\alpha_1 = mgr\sin\varphi$

$a_C^t = (R+r)\alpha = r\alpha_1$

可得 $\alpha = \dfrac{d\omega}{dt} = \dfrac{2g}{3(R+r)}\sin\varphi$

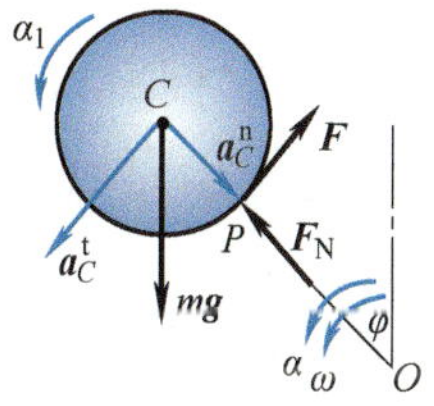

题 9-29 图

上式可变为$\dfrac{d\omega}{dt}\dfrac{d\varphi}{d\varphi} = \dfrac{2g}{3(R+r)}\sin\varphi$

积分$\int_0^{\omega}\omega d\omega = \int_0^{\varphi}\dfrac{2g}{3(R+r)}\sin\varphi d\varphi$

得到 $\omega^2 = \dfrac{4g}{3(R+r)}(1-\cos\varphi)$

在考虑圆柱脱离时 $F_N = 0$

解得 $\varphi = \arccos\dfrac{4}{7}$

9-30：解： $Q = Av$，$v_1 = \dfrac{Q}{A_1} = \dfrac{4Q}{\pi d_1^2}$，$v_2 = \dfrac{Q}{A_2} = \dfrac{4Q}{\pi d_2^2}$

弯头的附加动约束力为

$F_{N''x} = Q\rho(v_{1x} - v_{2x}) = Q\rho\left(\dfrac{4Q}{\pi d_1^2} - \dfrac{4Q}{\pi d_2^2}\cos45°\right) = -636\text{N}(\leftarrow)$

$F_{N''y} = Q\rho(v_{1y} - v_{2y}) = Q\rho\left(0 - \dfrac{4Q}{\pi d_2^2}\sin45°\right) = -1129\text{N}(\downarrow)$

9-31：解： 水柱对涡轮固定叶片附加动压力水平分量为

$F_{N''x} = Q\rho\left(-v_1 - \dfrac{1}{2}\cdot 2v_{2x}\right) = -Q\rho(v_1 + v_2\cos\theta)(\leftarrow)$，$F_{N''y} = 0$

《理论力学（Ⅰ）》第10章

10-1：解：（1）

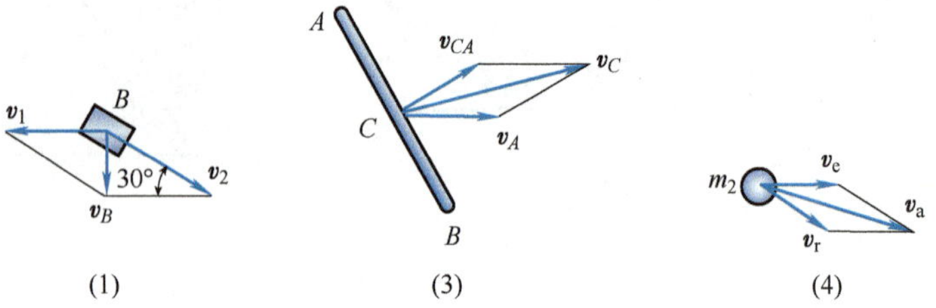

题 10-1 图

$\boldsymbol{v}_a=\boldsymbol{v}_e+\boldsymbol{v}_r$，$\boldsymbol{v}_B=\boldsymbol{v}_1+\boldsymbol{v}_2$

$v_B^2=v_1^2+v_2^2-2v_1v_2\cos30°$

$$T=\frac{1}{2}m_1v_1^2+\frac{1}{2}m_2v_B^2=\frac{1}{2}(m_1+m_2)v_1^2+\frac{1}{2}m_2v_2^2-\frac{\sqrt{3}}{2}m_2v_1v_2$$

（2）$T=\frac{1}{2}mv_0^2+6\cdot\frac{3}{4}m_1v_0^2=\frac{1}{2}(m+9m_1)v_0^2$

（3）对杆 AB，以 A 为基点：

$\boldsymbol{v}_C=\boldsymbol{v}_A+\boldsymbol{v}_{CA}$，$v_A=v$，$v_{CA}=\frac{l}{2}\dot{\varphi}$

$v_C^2=v_A^2+v_{CA}^2-2v_Av_{CA}\cos(\pi-\varphi)$

$$T=\frac{3}{4}m_1v^2+\left(\frac{1}{2}m_2v_C^2+\frac{1}{2}\ \frac{1}{12}m_2l^2\dot{\varphi}^2\right)=\frac{1}{2}\left(\frac{3}{2}m_1+m_2\right)v^2+\frac{1}{6}m_2l^2\dot{\varphi}^2+\frac{m_2}{2}vl\dot{\varphi}\cos\varphi$$

（4）$\boldsymbol{v}_a=\boldsymbol{v}_e+\boldsymbol{v}_r$，$v_e=v$，$v_r=l\omega$

$v_a^2=v_e^2+v_r^2-2v_ev_r\cos150°=v^2+l^2\omega^2+\sqrt{3}vl\omega$

$$T=\frac{1}{2}m_1v^2+\frac{1}{2}m_2v_a^2=1023\text{N}\cdot\text{m}$$

10-2：解：轮 A 速度瞬心为其与平面接触点，$v_A=\frac{R\omega}{2}$，$\omega_A=\frac{v_A}{R}=\frac{\omega}{2}$

$$T=\frac{1}{2}\cdot\frac{1}{2}mR^2\omega^2+\frac{1}{2}mv_A^2+\frac{1}{2}\cdot\frac{1}{2}mR^2\omega_A^2=\frac{7}{16}mR^2\omega^2$$

10-3：解：图中齿轮Ⅰ不动，齿轮Ⅱ平动，曲柄 OA 定轴转动。链条分为四段，绕在齿轮Ⅰ上的半圆周链条不动；绕在齿轮Ⅱ上的半圆周链条做平动；平行于曲柄 OA 的两段直线链条做平面运动，角速度与曲柄 OA 相同，其速度瞬心分别为 P_1、P_2。

$$T=\frac{1}{2}\cdot\frac{Ql^2}{3g}\omega^2+\frac{1}{2}\cdot\frac{P}{g}(l\omega)^2+\frac{1}{2}\cdot\frac{W}{g}\cdot\frac{\pi r}{2\pi r+2l}(l\omega)^2+2\cdot\frac{1}{2}\cdot\frac{Wl}{3g(2\pi r+2l)}l^2\cdot\omega^2$$

$$=\frac{1}{2}\left[\frac{Q}{3}+P+\frac{3\pi r+2l}{6(\pi r+l)}W\right]\frac{l^2}{g}\omega^2$$

10-4：解：

$$T=\int_0^m \frac{1}{2}v^2\mathrm{d}m=\int_0^l \frac{1}{2}(\omega x\sin\theta)^2\ \frac{P}{gl}\mathrm{d}x=\frac{P}{6g}\omega^2 l^2\sin^2\theta$$

10-5：解：

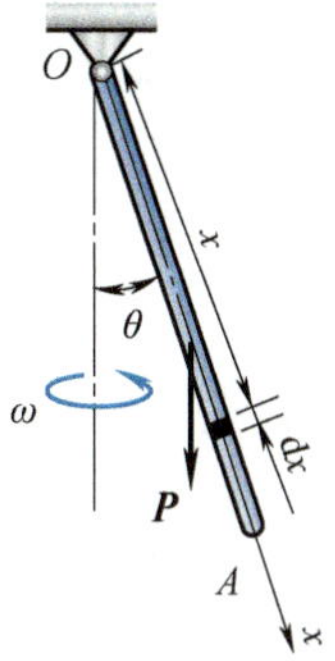

题 10-4 图

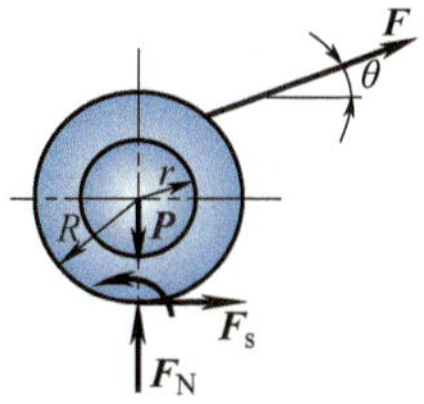

题 10-5 图

$\sum F_y=0$，$F\sin\theta-P+F_N=0\Rightarrow F_N=P-F\sin\theta$

$M=\delta F_N=\delta(P-F\sin\theta)$

$$W=\boldsymbol{F}\cdot(\boldsymbol{S}_e+\boldsymbol{S}_r)+M\varphi=FS\left(\cos\theta+\frac{r}{R}\right)-\delta(P-F\sin\theta)\frac{S}{R}$$

10-6：解：

$$W_{BA}=\frac{k}{2}(\delta_B^2-\delta_A^2)=\frac{4.9\times10^3}{2}[(0.1\sqrt{2}-0.1)^2-0.1^2]\mathrm{J}=-20.3\mathrm{J}$$

$$W_{AD}=\frac{k}{2}(\delta_A^2-\delta_D^2)=\frac{4.9\times10^3}{2}[0.1^2-(0.1\sqrt{2}-0.1)^2]\mathrm{J}=20.3\mathrm{J}$$

10-7：解： 动能定理：$T_2\quad T_1=\sum W$，$T_1=T_2=0$

$F=k\delta_1$，$\delta_1=\dfrac{F}{k}=\dfrac{600}{2000}\mathrm{m}=0.3\mathrm{m}$，$\delta_2=[\sqrt{1.5^2+1}-(1.5-0.3)]\mathrm{m}=0.603\mathrm{m}$

$$\sum W=m_Ag(h+1)+2\cdot\frac{k}{2}[\delta_1^2-\delta_2^2]=0$$

解得 $h=0.395\mathrm{m}$

10-8：解：

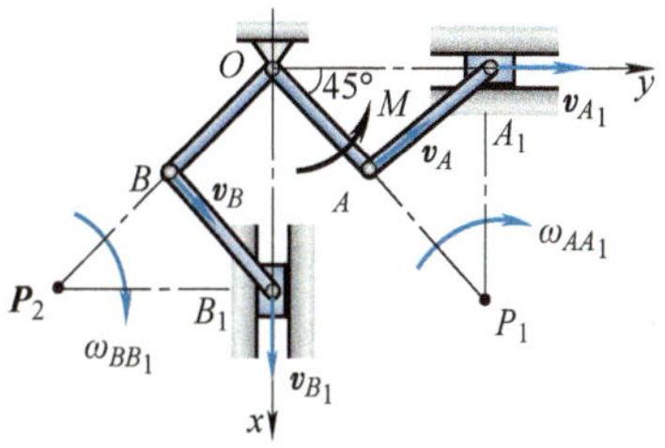

题 10-8 图

连杆 AA_1 和 BB_1 都做平面运动，速度瞬心为 P_1、P_2。

$v_A=v_B=b\omega$，$v_{A_1}=v_{B_1}=\sqrt{2}b\omega$，$\omega_{AA_1}=\omega_{BB_1}=\omega$

$T_1=0$

$$T_2=2\cdot\frac{1}{2}\cdot\frac{P}{3g}\omega^2+2\cdot\frac{1}{2}\cdot\left[\frac{Pb^2}{12g}+\frac{P}{g}\left(\frac{\sqrt{5}}{2}b\right)^2\right]\omega^2+2\cdot\frac{1}{2}\cdot\frac{Q}{g}(\sqrt{2}b\omega)^2=\frac{b^2\omega^2}{3g}(5P+6Q)$$

$\sum W=M\cdot2\pi N$

由动能定理：$T_2-T_1=\sum W$，$\dfrac{b^2\omega^2}{3g}(5P+6Q)=2\pi MN$

解得 $\omega^2=\dfrac{6\pi MNg}{b^2(5P+6Q)}$

10-9：解：

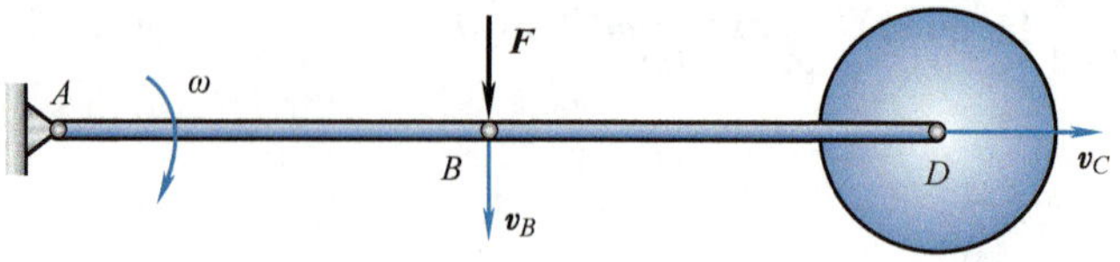

题 10-9 图

系统运动到杆 AB 和杆 BC 均处于水平位置时，杆 BC 的速度瞬心为点 C，$v_C=0$，$\omega_{BC}=\omega$

由动能定理：$T_2-T_1=\sum W$，$2\cdot\dfrac{1}{2}\cdot\dfrac{m_0b^2}{3}\omega^2-0=(F+m_0g)b\sin\theta$

解得 $\omega^2=\dfrac{3(F+m_0g)\sin\theta}{m_0b}$

10-10：解：

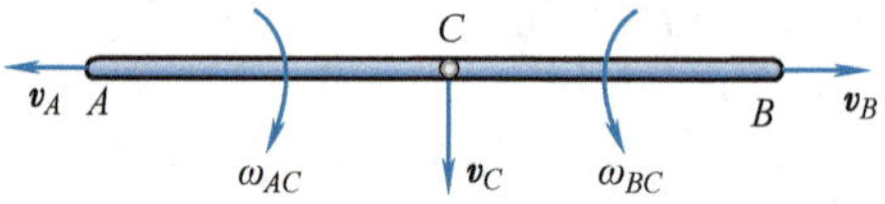

题 10-10 图

系统水平方向不受力，且初始静止，则 x_C=常量，质心 C 运动轨迹为铅直线。当铰链 C 与地面相碰时，杆 AC 与 BC 处于水平，其速度瞬心分别是点 A 和点 B。

$v_A=v_B=0$，$\omega_{AC}=\omega_{BC}=\dfrac{v_C}{L}=\dfrac{v}{L}$

$T_2-T_1=\sum W$，$2\cdot\dfrac{1}{2}\cdot\dfrac{PL^2}{3g}\left(\dfrac{v}{L}\right)^2-0=2\cdot P\cdot\dfrac{h}{2}$

解得 $v=\sqrt{3gh}$

10-11：解：

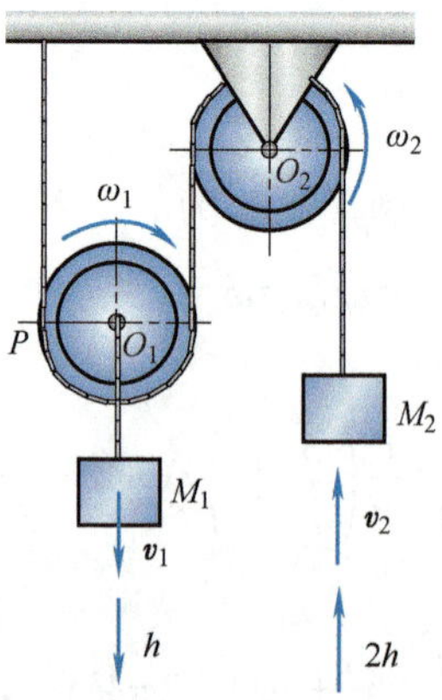

题 10-11 图

动滑轮 O_1 做平面运动，速度瞬心为点 P。

$$v_2=2v_{O_1}=2v_1,\ \omega_1=\frac{v_1}{r_1},\ \omega_2=\frac{v_2}{r_2}=\frac{2v_1}{r_2}$$

由动能定理：$T_2-T_1=\sum W$，$\frac{P_1}{2g}v_1^2+\frac{P_2}{2g}v_2^2+\frac{1}{2}J_P\omega_1^2+\frac{1}{2}J_{O_2}\omega_2^2-0=(P_1+W_1)h-P_2\cdot 2h$

即$\frac{P_1}{2g}v_1^2+\frac{P_2}{2g}(2v_1)^2+\frac{1}{2}\cdot\frac{3W_1r_1^2}{2g}\left(\frac{v_1}{r_1}\right)^2+\frac{1}{2}\ \frac{W_2r_2^2}{2g}\left(\frac{2v_1}{r_2}\right)^2=h(P_1-2P_2+W_1)$

$$\frac{v_1^2}{4g}(2P_1+8P_2+3W_1+4W_2)=h(P_1-2P_2+W_1)$$

解得 $v_1=\sqrt{\frac{4gh(P_1-2P_2+W_1)}{2P_1+8P_2+3W_1+4W_2}}$

10-12：解：

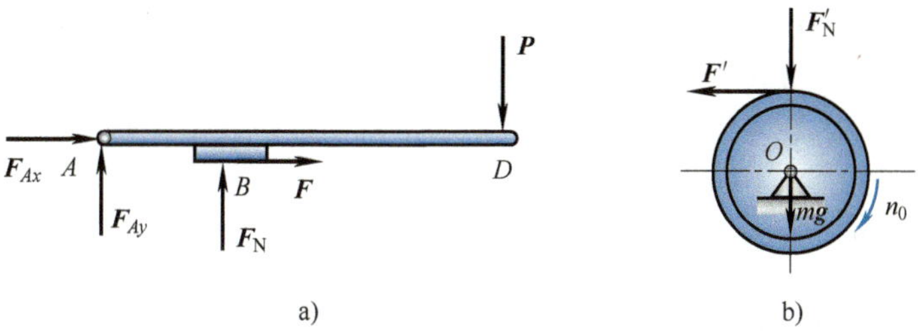

题 10-12 图

对手柄 AD，应用平衡方程：$\sum M_A=0$，$F_Nb-Pl=0$，$F_N=5P$

对制动轮，应用动能定理：$T_2-T_1=\sum W$，$0-\frac{1}{2}J_O\omega^2=-f'F_Nr\varphi$

即$\frac{1}{2}mr^2\left(\frac{\pi n_0}{30}\right)^2=f'\cdot 5Pr\cdot 100\cdot 2\pi$

解得 $P=\frac{mr\pi n_0^2}{2000f'\times 30^2}=\frac{20\times 0.1\times 3.14\times 1000^2}{2000\times 0.6\times 30^2}\text{N}=5.81\text{N}$

10-13：解：

（1）求连杆的角速度 ω

连杆 AB 做平面运动，当 A 端碰着弹簧时，点 B 为瞬心，$v_B=0$，圆盘动能为零。

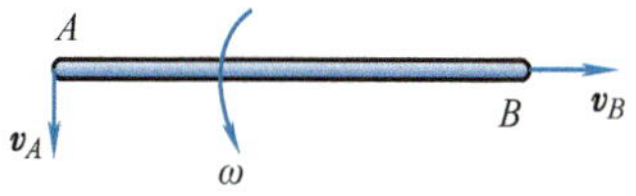

题 10-13 图

对系统从静止至连杆 AB 水平，应用动能定理：

$T_2-T_1=\sum W$，$\frac{1}{2}J_B\omega^2-0=P_{AB}\cdot\frac{l}{2}\sin 30°$，其中 $J_B=\frac{P_{AB}}{3g}l^2$

解得 $\omega=\sqrt{\frac{3g\sin 30°}{l}}=\sqrt{\frac{3\times 9.8\times 0.5}{0.6}}\text{rad/s}=4.95\text{rad/s}$

（2）求弹簧最大变形量 δ

从连杆 A 端碰着弹簧至弹簧有最大变形量，应用动能定理得

$$0-\frac{1}{2}\cdot\frac{P_{AB}}{3g}l^2\cdot\omega^2=P_{AB}\cdot\frac{\delta}{2}+\frac{1}{2}k(0-\delta^2)$$

解得 $\delta=0.088\mathrm{m}$

10-14：解：

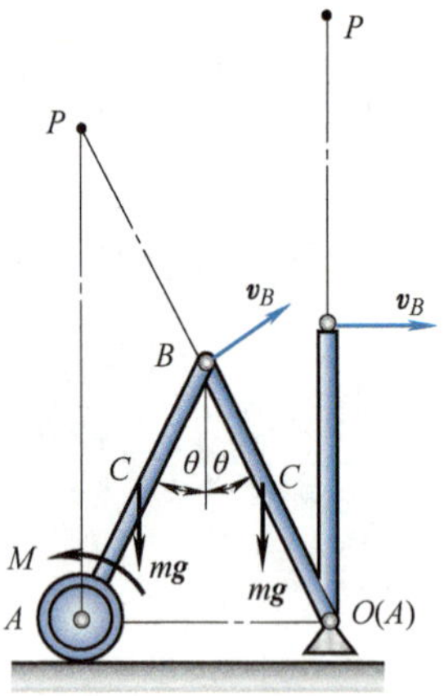

题 10-14 图

杆 AB 做平面运动，其速度瞬心为点 P。

$$\omega_{AB}=\frac{v_B}{l},\ \omega_{OB}=\frac{v_B}{l},\ \omega_{AB}=\omega_{OB}$$

当 A 碰到支座 O 时：$v_C=CP\omega_{AB}=\frac{3}{2}l\omega_{AB}$，$v_A=AP\omega_{AB}=2l\omega_{AB}$

此时系统动能为

$$T_2=\frac{1}{2}m\left(\frac{3}{2}l\omega_{AB}\right)^2+\frac{1}{2}\cdot\frac{1}{12}ml^2\omega_{AB}^2+\frac{1}{2}\cdot\frac{1}{3}ml^2\omega_{AB}^2=\frac{4}{3}ml^2\omega_{AB}^2$$

并且 $T_1=0$，$\sum W=M\theta-2mg\cdot\frac{l}{2}(1-\cos\theta)$

代入动能定理 $T_2-T_1=\sum W$

解得 $\omega_{AB}=\frac{1}{2l}\sqrt{\frac{3}{m}[M\theta-mgl(1-\cos\theta)]}$

则有 $v_A=2l\omega_{AB}=\sqrt{\frac{3}{m}[M\theta-mgl(1-\cos\theta)]}$

10-15：解：

设曲柄角速度为 ω，角加速度为 α。圆盘 O_2 的速度瞬心为点 A，有

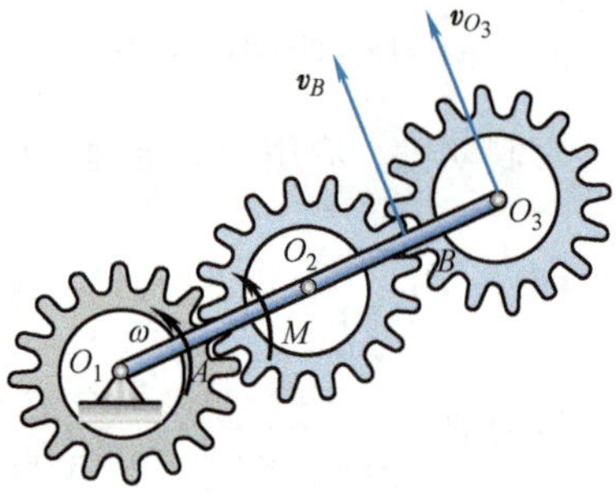

题 10-15 图

$$v_{O_2}=2R\omega=R\omega_{O_2},\ \omega_{O_2}=2\omega$$

$$\left.\begin{aligned}v_B&=2R\omega_{O_2}=4R\omega\\v_{O_3}&=4R\omega\end{aligned}\right\}\Rightarrow v_B=v_{O_3}$$

圆盘 O_3 做平动，$\omega_{O_3}=0$

系统动能为

$$T_1=0$$

$$T_2=\frac{1}{2}m_1v_{O_2}^2+\frac{1}{2}\cdot\frac{m_1R^2}{2}\cdot(2\omega)^2+\frac{1}{2}m_1v_{O_3}^2+\frac{1}{2}\cdot\frac{m_2(4R)^2}{3}\cdot\omega^2$$

$$=\frac{1}{2}m_1(2R\omega)^2+\frac{1}{2}\cdot\frac{m_1R^2}{2}\cdot(2\omega)^2+\frac{1}{2}m_1(4R\omega)^2+\frac{1}{2}\cdot\frac{m_2(4R)^2}{3}\cdot\omega^2$$

$$=\frac{33m_1+8m_2}{3}R^2\omega^2$$

由动能定理：$T_2-T_1=\sum W$，$\frac{33m_1+8m_2}{3}R^2\omega^2=M\varphi$

解得 $\omega=\frac{1}{R}\sqrt{\frac{3M}{33m_1+8m_2}\varphi}$

将动能定理对时间 t 求导有 $\frac{33m_1+8m_2}{3}R^2\cdot 2\omega\alpha=M\omega$

解得 $\alpha=\frac{3M}{2R^2(33m_1+8m_2)}$

10-16：解：

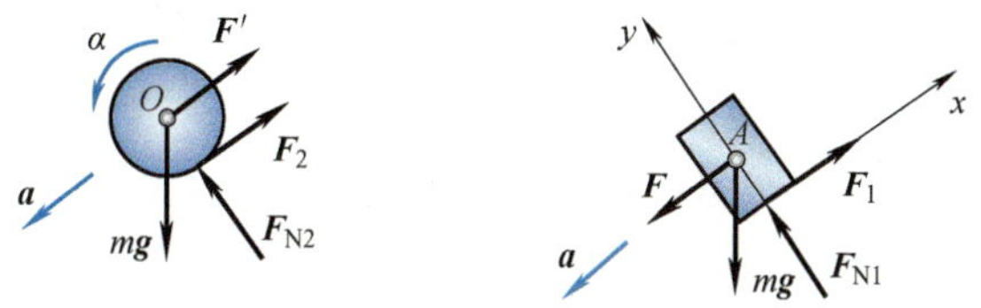

题 10-16 图

物块 A 的微分方程：

$ma_{Ax}=\sum F_x$，　$ma=F+mg\sin\theta-F_1$

$ma_{Ay}=\sum F_y$，　$0=F_{N1}-mg\cos\theta$

摩擦力为 $F_1=fF_{N1}$

圆盘的微分方程：$J_P\alpha=\sum M_P$，$\frac{3}{2}mr^2\cdot\frac{a}{r}=(mg\sin\theta-F')r$

解得 $a=\frac{2}{5}(2\sin\theta-f\cos\theta)g$，$F=\frac{1}{5}(3f\cos\theta-\sin\theta)mg$

10-17：解：

动能定理：$T_2-T_1=\sum W$，$\frac{P}{2g}v^2=Ph-\frac{k}{2}\delta^2$

其中，$h=0.3\text{m}$，$\delta=2r-AM=0.2\text{m}$

小环运动至最低点，其微分方程为 $\frac{P}{g}\cdot\frac{v^2}{r}=F_N+F-P(F=k\delta)$

取 $F_N=0$，解得 $k=50\text{N/m}$

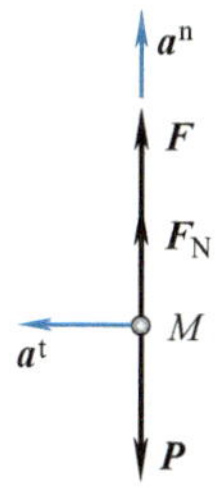

题 10-17 图

10-18：解：

设物体 B 上升高度为 h，对系统应用动能定理：

$T_2-T_1=\sum W$，$\frac{P_1+P_2}{2g}v^2=P_1h\sin\theta-P_2h$

对时间 t 求导有 $\frac{P_1+P_2}{2g}2va=(P_1\sin\theta-P_2)v$

解得 $a=\frac{P_1\sin\theta-P_2}{P_1+P_2}g$

系统水平方向微分方程：$\sum ma_x=\sum F$，$\frac{P_1}{g}a\cos\theta=F_{Ex}$

解得 $F_{Ex}=\frac{P_1\sin\theta-P_2}{P_1+P_2}P_1\cos\theta$

10-19：解：

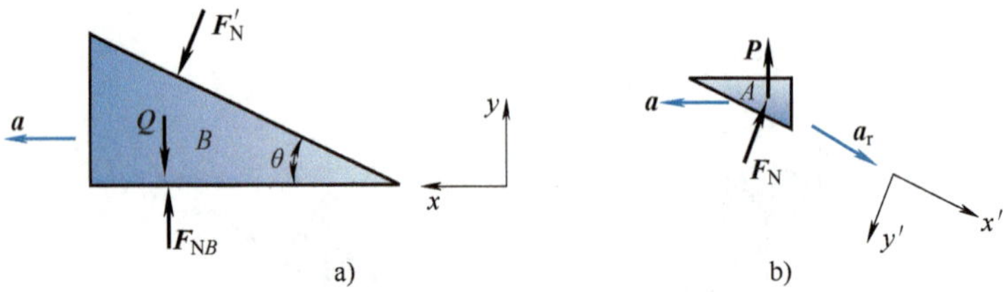

题 10-19 图

以三棱柱 A 为动点，以三棱柱 B 为动系，三棱柱 A 的加速度为

$\boldsymbol{a}_a=\boldsymbol{a}_e+\boldsymbol{a}_r$，$a_e=a$

三棱柱 A 在 y' 方向运动微分方程：$\frac{P}{g}a\sin\theta=P\cos\theta-F_N$

三棱柱 B 在 x 方向运动微分方程：$\frac{Q}{g}a=F'_N\sin\theta$

解得 $a=\frac{P\sin2\theta}{2(Q+P\sin^2\theta)}g$

10-20：解：

对系统应用动能定理：$T_2-T_1=\sum W$，$\frac{P_1}{2g}v_A^2+\frac{P_2}{2g}v_B^2=P_2l$

系统水平动量守恒：$\frac{P_1}{g}v_A+\frac{P_2}{g}v_B=0$

解得 $v_A=\sqrt{\frac{2glP_2^2}{P_1(P_1+P_2)}}$，$v_B=\sqrt{\frac{2glP_1}{P_1+P_2}}$

10-21：解：系统对轴 AC 力矩为零，动量矩守恒。

（1）小球到达点 B

动量矩守恒：$J\omega=(J+mR^2)\omega_B$ 解得 $\omega_B=\frac{J}{J+mR^2}\omega$

动能定理：$T_B-T_A=\sum W_{AB}$，$\frac{1}{2}J\omega_B^2+\frac{1}{2}mv_B^2-\frac{1}{2}J\omega^2=mgR$

解得 $v_B=\sqrt{\frac{2mgR-J\omega^2\left[\frac{J^2}{(J+mR^2)^2}-1\right]}{m}}$

（2）小球到达点 C

动量矩守恒：$J\omega=J\omega_C$ 得 $\omega_C=\omega$

动能定理：$T_C-T_A=\sum W_{AC}$，$\frac{1}{2}J\omega_C^2+\frac{1}{2}mv_C^2-\frac{1}{2}J\omega^2=2mgR$

解得 $v_C=\sqrt{4gR}$

10-22：解：

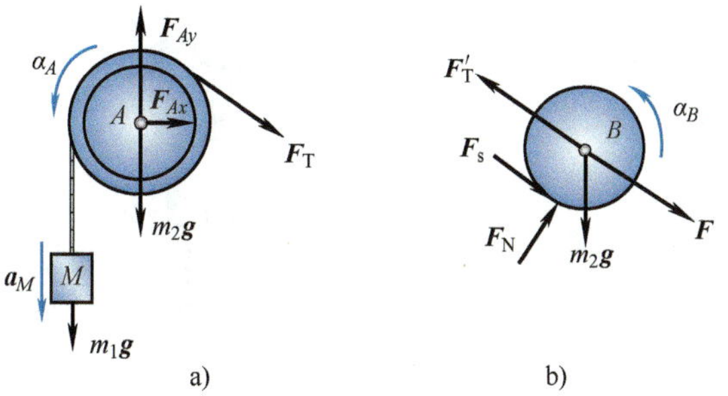

题 10-22 图

（1）求物块 M 的加速度 $\boldsymbol{a}_M$

对系统应用动能定理：$T_2-T_1=\sum W$

将 $T_1=0$

$$T_2=\frac{1}{2}m_1v_M^2+\frac{1}{2}\cdot\frac{m_2r^2}{2}\left(\frac{v_M}{r}\right)^2+\frac{1}{2}m_2v_M^2+\frac{1}{2}\cdot\frac{m_2r^2}{2}\left(\frac{v_M}{r}\right)^2=\left(\frac{1}{2}m_1+m_2\right)v_M^2$$

$$\sum W=m_Mgh-m_Bgh\sin\beta+\frac{1}{2}k(0-h^2)=(m_1g-m_2g\sin\beta)h-\frac{1}{2}kh^2$$

代入动能定理并对时间 t 求导，有

$$\left(\frac{1}{2}m_1+m_2\right)\cdot 2v_Ma_M=(m_1g-m_2g\sin\beta)v_M-khv_M$$

解得 $a_M=\dfrac{(m_1-m_2\sin\beta)g-kh}{m_1+2m_2}$

（2）求轮 A 和滚子之间绳索的张力 F_T

以物块 M 和滑轮 A 一起为研究对象，应用动量矩定理：

$$(J_M+J_A)\alpha_A=\sum M_A,\quad\left(m_1r^2+\frac{1}{2}m_2r^2\right)\cdot\frac{a_M}{r}=m_1gr-F_Tr$$

解得 $F_T=\dfrac{3m_1m_2g+(2m_1+m_2)(m_2g\sin\beta+kh)}{2(m_1+2m_2)}$

（3）求斜面对滚子的摩擦力 F_s

对滚子 B 应用动量矩定理：$J_B\alpha_B=\sum M_B$，$\dfrac{m_2r^2}{2}\cdot\dfrac{a_M}{r}=F_sr$

解得 $F_s=\dfrac{m_2[(m_1-m_2\sin\beta)g-kh]}{2(m_1+2m_2)}$

10-23：解：

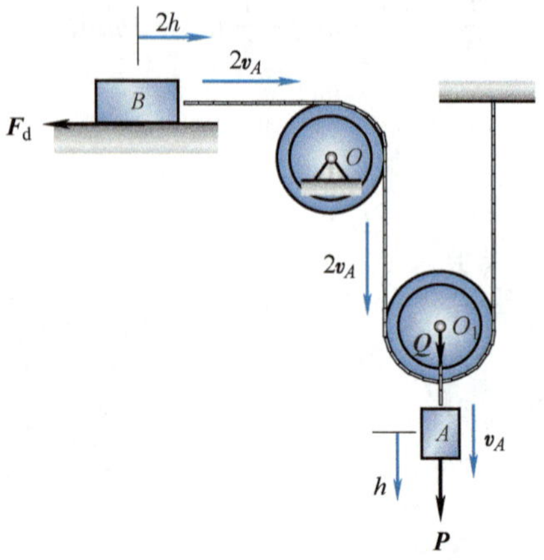

题 10-23 图

由 $J_O=\dfrac{Q}{2g}r_O^2$，$J_{O_1}=\dfrac{Q}{2g}r_{O_1}^2$，$v_B=2v_A$，$\omega_O=\dfrac{2v_A}{r_O}$，$v_{O_1}=v_A$，$\omega_{O_1}=\dfrac{v_A}{r_{O_1}}$

系统动能为 $T=\dfrac{1}{2}\cdot\dfrac{P}{g}\cdot v_A^2+\dfrac{1}{2}\cdot\dfrac{P}{g}\cdot v_B^2+\dfrac{1}{2}J_O\omega_O^2+\dfrac{1}{2}\cdot\dfrac{Q}{g}\cdot v_{O_1}^2+\dfrac{1}{2}J_{O_1}\omega_{O_1}^2=\dfrac{1}{4g}(10P+7P)v_A^2$

功为 $\sum W=(P+Q)h-fP\cdot 2h$

对系统应用动能定理：

$T_2-T_1=\sum W$，$\dfrac{1}{4g}(10P+7P)[(2v_0)^2-v_0^2]=(P+Q)h-fP\cdot 2h$

解得 $f=\dfrac{(P+Q)}{2P}-\dfrac{3v_0^2}{8hgP}(10P+7P)$

10-24：解：

（1）求鼓轮的角加速度 α

设物块 A 上升高度为 h，速度为 v，对系统应用动能定理：

$T_2-T_1=\sum W$

将 $T_2=\dfrac{1}{2}mv^2+\dfrac{1}{2}\cdot m\rho^2\left(\dfrac{v}{R}\right)^2+\dfrac{3}{4}m_C\left(\dfrac{r}{R}v\right)^2=\dfrac{v^2}{4R^2}[2m(R^2+\rho^2)+3m_Cr^2]$ 及

$\sum W=m_Cg\cdot\dfrac{hr}{R}\sin\varphi-mgh=\dfrac{hg}{R}(m_Cr\sin\varphi-mR)$

代入动能定理并对时间 t 求导，有

$\dfrac{2va}{4R^2}[2m(R^2+\rho^2)+3m_Cr^2]=\dfrac{vg}{R}(m_Cr\sin\varphi-mR)$

解得物块 A 的加速度 $a=\dfrac{2gR(m_Cr\sin\varphi-mR)}{2m(R^2+\rho^2)+3m_Cr^2}$

则鼓轮 B 的角加速度为 $\alpha=\dfrac{a}{R}=\dfrac{2g(m_Cr\sin\varphi-mR)}{2m(R^2+\rho^2)+3m_Cr^2}$

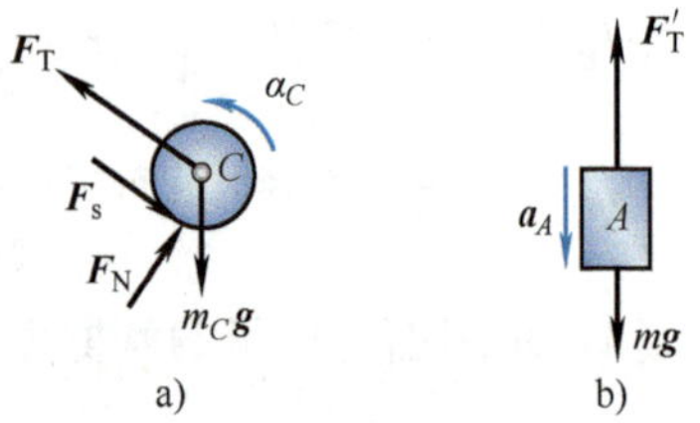

题 10-24 图

（2）求斜面的摩擦力 F_s 及连接物块 A 的绳子的张力 F_T

对圆轮 C 应用动量矩定理：$J_C\alpha_C=\sum M_C$，其中 $\alpha_C=\dfrac{a_C}{r}=\dfrac{r\alpha}{r}=\alpha$

则有$\dfrac{1}{2}m_Cr^2\alpha=F_sr$，解得 $F_s=\dfrac{m_Cr\alpha}{2}$

物块 A 的运动微分方程为 $ma=\sum F$，$mR\alpha=mg-F_T$

解得 $F_T=m(g+R\alpha)$

10-25：解：

绳 DB 折断瞬时 $\omega_{AE}=\omega_{AB}=0$，$a_A^n=0$，$a_{CA}^n=0$，有

$\boldsymbol{a}_C=\boldsymbol{a}_A^t+\boldsymbol{a}_{CA}^t$，$a_{Cy}=a_{CA}^t=\dfrac{l}{2}\alpha$

以均质棒 AB 为研究对象，其平面运动微分方程为

$ma_{Cy}=\sum F_y$，$\dfrac{P}{g}\cdot\dfrac{l}{2}\alpha=P-F$

$J_C\alpha=\sum M_C(\boldsymbol{F})$，$\dfrac{P}{12g}l^2\alpha=F\cdot\dfrac{l}{2}$

解得 $F=\dfrac{P}{4}=1\text{N}$

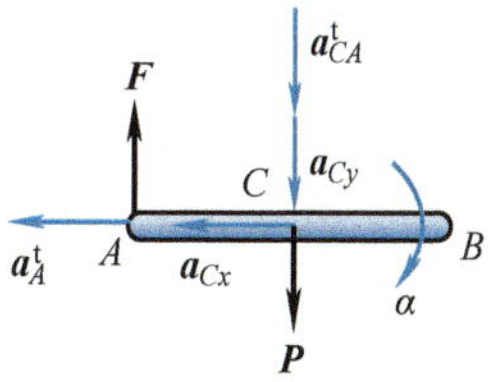

题 10-25 图

10-26：解：

（1）求 $\theta=30°$时圆柱体的角速度 ω

圆柱体机械能守恒：$T_2+V_2=T_1+V_1$

其中

$T_1=0$，$T_2=\dfrac{1}{2}J_A\omega^2=\dfrac{1}{2}\cdot\dfrac{3}{2}mr^2\omega^2=\dfrac{3}{4}mr^2\omega^2$

$V_1=0$，$V_2=mgr(\cos30°-1)$

解得 $\omega^2=\dfrac{4g}{3r}\left(1-\dfrac{\sqrt{3}}{2}\right)$

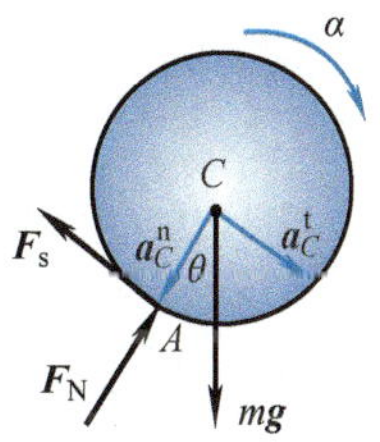

题 10-26 图

（2）求静摩擦系数 f

圆柱体平面运动微分方程为

$ma_C^n=\sum F_n$，　　$mr\omega^2=mg\cos30°-F_N$

$ma_C^t=\sum F_t$，　　$mr\alpha=mg\sin30°-F_s$

$J_C\alpha=\sum M_C(\boldsymbol{F})$，$\dfrac{1}{2}mr^2\alpha=F_sr$

$F_s=fF_N$

解得 $f=0.242$

10-27：解：

杆从铅直至 θ 角位置（A 端还未离开阶梯地面），应用动能定理：

$T_2-T_1=\sum W$，$\dfrac{1}{2}\cdot\dfrac{1}{3}ml^2\cdot\omega^2-0=mg\cdot\dfrac{l}{2}(1-\cos\theta)$

当杆运动到 θ 角时，由运动微分方程：

$J_A\alpha=\sum M_A$，$\dfrac{1}{3}ml^2\alpha=mg\cdot\dfrac{l}{2}\sin\theta$

$ma_{Cx}=\sum F_x$，$ma_C^{\mathrm{t}}\cos\theta-ma_C^{\mathrm{n}}\sin\theta=F_{Ax}$

其中 $a_C^{\mathrm{t}}=\dfrac{l}{2}\alpha$，$a_C^{\mathrm{n}}=\dfrac{l}{2}\omega^2$

当杆的 A 端开始离开阶梯地面时 $F_{Ax}=0$，解得 $\theta=48°11'23''$

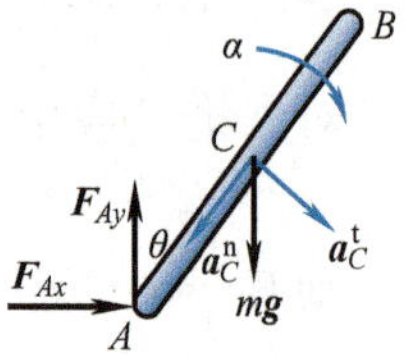

题 10-27 图

10-28：解：

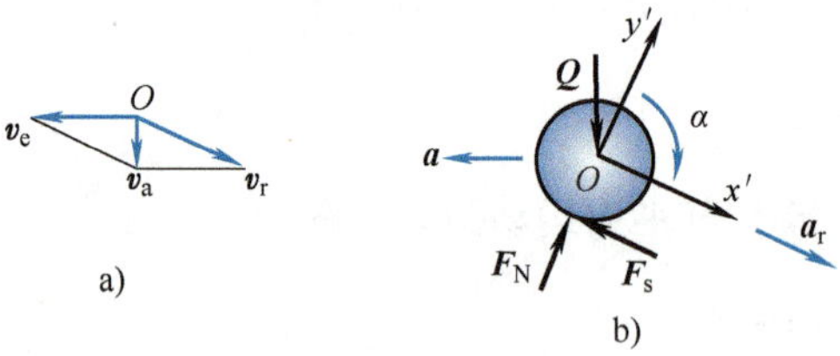

题 10-28 图

以圆柱体 O 圆心为动点，以三棱柱 ABC 为动系，圆心 O 的速度为

$\boldsymbol{v}_{\mathrm{a}}=\boldsymbol{v}_{\mathrm{e}}+\boldsymbol{v}_{\mathrm{r}}$，$v_{\mathrm{e}}=v$

系统在水平方向动量守恒：$\sum mv=0$，$\dfrac{P}{g}v+\dfrac{Q}{g}(v-v_{\mathrm{r}}\cos\theta)=0$

对时间 t 求导，得到 $a_{\mathrm{r}}=\dfrac{P+Q}{Q\cos\theta}a$

圆柱体 O 的转动微分方程 $J_O\alpha=\sum M_O$，$\dfrac{Q}{2g}r^2\cdot\dfrac{a_{\mathrm{r}}}{r}=F_{\mathrm{s}}r$

圆柱体 O 在 x' 方向运动微分方程为 $\dfrac{Q}{g}(a_{\mathrm{r}}-a\cos\theta)=Q\sin\theta-F_{\mathrm{s}}$

解得 $a=\dfrac{Q\sin2\theta}{3P+Q+2Q\sin^2\theta}g$

10-29：解：

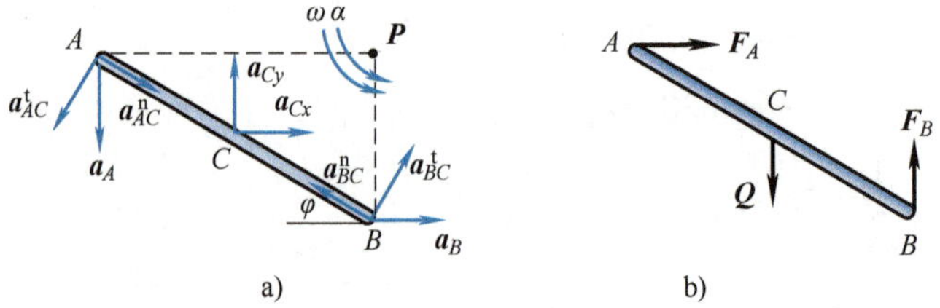

题 10-29 图

（1）求杆的角速度 ω、角加速度 α

对杆从初始至图示位置，应用动能定理：

$T_2-T_1=\sum W$

$T_1=0$, $T_2=\frac{1}{2}J_P\omega^2=\frac{1}{2}\left[\frac{Q}{12g}l^2+\frac{Q}{g}\left(\frac{l}{2}\right)^2\right]\omega^2=\frac{Q}{6g}l^2\omega^2$

$\sum W=Q\cdot\frac{l}{2}(1-\sin\varphi)$

解得 $\omega=\sqrt{\frac{3g}{l}(1-\sin\varphi)}$ （逆时针）

将动能定理对时间 t 求导，考虑到 $\dot{\varphi}=-\omega$，得到$\frac{Q}{6g}l^2\cdot 2\omega\alpha=\frac{1}{2}Ql\omega\cos\varphi$

解得 $\alpha=\frac{3g}{2l}\cos\varphi$ （逆时针）

（2）求杆在 A、B 处的约束力

以 C 为基点，研究点 A 的加速度：

$\boldsymbol{a}_A=\boldsymbol{a}_C+\boldsymbol{a}_{AC}^{t}+\boldsymbol{a}_{AC}^{n}$，$a_{AC}^{t}=\frac{l}{2}\alpha$，$a_{AC}^{n}=\frac{l}{2}\omega^2$

向 x 方向投影：$0=a_{Cx}+\frac{l}{2}\omega^2\cos\varphi-\frac{l}{2}\alpha\sin\varphi\Rightarrow a_{Cx}=\frac{l}{2}(\alpha\sin\varphi-\omega^2\cos\varphi)$

同理，点 B 的加速度 $\boldsymbol{a}_B=\boldsymbol{a}_C+\boldsymbol{a}_{BC}^{t}+\boldsymbol{a}_{BC}^{n}$，$a_{BC}^{t}=\frac{l}{2}\alpha$，$a_{BC}^{n}=\frac{l}{2}\omega^2$

向 y 方向投影：$0=a_{Cy}+\frac{l}{2}\alpha\cos\varphi+\frac{l}{2}\omega^2\sin\varphi\Rightarrow a_{Cy}=-\frac{l}{2}(\alpha\cos\varphi+\omega^2\sin\varphi)$

由杆的运动微分方程：

$\sum F_x=ma_{Cx}$，　　$F_A=\frac{Ql}{2g}(\alpha\sin\varphi-\omega^2\cos\varphi)$

$\sum F_y=ma_{Cy}$，　　$F_B=Q+ma_{Cy}$

解得 $F_A=\frac{9}{4}Q\cos\varphi\left(\sin\varphi-\frac{2}{3}\right)$，　　$F_B=\frac{Q}{4}\left[1+9\sin\varphi\left(\sin\varphi-\frac{2}{3}\right)\right]$

10-30：解：

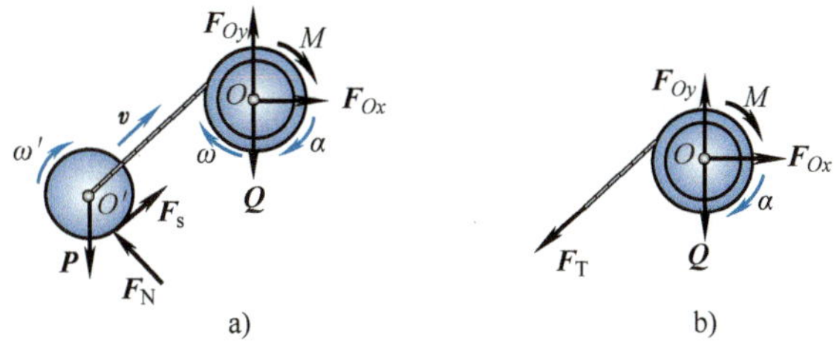

题 10-30 图

（1）求鼓轮的角加速度

设圆柱体圆心 O'沿斜面向上走过位移 s，鼓轮 O 转过 φ 角。

$J_{O'}=\frac{P}{2g}R^2$，$J_O=\frac{Q}{2g}R^2$，$v=R\omega$，$\omega'=\frac{v}{R}=\omega$，$s=R\varphi$

对系统应用动能定理：

$T_2-T_1=\sum W$，$\frac{P}{2g}v^2+\frac{1}{2}J_{O'}(\omega')^2+\frac{1}{2}J_O\omega^2=M\varphi-Ps\sin\theta$

则有$\frac{3P+Q}{4g}R^2\omega^2=(M-PR\sin\theta)\varphi$

对时间 t 求导，得到鼓轮 O 角加速度

$$\alpha=\frac{2(M-PR\sin\theta)}{R^2(3P+Q)}g$$

（2）求轴承 O 的水平约束力

以鼓轮 O 为研究对象，其运动微分方程为

$ma_{Ox}=\sum F_x$，　　$0=F_{Ox}-F_T\cos\theta$

$J_O\alpha=\sum M_O(\boldsymbol{F})$，　　$\frac{Q}{2g}R^2\alpha=M-F_TR$

解得 $F_{Ox}=\frac{P}{R(3P+Q)}\left(3M\cos\theta+\frac{QR}{2}\sin2\theta\right)$

10-31：解：

圆柱体受动滑动摩擦力为

$F_d=f'F_N=f'mg$

以圆柱体为研究对象，其平面运动微分方程为

$ma_{Ox}=\sum F_x$，　　$m\frac{d^2s}{dt^2}=f'mg$

$J_O\alpha=\sum M_O(\boldsymbol{F})$，　　$\frac{1}{2}mr^2\cdot\frac{d\omega}{dt}=f'mgr$

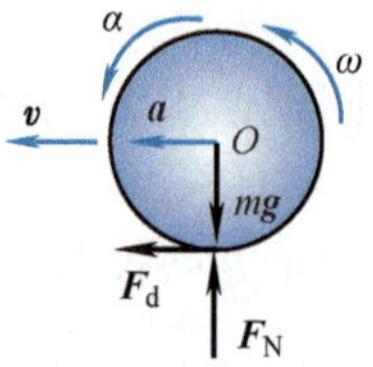

题 10-31 图

积分可得

$$s=\frac{1}{2}f'gt^2\Rightarrow t=\sqrt{\frac{2s}{f'g}}$$

$$\omega=\frac{2f'g}{r}t=\frac{2f'g}{r}\sqrt{\frac{2s}{f'g}}=\frac{2}{r}\sqrt{2f'gs}$$

《理论力学（Ⅰ）》 第 11 章

11-1：解：

a）$F_I=ma$

b）$F_I^t=ma_C^t=me\alpha$，$F_I^n=ma_C^n=me\omega^2$，$M_{IO}=J_O\alpha=\left(\frac{1}{2}mR^2+me^2\right)\alpha$

c）$F_I=ma_C=mR\alpha$，$M_{IC}=J_C\alpha=\frac{1}{2}mR^2\alpha$

d）$F_I^t=ma_C^t=\frac{1}{2}ml\alpha$，$F_I^n=ma_C^n=\frac{1}{2}ml\omega^2$，$M_{IO}=J_O\alpha=\frac{1}{3}ml^2\alpha$

e）$a_C=a_A$，$F_I=ma_C=O_1A\cdot\omega^2$

f）齿轮Ⅱ平动，$F_{\mathrm{I}}^{\mathrm{t}}=ma_A^{\mathrm{t}}=ml\alpha$，$F_{\mathrm{I}}^{\mathrm{n}}=ma_A^{\mathrm{n}}=ml\omega^2$

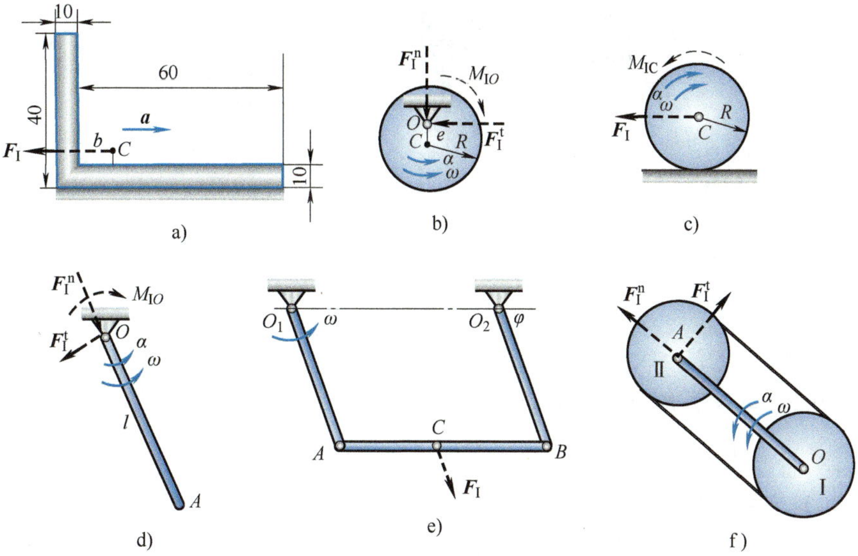

题 11-1 图

11-2：解：

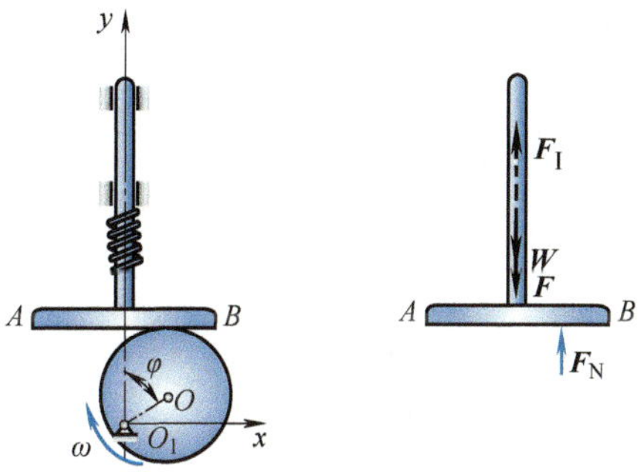

题 11-2 图

建立如题 11-2 图所示坐标系，导板：$y=e\cos\omega t+r$，$\ddot{y}=-e\omega^2\cos\omega t$，$F_{\mathrm{I}}=\dfrac{W}{g}\ddot{y}=\dfrac{W}{g}e\omega^2\cos\omega t$

对导板应用达朗贝尔原理：$\sum F_y=0$，$F_{\mathrm{N}}+F_{\mathrm{I}}-W-F=0$

当 $\varphi=\omega t=0$ 时，F_{N} 取得极限值，$F=k(2e+b)$

保证 $F_{\mathrm{N}}\geqslant 0$，解得 $k\geqslant\dfrac{W(e\omega^2-g)}{(2e+b)g}$

11-3：解：

轮 C：$\sum M_O=0$，$(F_{\mathrm{T1}}-F_{\mathrm{T}})r=0$，得 $F_{\mathrm{T1}}=F_{\mathrm{T}}$

$F_{\mathrm{T2}}=F_{\mathrm{T1}}=F_{\mathrm{T}}$，$F_{\mathrm{I}P}=\dfrac{Pa}{g}$，$F_{\mathrm{I}Q}=\dfrac{2Qa}{g}$

重物 Q：$\sum F_y=0$，$F_{\mathrm{T}}+F_{\mathrm{I}Q}-Q-3=0$

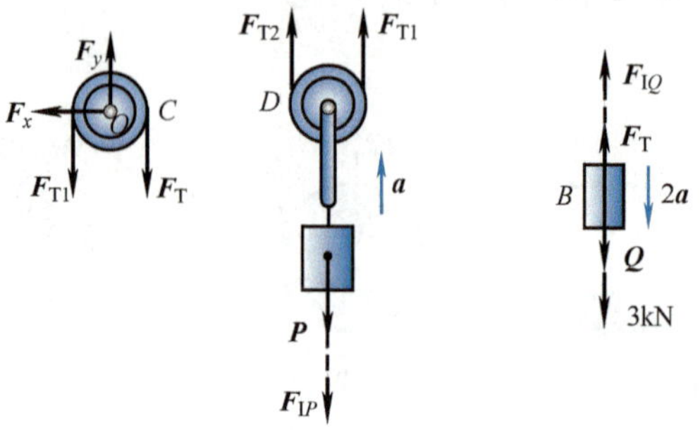

题 11-3 图

轮 D 和重物 P：$\sum F_y=0$，$F_{T1}+F_{T2}-P-F_{IP}=0$

解得 $a=0.377\text{m/s}^2$，$F_{T2}=10.38\text{kN}$

11-4：解：

设装载机转弯时的速度为 $\boldsymbol{v}$，$a=\dfrac{v^2}{\rho}$，$F_I=\dfrac{P}{g}a=\dfrac{Pv^2}{g\rho}$

（1）求转弯不打滑不翻倒的极限速度

装载机 $\sum F_y=0$，$F_{NA}+F_{NB}-P=0$

$\sum F_x=0$，$F_A+F_B-F_I=0$

$\sum M_A=0$，$F_I h-P\cdot\dfrac{b}{2}+F_N b=0$

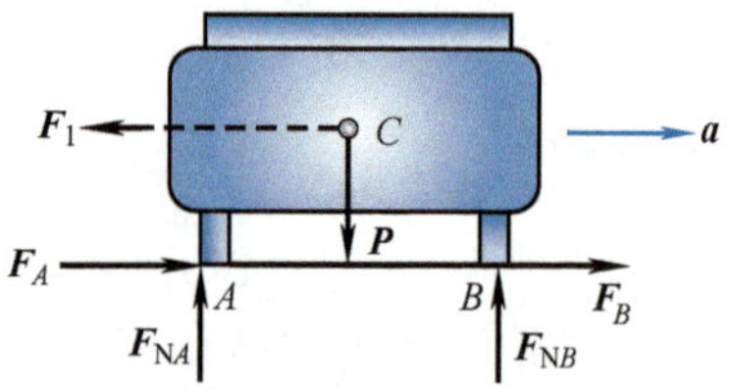

题 11-4 图

摩擦力应满足 $F_A\leqslant fF_{NA}$，$F_B\leqslant fF_{NB}$

保证不翻到的条件为 $F_N\geqslant 0$，解得

装载机转弯不打滑的极限速度 $v_{max1}=\sqrt{fg\rho}$

装载机转弯不翻倒的极限速度 $v_{max2}=\sqrt{\dfrac{bg\rho}{2h}}$

（2）求当转弯速度较大时，先打滑后翻倒的条件

$v_{max1}<v_{max2}$，$\sqrt{fg\rho}<\sqrt{\dfrac{bg\rho}{2h}}$，解得 $h<\dfrac{b}{2f}$

（3）求极限速度的大小

当 $\rho_{min}=\left(5.70-\dfrac{2.25}{2}\right)\text{m}$，$b=2.25\text{m}$，$f=0.5$ 时，极限速度为 $v_{max}=\sqrt{fg\rho}=17\text{km/h}$

11-5：解：

货箱：$\sum F_y=0$，$F_N-P=0$，得到 $F_N=P$，$F_I=ma$

（1）考虑打滑的情况，如题 11-5 图 a 所示，$\sum F_x=0$，$F_f-F_I=0$

摩擦力应满足 $-fF_N\leqslant F_f\leqslant fF_N$

解得保证不打滑的加速度的最大值为 $a_{max1}=0.35g$

（2）考虑翻倒的问题，如题 11-5 图 b 所示，$\sum M_A=0$，$F_I\dfrac{h}{2}-mg\cdot\dfrac{d}{2}=0$

解得 $a_{max2}=\dfrac{d}{h}g=0.5g$

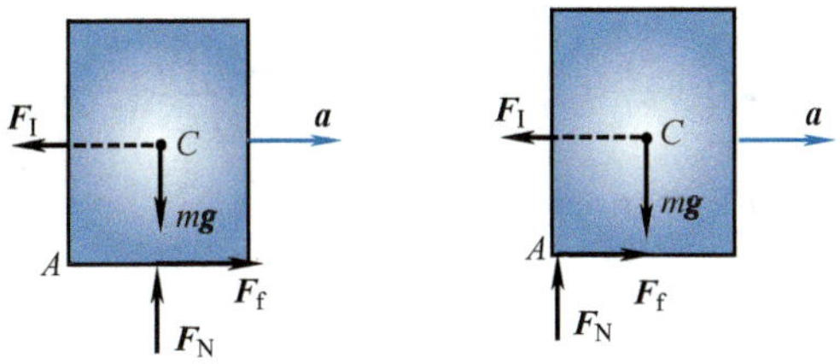

题 11-5 图

综上，小车安全运送时所允许的最大加速度为 $a_{max}=a_{max1}=0.35g$

11-6：解：

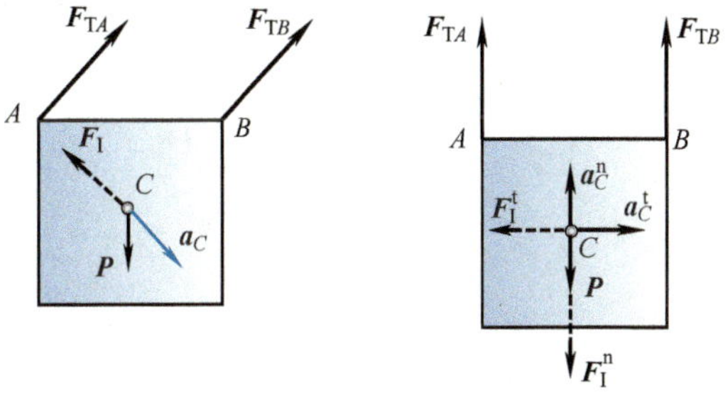

题 11-6 图

(1) 软绳 FG 剪断后，$a_B^n=0$，$a_B=a_B^t$，$a_C=a_B$，$F_I=\dfrac{P}{g}a_C$

木板：$\sum F_x=0$，$(F_{TA}+F_{TB})\cos60°-F_I\cos30°=0$

$\sum F_y=0$，$(F_{TA}+F_{TB})\sin60°+F_I\sin30°-P=0$

$\sum M_C=0$，$(F_{TB}-F_{TA})\sin60°\cdot\dfrac{b}{2}-(F_{TA}+F_{TB})\cos60°\cdot\dfrac{b}{2}=0$

解得 $a_C=\dfrac{1}{2}g=4.9\text{m/s}^2$，$F_{TA}=7.32\text{N}$，$F_{TB}=27.32\text{N}$

(2) 当 AD 和 BE 两绳位于铅直位置时，$F_I^t=\dfrac{P}{g}a_C^t$，$F_I^n=\dfrac{P}{g}a_C^n$

木板：$\sum F_x=0$，$F_I^t=0$

$\sum F_y=0$，$F_{TA}+F_{TB}-F_I^n-P=0$

$\sum M_C=0$，$(F_{TB}-F_{TA})\cdot\dfrac{b}{2}=0$

木板从初始至两绳铅直：$T_2-T_1=\sum W$，$\dfrac{P}{2g}v_C^2-0=Pl_{BE}(1-\sin60°)$

解得 $a_C^n=\dfrac{v_B^2}{l_{BE}}=\dfrac{v_C^2}{l_{BE}}=(2-\sqrt{3})g$，$F_{TA}=F_{TB}=25.36\text{N}$

11-7：解：

绳 EH 剪断瞬时，板：$a_C^n=0$，$a_C=a_C^t=\dfrac{\sqrt{2}}{2}b\alpha$，$F_I=\dfrac{\sqrt{2}Pb}{2g}\alpha$，$M_{IC}=\dfrac{Pb^2}{6g}\alpha$

$\sum F_x=0$，$F_{Ax}-F_I\cos45°=0$

$\sum F_y=0$，$F_{Ay}+F_I\sin45°-P=0$

$\sum M_A=0$，$M_{IC}+F_I\cdot\dfrac{\sqrt{2}}{2}b-P\cdot\dfrac{b}{2}=0$

解得 $\alpha=\dfrac{3g}{4b}$，$F_{Ax}=\dfrac{3}{8}P(\rightarrow)$，$F_{Ay}=\dfrac{5}{8}P(\uparrow)$

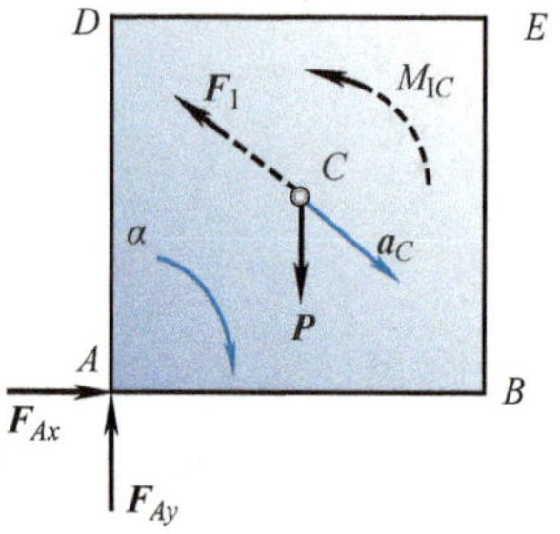

题 11-7 图

11-8：解：

绳索断掉瞬时，杆 AB：$a_C^n=0$，$a_C=a_C^t=\dfrac{l}{2}\alpha$，$F_I=\dfrac{Wl}{2g}\alpha$，$M_{IC}=\dfrac{Wl^2}{12g}\alpha$

$\sum M_A=0$，$M_{IC}+F_I\cdot\dfrac{l}{2}-P\cdot\dfrac{l}{2}=0$

$\sum F_x=0$，$F_{Ax}=0$

$\sum F_y=0$，$F_{Ay}+F_I-W=0$

解得 $\alpha=\dfrac{3g}{2l}$，$F_{Ax}=0$，$F_{Ay}=\dfrac{W}{4}(\uparrow)$，$a_B=l\alpha=\dfrac{3}{2}g$

11-9：解：

杆 AB：$F_I^t=ma_A^t=m\cdot OC\cdot\alpha$，$F_I^n=m\cdot OC\cdot\omega^2$，$M_{IC}=\dfrac{ml^2}{12}\alpha$，$OC=\sqrt{r^2+\left(\dfrac{l}{2}\right)^2}$

$\sum M_A=0$，$M_A+M_{IC}+F_I^t\sin\varphi\dfrac{l}{2}+F_I^n\cos\varphi\dfrac{l}{2}=0=0$

$\sum F_x=0$，$F_{Ax}-F_I^t\cos\varphi+F_I^n\sin\varphi=0$

$\sum F_y=0$，$F_{Ay}+F_I^t\sin\varphi+F_I^n\cos\varphi=0$

解得 $M_A=-\left(\dfrac{m}{2}lr\omega^2+\dfrac{m}{3}l^2\alpha\right)$（顺时针），$F_{Ax}=mr\alpha-\dfrac{m}{2}l\omega^2(\rightarrow)$，$F_{Ay}=-\dfrac{m}{2}l\alpha-mr\omega^2(\downarrow)$

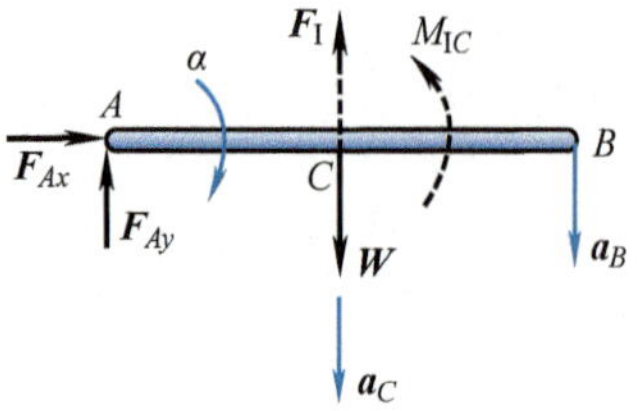

题 11-8 图

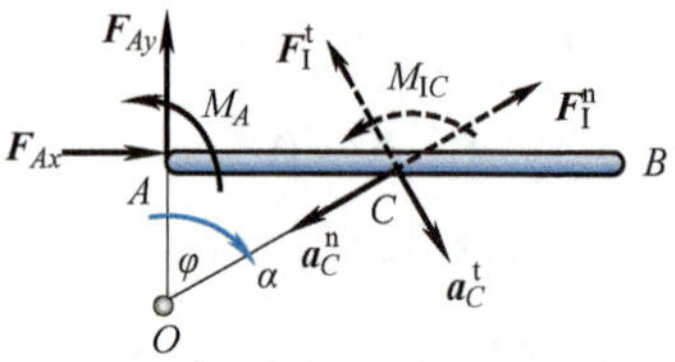

题 11-9 图

11-10：解：

惯性力的合力 $\boldsymbol{F}_{IR}$ 在杆 AB 上距离 A 端 $\dfrac{2}{3}l$ 处，$F_{IR}=\dfrac{P}{g}a_C=\dfrac{P}{2g}l\omega^2\sin\beta$

杆 AB：$\sum M_A=0$，$F_{IR}\cdot\frac{2}{3}l\cos\beta-P\cdot\frac{l}{2}\sin\beta=0$

$\sum F_x=0$，$F_{Ax}+F_{IR}=0$

$\sum F_z=0$，$F_{Az}-P=0$

解得 $\beta=\arccos\frac{3g}{2l\omega^2}$，$F_{Ax}=-\frac{Pl}{2g}\omega^2\sqrt{1-\left(\frac{3g}{2l\omega^2}\right)^2}$，$F_{Az}=P$

则有 $F_A=\sqrt{F_{Ax}^2+F_{Az}^2}=\frac{Pl\omega^2}{2g}\sqrt{1+\frac{7g^2}{4l^2\omega^4}}$

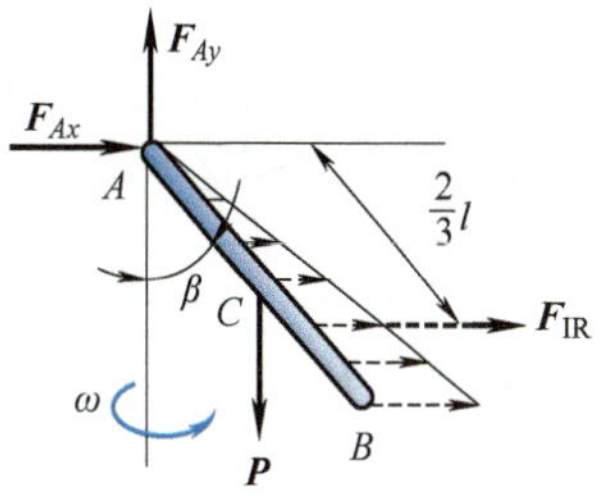

题 11-10 图

11-11：解：

设两杆的重量分别为 P_1、P_2，$\frac{P_1}{P_2}=\frac{a}{b}$

$F_{IR_1}=\frac{P_1}{g}a_{C_1}=\frac{P_1a}{2g}\omega^2\sin\varphi$，$F_{IR_2}=\frac{P_2}{g}a_{C_2}=\frac{P_2b}{2g}\omega^2\cos\varphi$

对两杆应用达朗贝尔原理：

$\sum M_O=0$，$P_1\cdot\frac{a}{2}\sin\varphi-P_2\cdot\frac{b}{2}\cos\varphi-F_{IR_1}\cdot\frac{2}{3}a\cos\varphi+F_{IR_2}\cdot\frac{2}{3}b\sin\varphi=0$

解得 $\omega^2=3g\frac{b^2\cos\varphi-a^2\sin\varphi}{(b^3-a^3)\sin2\varphi}$

11-12：解：

杆 AB：$a_C=OC\omega^2=\frac{1}{2}l\omega^2$，$F_I=ma_C=\frac{1}{2}ml\omega^2$

杆 AB：$\sum F_x=0$，$F_T-F_I\cos\varphi=0$

解得 $F_T=30\text{N}$

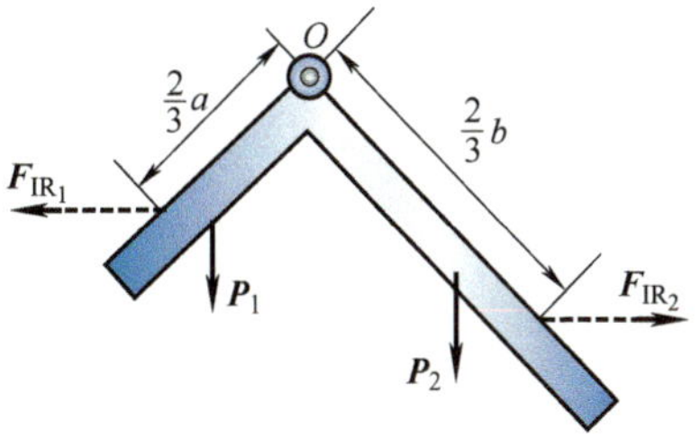

题 11-11 图

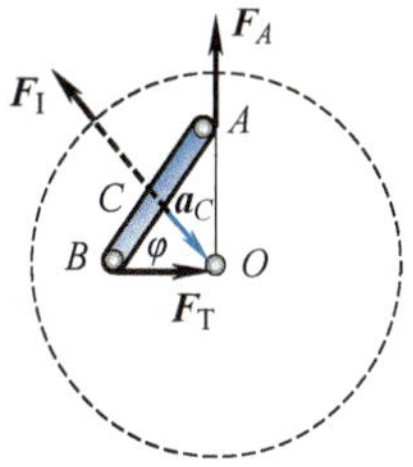

题 11-12 图

11-13：解：

撤去销 B 瞬时，平板：$a_C^n=0$，$a_C=a_C^t=\frac{\sqrt{a^2+b^2}}{2}\alpha$

$F_I=\frac{m\sqrt{a^2+b^2}}{2}\alpha$，$M_{IA}=\left[\frac{m}{12}(a^2+b^2)+m\left(\frac{a^2+b^2}{4}\right)\right]\alpha=\frac{m}{3}(a^2+b^2)\alpha$

$\sum M_A=0$，$M_{IA}-mg\cdot\frac{a}{2}=0$

$\sum F_x=0$，$F_{Ax}+F_{\mathrm{I}}\cos\varphi=0$

$\sum F_y=0$，$F_{Ay}+F_{\mathrm{I}}\sin\varphi-mg=0$

解得 $\alpha=47\mathrm{rad/s^2}$，$F_{Ax}=-95\mathrm{N}(\leftarrow)$，$F_{Ay}=138\mathrm{N}(\uparrow)$

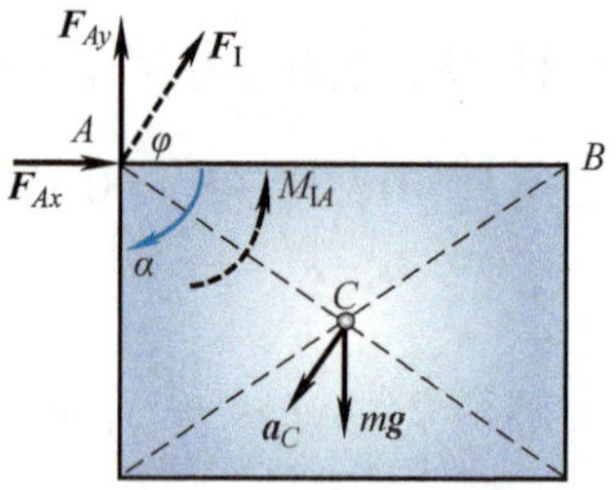

题 11-13 图

11-14：解：

杆 AB：$F_{\mathrm{I}}^{\mathrm{t}}=\dfrac{W}{g}\cdot OC\cdot\alpha$，$F_{\mathrm{I}}^{\mathrm{n}}=\dfrac{W}{g}\cdot OC\cdot\omega^2$，$M_{\mathrm{I}C}=\dfrac{WR^2}{6g}\alpha$

$\sum F_x=0$，$F_{Ax}-\dfrac{\sqrt{2}}{2}(F_{\mathrm{I}}^{\mathrm{t}}+F_{\mathrm{I}}^{\mathrm{n}})=0$

$\sum M_O=0$，$F_{\mathrm{I}}^{\mathrm{t}}\dfrac{\sqrt{2}}{2}R+M_{\mathrm{I}C}-F_{Ay}R=0$

$\sum M_A=0$，$F_{\mathrm{I}}^{\mathrm{n}}\dfrac{\sqrt{2}}{2}R+M_{\mathrm{I}C}-F_{NB}R=0$

解得 $F_{Ax}=30.6\mathrm{N}(\rightarrow)$，$F_{Ay}=16.3\mathrm{N}(\uparrow)$，$F_{NB}=22.4\mathrm{N}(\downarrow)$

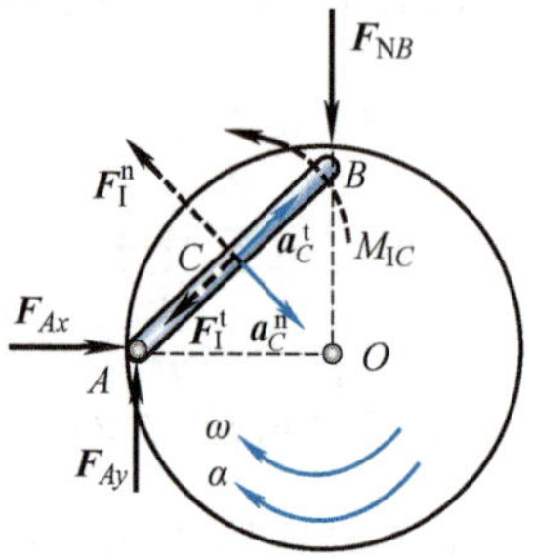

题 11-14 图

11-15：解：

轮做平面运动，以 O 为基点：

$\boldsymbol{a}_C=\boldsymbol{a}_O+\boldsymbol{a}_{CO}^{\mathrm{t}}+\boldsymbol{a}_{CO}^{\mathrm{n}}$，$a_O=R\alpha$，$a_{CO}^{\mathrm{t}}=r\alpha$，$a_{CO}^{\mathrm{n}}=r\omega^2$

投影得 $a_{Cx}=a_O+a_{CO}^{\mathrm{n}}=R\alpha+r\omega^2$，$a_{Cy}=a_{CO}^{\mathrm{t}}=r\alpha$

惯性力为 $F_{\mathrm{I}x}=m(R\alpha+r\omega^2)$，$F_{\mathrm{I}y}=mr\alpha$，$M_{\mathrm{I}C}=m\rho^2\alpha$

轮：$\sum M_A=0$，$M_{\mathrm{I}C}+F_{\mathrm{I}x}R+(F_{\mathrm{I}y}+mg)r=0$

解得 $\alpha=-51.3\mathrm{rad/s^2}$（逆时针）

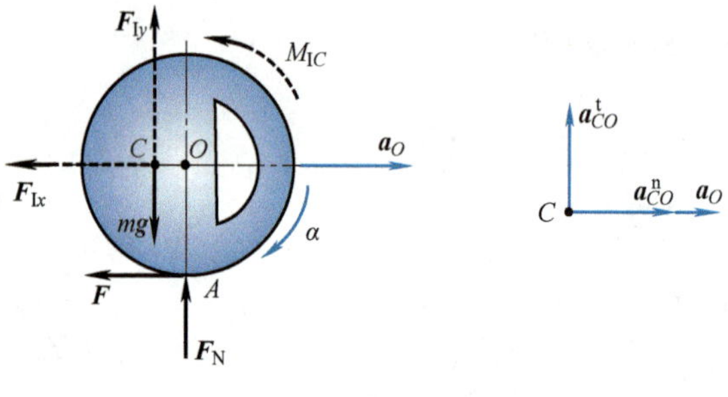

题 11-15 图

11-16：解：

（1）$F_{\mathrm{I}A}=F_{\mathrm{I}B}=\dfrac{Q}{4g}a$，$M_{\mathrm{I}A}=M_{\mathrm{I}B}=\dfrac{Qr}{8g}a$

滚子 A：$\sum M_E=0$，$M_{\mathrm{I}A}+F_{\mathrm{I}A}r-F'_{sA}\cdot 2r=0$

滚子 B：$\sum M_D=0$，$M_{\mathrm{I}B}+F_{\mathrm{I}B}r-F'_{sB}\cdot 2r=0$

解得 $F'_{sA}=F'_{sB}=\dfrac{3Q}{16g}a$

（2）板：$F_{\mathrm{I}}=\dfrac{Q}{g}a$，$\sum F_x=0$，$P-F_{\mathrm{I}}-F_{sA}-F_{sB}=0$，解得 $a=\dfrac{8P}{11Q}g$

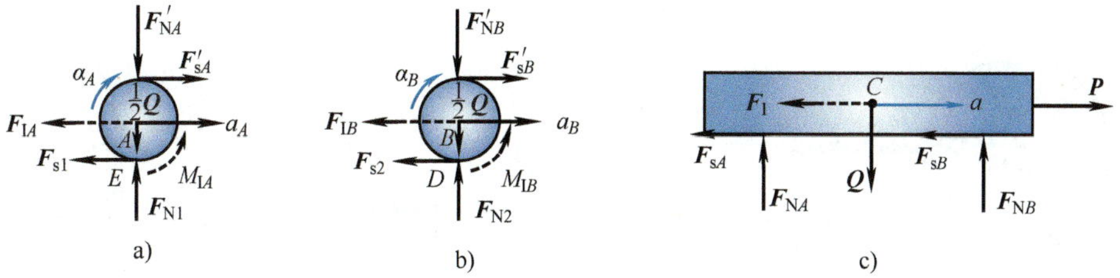

题 11-16 图

11-17：解：

由于滚子 C 的速度瞬心为点 P，$v_A=(R-r)\omega$，$a_A=(R-r)\alpha$，$a_C=r\alpha=\dfrac{r}{R-r}a_A$

（1）重物 A：$F_{IA}=m_A a_A$，$\sum F_y=0$，$F_{IA}+F_T-m_A g=0$

（2）滚子 C 和滑轮 B：$F_I=\dfrac{m_C r}{R-r}a_A$，$M_{IC}=\dfrac{m_C\rho^2}{R-r}a_A$

$\sum M_P=0$，$F'_T(R-r)-M_{IC}-F_I r=0$

解得 $a=\dfrac{m_A(R-r)^2}{m_A(R-r)^2+m_C(r^2+\rho^2)}g(\downarrow)$

11-18：解：

以 A 为基点，$\boldsymbol{a}_B=\boldsymbol{a}_A+\boldsymbol{a}_{BA}^t+\boldsymbol{a}_{BA}^n$

其中 $a_{BA}^n=0$，$a_{BA}^t=l\alpha$，$a_B^n=0$，$\boldsymbol{a}_B=\boldsymbol{a}_B^t$

向 $\boldsymbol{a}_A$ 方向投影：$a_A=a_{BA}^t\sin\theta=l\alpha\sin\theta$

再以 A 为基点，$\boldsymbol{a}_C=\boldsymbol{a}_A+\boldsymbol{a}_{CA}^t+\boldsymbol{a}_{CA}^n$，$a_{CA}^n=0$，$a_{CA}^t=\dfrac{l}{2}\alpha$

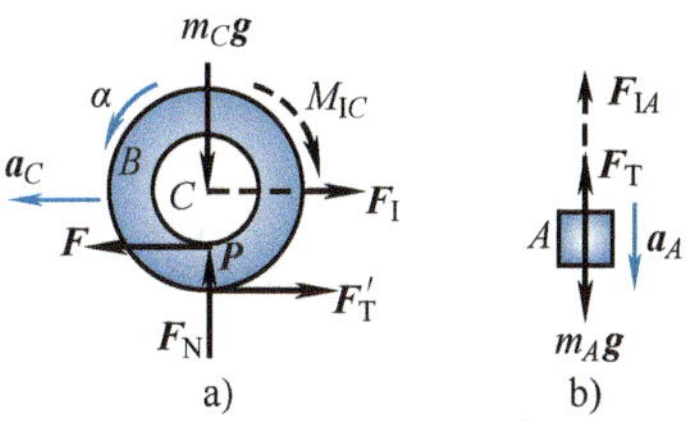

题 11-17 图

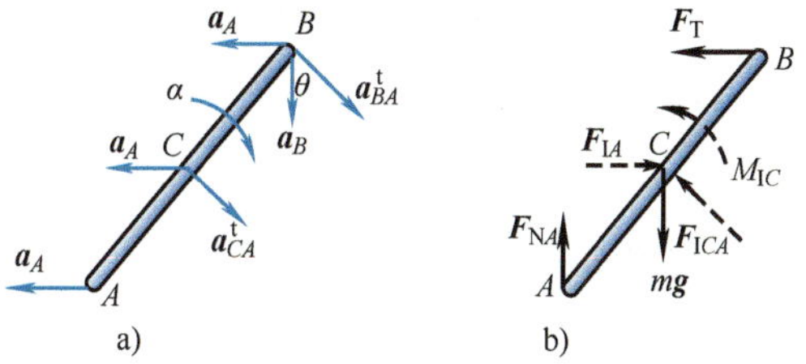

题 11-18 图

杆 AB：$F_{IA}=ml\alpha\sin\theta$，$F_{ICA}=\dfrac{ml}{2}\alpha$，$M_{IC}=\dfrac{ml^2}{12}\alpha$

$\sum F_x=0$，$F_{IA}-F_{ICA}\sin\theta-F_T=0$

$\sum F_y=0$，$F_{NA}+F_{ICA}\cos\theta-mg=0$

$\sum M_C=0$，$M_{IC}-F_{NA}\cdot\dfrac{l}{2}\cos\theta+F_T\cdot\dfrac{l}{2}\sin\theta=0$

解得 $\alpha=3.53\text{rad/s}^2$，$F_T=176.4\text{N}$，$F_{NA}=357.6\text{N}$

11-19：解：

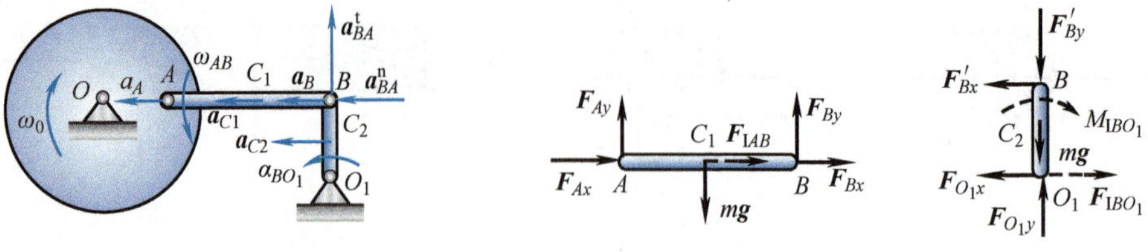

a)　　b)　　c)

题 11-19 图

(1) 对杆 AB 和 BO_1 施加惯性力

$v_B=0$，$\omega_{AB}=\dfrac{v_A}{2r}=\dfrac{\omega_0}{2}$，$\omega_{BO_1}=0$，$a_B^{n}=0$

以 A 为基点，$\boldsymbol{a}_B=\boldsymbol{a}_A+\boldsymbol{a}_{BA}^{t}+\boldsymbol{a}_{BA}^{n}$

其中，$a_A=r\omega_0^2$，$a_{BA}^{t}=2r\alpha_{AB}$，$a_{BA}^{n}=\dfrac{r\omega_0^2}{2}$，$a_B=r\alpha_{BO_1}$

向 $\boldsymbol{a}_{BA}^{t}$ 方向投影：$0=a_{BA}^{t}=2r\alpha_{AB}$，解得 $\alpha_{AB}=0$

向 $\boldsymbol{a}_B$ 方向投影：$a_B=a_A+a_{BA}^{n}$，解得 $\alpha_{BO_1}=\dfrac{3\omega_0^2}{2}$

以 A 为基点，$a_{C1}=a_A+a_{C_1A}=r\omega_0^2+r\omega_{AB}^2=\dfrac{5}{4}r\omega_0^2$

$F_{IAB}=\dfrac{5}{2}mr^2\omega_0^2$，$M_{IBO_1}=\dfrac{1}{2}mr^3\omega_0^2$

(2) 求作用在杆 AB 上 A 点和 B 点的力

杆 BO_1：$\sum M_C=0$　$F'_{Bx}r-M_{IBO_1}=0$　解得 $F'_{Bx}=\dfrac{1}{2}mr^2\omega_0^2$

杆 AB：

$\sum F_x=0$，$F_{Ax}+F_{IAB}+F_{Bx}=0$

$\sum M_B=0$，$2rmg\cdot r-F_{Ay}\cdot 2r=0$

$\sum M_A=0$，$F_{By}\cdot 2r-2rmg\cdot r=0$

解得 $F_{Ax}=-3mr^2\omega_0^2$，$F_{Ay}=mgr$，$F_{By}=mgr$

11-20：解：

(1) 求角速度 ω 和角加速度 α

$T_2-T_1=\sum W$，$\dfrac{1}{2}\cdot\dfrac{1}{3}ml^2\cdot\omega^2-0=mg\,\dfrac{l}{2}(1-\cos\theta)$

当 $\theta=90°$时，$\omega=\sqrt{\dfrac{3g}{l}}$

将动能定理对时间求导，解得 $\alpha=\dfrac{3g}{2l}$

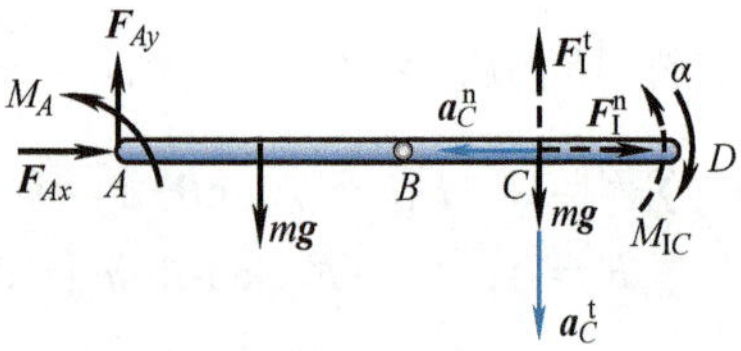

题 11-20 图

（2）求 A 端约束力

$$F_{\mathrm{I}}^{\mathrm{t}}=m\cdot\frac{l}{2}\alpha=\frac{3}{4}mg,\quad F_{\mathrm{I}}^{\mathrm{n}}=m\cdot\frac{l}{2}\omega^2=\frac{3}{2}mg,\quad M_{\mathrm{IC}}=\frac{ml^2}{12}\alpha=\frac{1}{8}mgl$$

取整体为研究对象，应用达朗贝尔原理：

$\sum F_x=0$，$F_{Ax}+F_{\mathrm{I}}^{\mathrm{n}}=0$

$\sum F_y=0$，$F_{Ay}-2mg+F_{\mathrm{I}}^{\mathrm{t}}=0$

$\sum M_A=0$，$M_A-mg\cdot\frac{1}{2}l-mg\cdot\frac{3}{2}l+F_{\mathrm{I}}^{\mathrm{t}}\cdot\frac{3}{2}l+M_{\mathrm{IC}}=0$

解得 $F_{Ax}=-\frac{3}{2}mg$，$F_{Ay}=\frac{5}{4}mg$，$M_A=\frac{3}{4}mgl$

11-21：解：

（1）求圆柱体运动到点 A 时质心加速度 a_C 和角加速度 α

$v_C=r\omega$，$a_C=r\alpha$

$T_2-T_1=\sum W$

其中，$T_1=0$，$T_2=\frac{P}{2g}v_C^2+\frac{1}{2}J_C\omega^2=\frac{P}{2g}v_C^2+\frac{1}{2}\cdot\frac{P}{2g}r^2\cdot\left(\frac{v_C}{r}\right)^2=\frac{3P}{4g}v_C^2$

则有 $\frac{3P}{4g}v_C^2=Ps\sin\theta$

将上式对时间求导，解得 $a_C=\frac{2}{3}g\sin\theta$

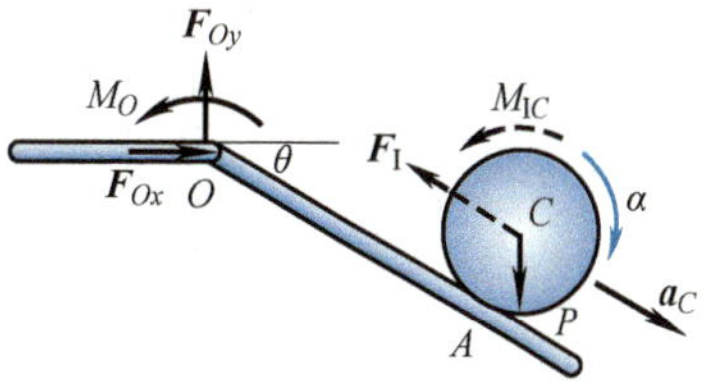

题 11-21 图

（2）求圆柱体运动到点 A 时，平板在点 O 的约束力

$F_{\mathrm{I}}=\frac{P}{g}a_C=\frac{2}{3}P\sin\theta$，$M_{\mathrm{IC}}=J_C\alpha=\frac{P}{2g}r^2\cdot\left(\frac{a_C}{r}\right)=\frac{1}{3}Pr\sin\theta$

取整体为研究对象，应用达朗贝尔原理：

$\sum F_x=0$，$F_{Ox}-F_{\mathrm{I}}\cos\theta=0$

$\sum F_y=0$，$F_{Oy}+F_{\mathrm{I}}\sin\theta-P=0$

$\sum M_O=0$，$M_O-P\cos\theta\cdot s-P\sin\theta\cdot r+F_{\mathrm{I}}r+M_{\mathrm{IC}}=0$

解得 $F_{Ax}=\frac{1}{3}P\sin2\theta$，$F_{Ay}=P\left(1-\frac{2}{3}\sin^2\theta\right)$，$M_A=Ps\cos\theta$

11-22：解：

杆 AB 做平面运动，以 A 为基点，$\boldsymbol{a}_C=\boldsymbol{a}_A+\boldsymbol{a}_{CA}^{\mathrm{t}}+\boldsymbol{a}_{CA}^{\mathrm{n}}$，$a_{CA}^{\mathrm{t}}=\frac{l}{2}\alpha$，$a_{CA}^{\mathrm{n}}=0$

$F_{\mathrm{I}A}=ma_A$，$F_{\mathrm{I}CA}=ma_{CA}^{\mathrm{t}}=\frac{1}{2}ml\alpha$，$M_{\mathrm{IC}}=J_C\alpha=\frac{1}{12}ml^2\alpha$

滚子和杆 AB：

$\sum F_x=0$，$F_{\mathrm{I}CA}\cos\beta-F_{\mathrm{I}A}+mg\sin\beta=0$

$\sum F_y=0$，$F_{\mathrm{N}}+F_{\mathrm{I}CA}\sin\beta-mg\cos\beta=0$

$\sum M_C=0$，$M_{\mathrm{IC}}-F_{\mathrm{N}}\cdot\frac{l}{2}\sin\beta=0$

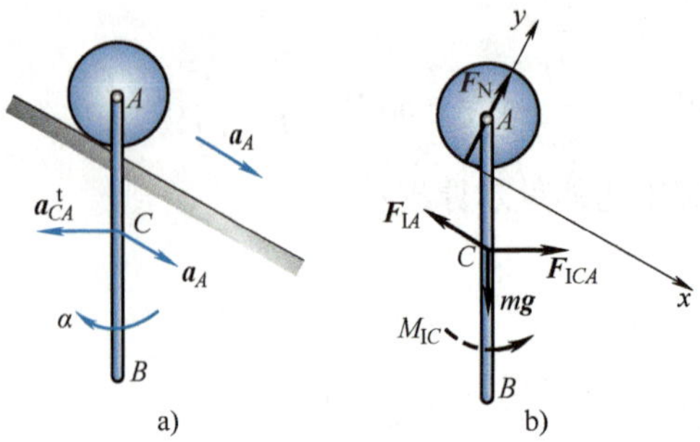

题 11-22 图

解得 $\alpha=12.1\text{rad/s}^2$，$a_A=11.2\text{m/s}^2$，$F_N=14.5\text{N}$

11-23：解：

（1）求两重物的加速度

$$T_2-T_1=\sum W,\ \frac{P_1+P_2}{2g}v^2-T_1=(P_2-P_1)h$$

解得 $a=\dfrac{P_2-P_1}{P_1+P_2}g$

（2）求杆 CD 的受力

两重物：$F_{I1}=\dfrac{P_1}{g}a=\dfrac{P_2-P_1}{P_1+P_2}P_1$，$F_{I2}=\dfrac{P_2}{g}a=\dfrac{P_2-P_1}{P_1+P_2}P_2$

滑轮 B：$\sum F_y=0$，$F_B-P_1-P_2-F_{I1}+F_{I2}=0$

得到 $F_B=\dfrac{4P_1P_2}{P_1+P_2}$

杆 AB 和杆 CD：$\sum M_A=0$，$F_{DC}\sin\theta\cdot a-F'_Bb=0$

解得 $F_{DC}=\dfrac{4P_1P_2}{P_1+P_2}\cdot\dfrac{b}{a\sin\theta}$

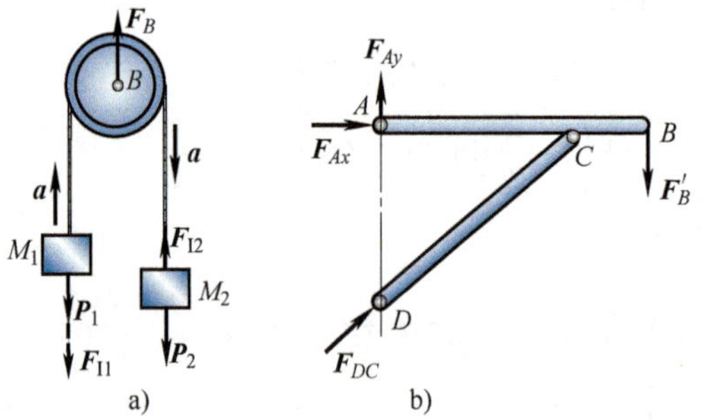

题 11-23 图

11-24：解：

以 A 为基点，$\boldsymbol{a}_C=\boldsymbol{a}_A+\boldsymbol{a}_{CA}^t+\boldsymbol{a}_{CA}^n$，$a_A^n=0$，$\boldsymbol{a}_A=\boldsymbol{a}_A^t$，$a_{CA}^n=0$，$a_{CA}^t=\dfrac{l}{2}\alpha$

$$F_{IA}=ma_A,\ F_{ICA}=ma_{CA}^t=\frac{ml}{2}\alpha,\ M_{IC}=J_C\alpha=\frac{ml^2}{12}\alpha$$

杆：

$\sum F_x=0$，$F_{IA}\cos\theta-F_T\sin\theta=0$

$\sum F_y=0$，$F_T\cos\theta+F_{ICA}+F_{IA}\sin\theta-mg=0$

$\sum M_C=0$，$M_{IC}-F_T\cdot\dfrac{l}{2}\cos\theta=0$

解得 $a_A=\dfrac{\sin\theta}{4\cos^2\theta+\sin^2\theta}g$，$F_T=\dfrac{mg\cos\theta}{4\cos^2\theta+\sin^2\theta}$

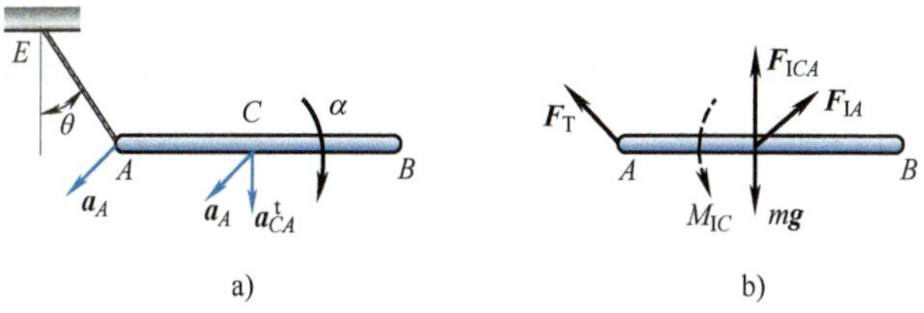

题 11-24 图

11-25：解：

（1）求当 OA 边到水平时物块的角速度 ω

速度瞬心为点 P，$v_C=\dfrac{1}{2}l\omega$

$T_1=0$，$T_2=\dfrac{1}{2}mv_C^2+\dfrac{1}{2}J_C\omega^2=\dfrac{1}{2}m\left(\dfrac{1}{2}l\omega\right)^2+\dfrac{1}{2}\cdot\dfrac{1}{6}ml^2\cdot\omega^2=\dfrac{5}{24}ml^2\omega^2$

$T_2-T_1=\sum W$，$\dfrac{5}{24}ml^2\omega^2=mgl\left(\dfrac{\sqrt{2}}{2}-\dfrac{1}{2}\right)$

解得 $\omega=6.24\text{rad/s}$

（2）求质心加速度 a_C 与角速度 ω 以及角加速度 α 之间的关系

以 O 为基点，$\boldsymbol{a}_C=\boldsymbol{a}_O+\boldsymbol{a}_{CO}^t+\boldsymbol{a}_{CO}^n$，$a_{CO}^t=\dfrac{\sqrt{2}}{2}l\alpha$，$a_{CA}^n=\dfrac{\sqrt{2}}{2}l\omega^2$

向 a_C 方向投影：$a_C=\dfrac{\sqrt{2}}{2}(a_{CO}^t+a_{CO}^n)=\dfrac{l}{2}(\alpha+\omega^2)$

（3）求当 OA 边到水平时物块的角加速度 α 以及滚轴 O 的约束力 F_N

$F_I=ma_C=\dfrac{ml}{2}(\alpha+\omega^2)$，$M_{IC}=J_C\alpha=\dfrac{ml^2}{6}\alpha$

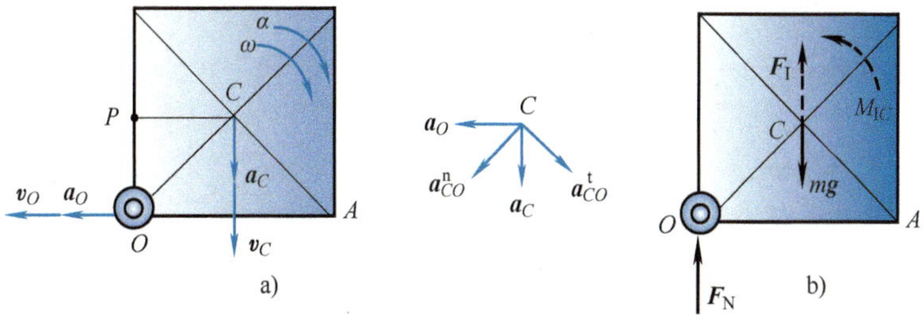

题 11-25 图

由达朗贝尔原理：

$\sum F_y=0$，$F_N+F_I-mg=0$

$\sum M_O=0$，$M_{IC}+(F_I-mg)\dfrac{l}{2}=0$

解得 $\alpha=23.68\text{rad/s}^2$，$F_N=3.95\text{N}$

11-26：解：

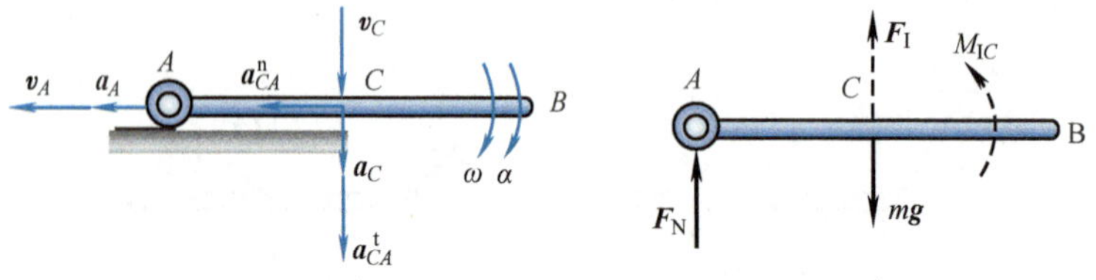

题 11-26 图

1）求当杆 AB 处于水平时其角速度 ω

速度瞬心在点 A，$v_C=\dfrac{1}{2}l\omega$

对杆 AB 从铅垂至水平应用动能定理：$T_2-T_1=\sum W$

其中，$T_1=0$，$T_2=\dfrac{1}{2}mv_C^2+\dfrac{1}{2}J_C\omega^2=\dfrac{1}{2}m\left(\dfrac{1}{2}l\omega\right)^2+\dfrac{1}{2}\cdot\dfrac{1}{12}ml^2\cdot\omega^2=\dfrac{1}{6}ml^2\omega^2$

则有$\dfrac{1}{6}ml^2\omega^2=mg\cdot\dfrac{l}{2}$

解得 $\omega=\sqrt{\dfrac{3g}{l}}$

2）求当杆 AB 处于水平时其角加速度 α 以及滚轴 A 受地面的约束力 F_N

以 A 为基点，$\boldsymbol{a}_C=\boldsymbol{a}_A+\boldsymbol{a}_{CA}^t+\boldsymbol{a}_{CA}^n$

向 a_C 方向投影：$a_C=a_{CA}^t=\dfrac{1}{2}l\alpha$

$F_I=ma_C=\dfrac{ml}{2}\alpha$，$M_{IC}=J_C\alpha=\dfrac{ml^2}{12}\alpha$

由达朗贝尔原理：

$\sum F_y=0$，$F_N+F_I-mg=0$

$\sum M_A=0, M_{IC}+(F_I-mg)\dfrac{l}{2}=0$

解得 $\alpha=\dfrac{3g}{2l}$，$F_N=\dfrac{1}{4}mg$

11-27：解：

圆盘：

$F_{Ix}=my_C\alpha+mx_C\omega^2$，$F_{Iy}=-mx_C\alpha+my_C\omega^2$，$F_{Iz}=0$

$M_{Ix}=J_{xz}\alpha-J_{yz}\omega^2$，$M_{Iy}=J_{yz}\alpha+J_{xz}\omega^2$，$M_{Iz}=J_z\alpha$

由达朗贝尔原理：

$\sum F_x=0$，$F_{Ax}+F_{Bx}=0$

$\sum F_y=0$，$F_{Ay}+F_{By}+F_{Iy}=0$

$\sum M_x=0$，$a(F_{By}-F_{Ay})+M_{Ix}=0$

$\sum M_y=0$，$a(F_{Ax}-F_{Bx})=0$

解得

$F_{Ax}=F_{Bx}=0$

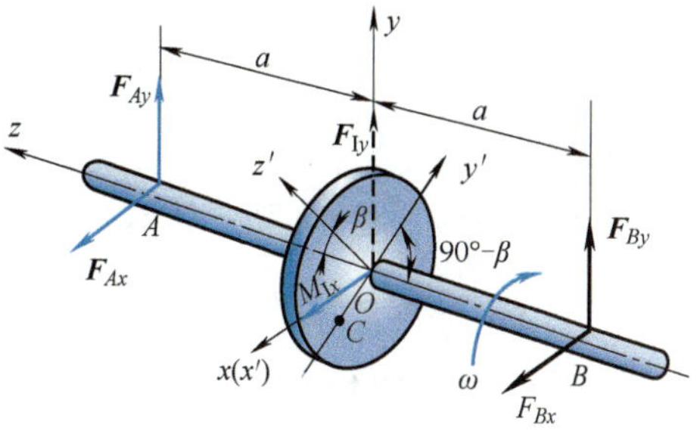

题 11-27 图

$$F_{Ay}=\frac{m}{2}\omega^2\left(e\cos\beta+\frac{r^2+4e^2}{8a}\sin2\beta\right),\ F_{By}=\frac{m}{2}\omega^2\left(e\cos\beta-\frac{r^2+4e^2}{8a}\sin2\beta\right)$$

《理论力学（Ⅰ）》 第 12 章

12-1：解：

由虚功方程：$\sum\delta W_F=0$，$P\delta r_B\sin\theta-Q\delta r_C=0$

杆 AB：$\delta r_B\cos(2\theta-90°)=\delta r_C\sin\theta$，$\delta r_B=\dfrac{1}{2\cos\theta}\delta r_C$

代入虚功方程，有$\left(\dfrac{1}{2}P\tan\theta-Q\right)\cdot\delta r_C=0$

由于 $\delta r_C\neq0$，解得 $Q=\dfrac{1}{2}P\tan\theta$

12-2：解：

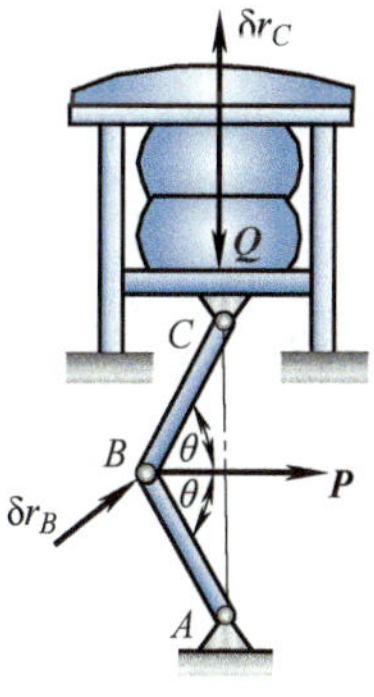

题 12-1 图

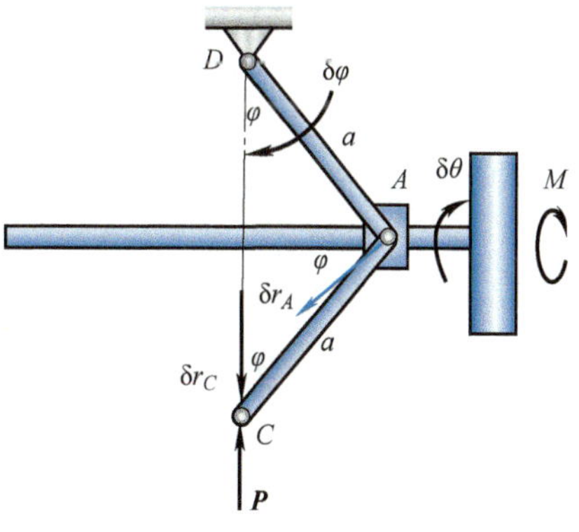

题 12-2 图

由虚功方程：$\sum\delta W_F=0$，$M\delta\theta-P\delta r_C=0$

由 $\delta r_A=a\delta\varphi$，$\delta r_A\cos(90°-2\varphi)=\delta r_C\cos\varphi$

得 $\delta r_C=2a\sin\varphi\delta\varphi$

再由$\dfrac{\delta\theta}{2\pi}=\dfrac{\delta r_A\cos\varphi}{h}=\dfrac{a\cos\varphi\delta\varphi}{h}$

得 $\delta\theta=\dfrac{2\pi a\cos\varphi\delta\varphi}{h}$

考虑 $\delta\varphi\neq0$，解得 $P=\dfrac{M\pi}{h}\cot\varphi$

12-3：解：

由虚功方程：$\sum\delta W_F=0$，$Q\delta r_A-P\delta r_E=0$

$\delta r_E=\delta r_B=\dfrac{BC}{AC}\delta r_A=\dfrac{1}{10}\delta r_A$

考虑 $\delta r_A\neq0$，解得 $P=10\text{kN}$

12-4：解：

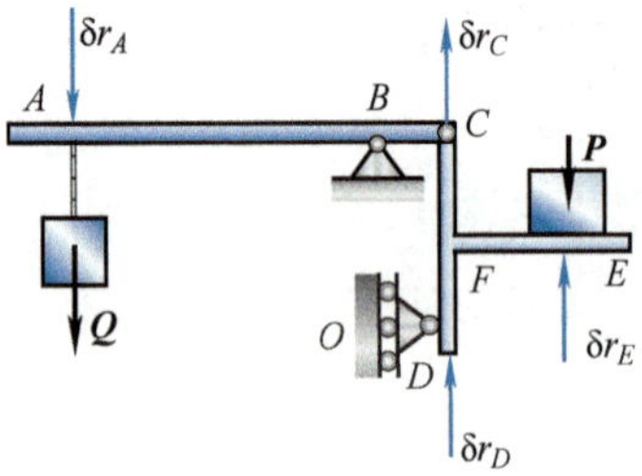

题 12-3 图

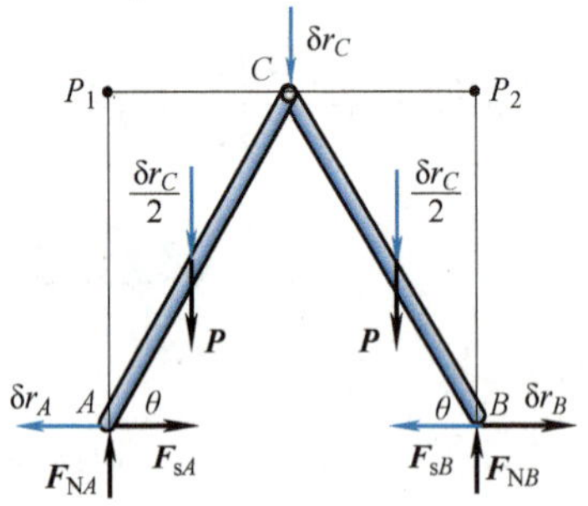

题 12-4 图

由于 $F_{sA}=F_{sB}$，$\delta r_A=\delta r_B$，则虚功方程为

$\sum\delta W_F=0$，$2P\cdot\dfrac{1}{2}\delta r_C-2F_s\delta r_A=0$

其中虚位移关系$\dfrac{\delta r_C}{P_1C}=\dfrac{\delta r_A}{P_1A}\Rightarrow\delta r_C=\delta r_A\cot\theta$

摩擦力须满足$-fP\leqslant F_s\leqslant fP$

考虑 $\delta r_A\neq0$，解得 $\theta_{\min}=\arctan\dfrac{1}{2f}$

12-5：解：

由虚功方程：$\sum\delta W_F=0$，$M_1\delta\theta_1-M_2\delta\theta_2=0$

$\delta\boldsymbol{r}_a=\delta\boldsymbol{r}_e+\delta\boldsymbol{r}_r$，$\delta r_e=\delta r_a\cos\varphi$，$\delta\theta_1=\dfrac{\delta r_a}{OA}$，$\delta\theta_2=\dfrac{\delta r_e}{O_1A}=\dfrac{\delta r_a\cos\varphi}{2OA\cos\varphi}=\dfrac{1}{2}\delta\theta_1$

考虑 $\delta\theta_1\neq0$，解得 $M_2=2M_1$

12-6：解：

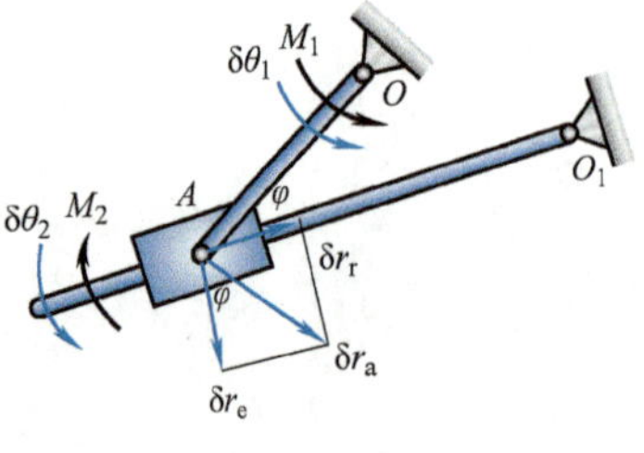

题 12-5 图

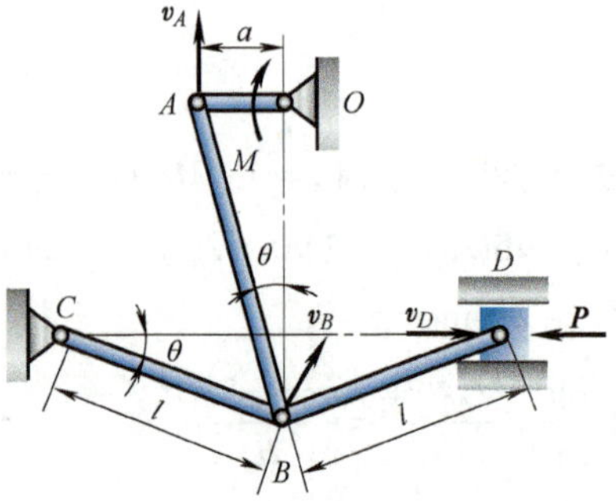

题 12-6 图

由虚功方程：$\sum\delta W_F=0$，$M\delta\varphi-P\delta r_D=0$

由 $v_B\cos2\theta=v_A\cos\theta$，$v_B\sin2\theta=v_D\cos\theta\Rightarrow v_D=v_A\tan2\theta$

$$\frac{\delta\varphi}{\delta r_D}=\frac{v_A}{av_D}=\frac{\cot2\theta}{a}$$

解得 $P=M\dfrac{\delta\varphi}{\delta r_D}=\dfrac{M}{a}\cot2\theta$

12-7：解：

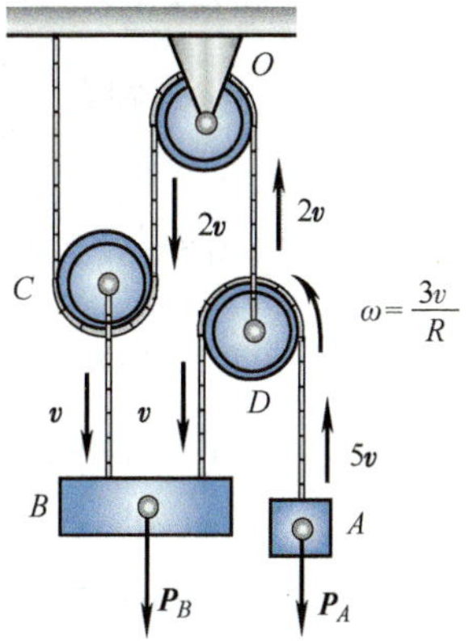

题 12-7 图

由虚功方程：$\sum\delta W_F=0$，$P_B\delta r_B-P_A\delta r_A=0$

有$\dfrac{P_B}{P_A}=\dfrac{\delta r_A}{\delta r_B}=\dfrac{v_A}{v_B}$

假设轮 C 轮心速度为 v，由运动学关系：$\dfrac{v_A}{v_B}=\dfrac{5v}{v}=5$

解得 $P_B=5P_A$

12-8：解：

由虚功方程：$\sum\delta W_F=0$，$M\delta\theta-F\delta r_r=0$

$F=k\left(\dfrac{0.3}{\cos\theta}-0.3\right)$，$AD=\dfrac{0.3}{\cos\theta}$，$\delta r_e=AD\cdot\delta\theta$，$\delta r_r=\delta r_e\tan\theta$

考虑 $\delta\theta\neq0$，解得 $M=450\sin\theta(1-\cos\theta)\sec^3\theta\text{N}\cdot\text{m}$

12-9：解：

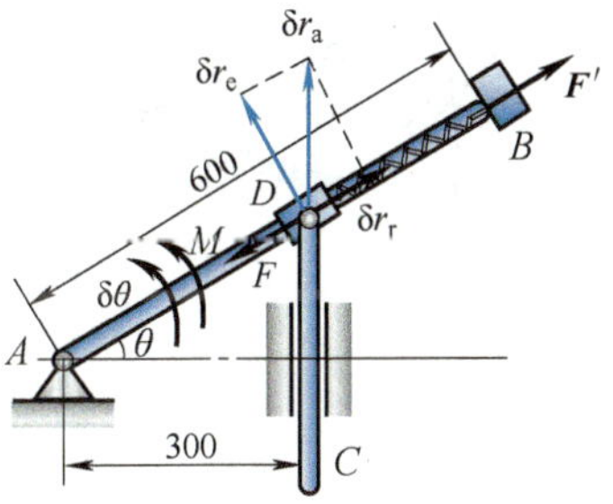

题 12-8 图

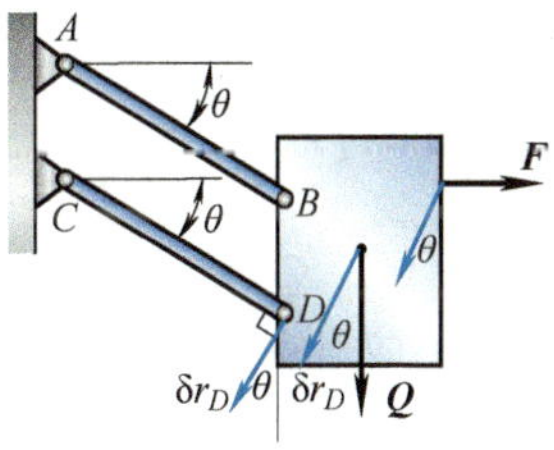

题 12-9 图

板平动，力 $\boldsymbol{Q}$、$\boldsymbol{F}$ 作用点的虚位移都等于 $\delta\boldsymbol{r}_D$，由虚功方程：

$\sum\delta W_F=0$，$Q\cos\theta\delta r_D-F\delta r_D\sin\theta=0$

考虑 $\delta r_D\neq0$，解得 $F=173\text{N}$

12-10：解：

由虚功方程：$\sum\delta W_F=0$，$Q\cos\theta\delta r_D+M\delta\theta=0$

$\delta\theta=\dfrac{\delta r_B}{AB}$，$\delta r_B=\delta r_D$

考虑 $\delta r_D\neq0$，解得 $M=17.3\text{N}\cdot\text{m}$

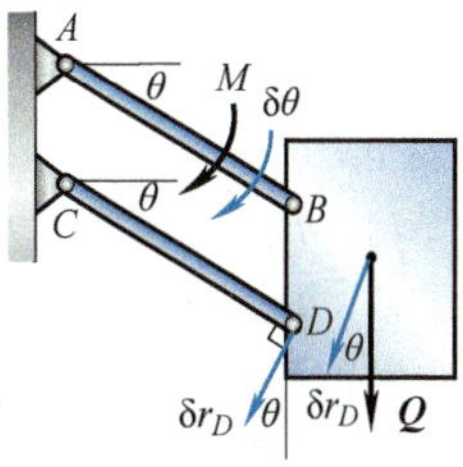

题 12-10 图

12-11：解：

由虚功方程：$\sum\delta W_F=0$，$P\delta\left(\dfrac{l_1}{2}\sin\varphi_1\right)+Q\delta\left(\dfrac{l_2}{2}\sin\varphi_2\right)=0$

即 $Pl_1\cos\varphi_1\delta\varphi_1+Ql_2\cos\varphi_2\delta\varphi_2=0$

设两铅直墙间距为 d，$l_1\cos\varphi_1+l_2\cos\varphi_2=d$，将其变分得 $-l_1\sin\varphi_1\delta\varphi_1-l_2\sin\varphi_2\delta\varphi_2=0$

考虑 $\delta\varphi_1\neq0$，则有$\dfrac{\tan\varphi_1}{\tan\varphi_2}=\dfrac{P}{Q}$

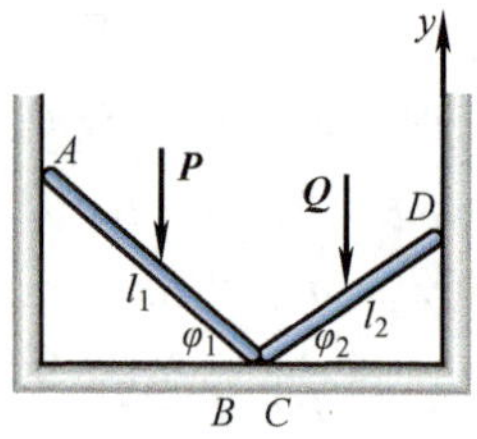

题 12-11 图

12-12：解：

虚功方程为$\sum F_x\delta x=0$，$F_k\delta x_D-F'_k\delta x_E+F\delta x_C=0$

弹簧力为 $F_k=F'_k=k\dfrac{b}{l}(x-a)$

各力作用点 x 方向坐标为

$$\begin{cases}x_D=(l-b)\cos\theta\\x_E=(l+b)\cos\theta\\x_C=2l\cos\theta\end{cases}\quad\text{变分得}\quad\begin{cases}\delta x_D=-(l-b)\sin\theta\delta\theta\\\delta x_E=-(l+b)\sin\theta\delta\theta\\\delta x_C=-2l\sin\theta\delta\theta\end{cases}$$

考虑 $\delta\theta\neq0$，解得 $x=a+\dfrac{Fl^2}{kb^2}$

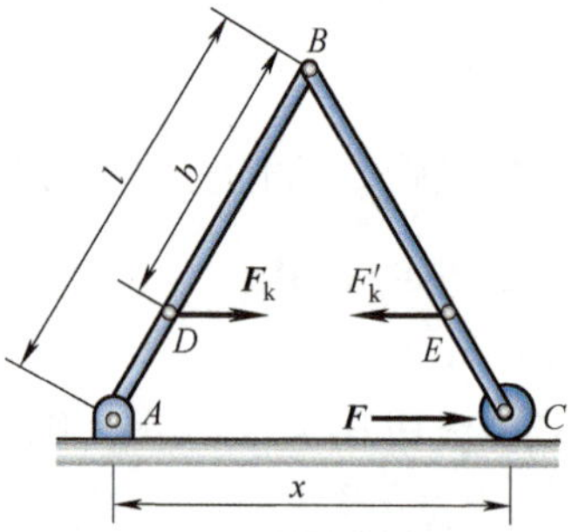

题 12-12 图

12-13：解：

由虚功方程：$\sum F_y\delta y=0$，$P\delta y_E+P\delta y_H+Q\delta y_C=0$

设 $AB=BC=l$，有

$$y_E=\frac{l}{2}\sin(\varphi+\theta)$$

$$y_H=2l\cos\varphi\sin\theta-\frac{l}{2}\sin(\varphi-\theta)$$

$$y_C=2l\cos\varphi\sin\theta$$

变分得

$$\delta y_E=\frac{l}{2}\cos(\varphi+\theta)\delta\varphi$$

$$\delta y_H=-2l\sin\theta\sin\varphi\delta\varphi-\frac{l}{2}\cos(\varphi-\theta)\delta\varphi$$

$$\delta y_C=-2l\sin\theta\sin\varphi\delta\varphi$$

考虑 $\delta\varphi\neq0$，解得 $\tan\varphi=\dfrac{P}{2(P+Q)}\cot\theta$

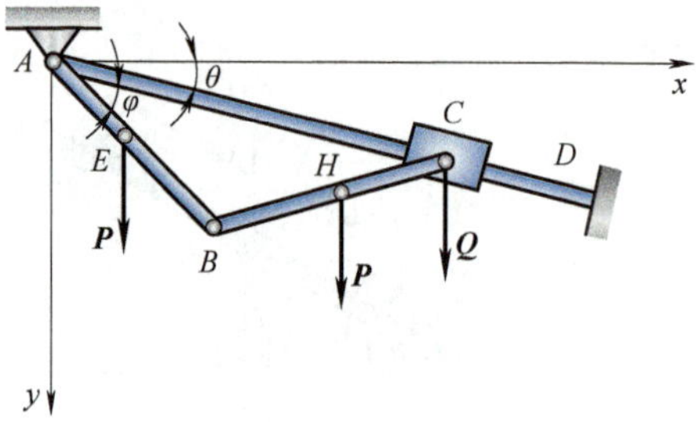

题 12-13 图

12-14：解：

由虚功方程：$\sum\delta W_F=0$，$M\varphi_{O_1A}-P\delta r_C=0$，

$$\frac{M}{P}=\frac{\delta r_C}{\varphi_{O_1A}}=\frac{v_C}{\omega_{O_1A}}$$

$$\frac{v_A}{v_B}=\frac{P_1A}{P_1B}=\frac{L+L\tan30^\circ}{L/\cos30^\circ}=\frac{\sqrt{3}+1}{2},\quad\frac{v_C}{v_B}=\frac{P_2C}{P_2B}=\frac{1}{2}$$

导出$\dfrac{v_C}{\omega_{O_1A}}=\dfrac{Lv_C}{v_A}=\dfrac{L}{\sqrt{3}+1}$

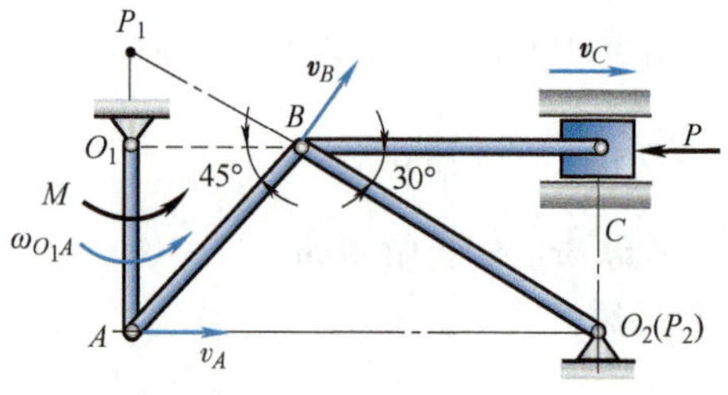

题 12-14 图

解得 $\dfrac{M}{P}=0.366L$

12-15：解：

建立 Axy 直角坐标系，虚功方程为

$\sum(F_x\delta x+F_y\delta y)=0$，$F_k\delta x_D-F_k'\delta x_E-W\delta y_B=0$

$F_k=F_k'=k(2b\cos\theta-l)$

$$\begin{cases}x_D=a\cos\theta\\x_E=(a+2b)\cos\theta\\y_B=(a+b)\sin\theta\end{cases}\quad 变分得\begin{cases}\delta x_D=-a\sin\theta\delta\theta\\\delta x_E=-(a+2b)\sin\theta\delta\theta\\\delta x_C=(a+b)\cos\theta\delta\theta\end{cases}$$

考虑 $\delta\theta\neq0$，解得 $\left(\cos\theta-\dfrac{l}{2b}\right)\tan\theta=\dfrac{W(a+b)}{4kb^2}$

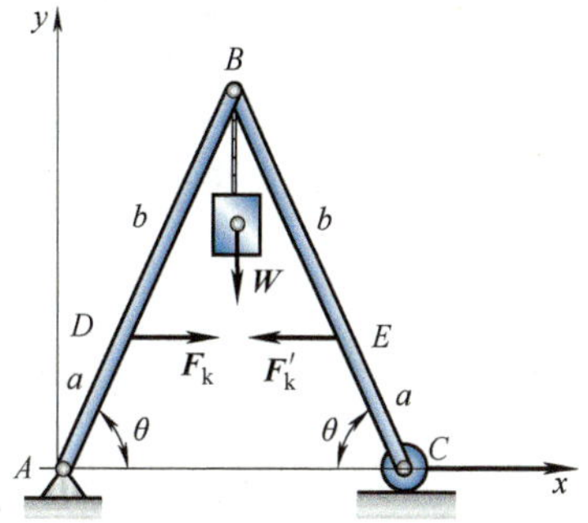

题 12-15 图

12-16：解：

设 $\angle OAB=\angle OBA=\varphi$

由虚功方程：$\sum\delta W_F=0$，$W\cos(\varphi+\theta)\delta r_A-\dfrac{W}{2}\cos(\varphi-\theta)\delta r_B=0$

$\delta r_A=\delta r_B=R\delta\alpha$，且 $\delta\alpha\neq0$，解得 $\theta=\arctan0.25=14°2'$

12-17：解：

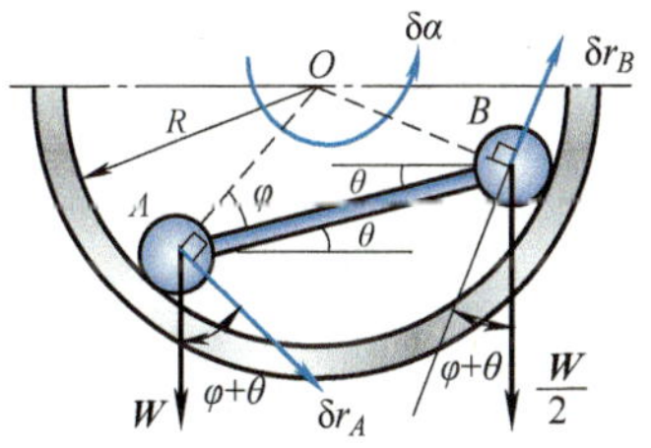

题 12-16 图

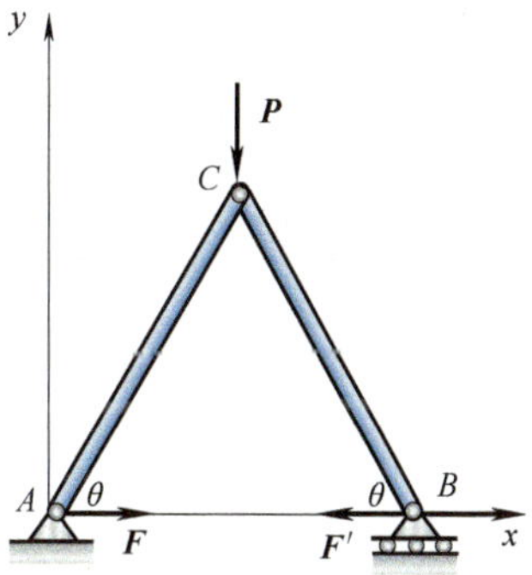

题 12-17 图

建立 Axy 直角坐标系，由虚功方程：$\sum(F_x\delta x+F_y\delta y)=0$，$F'\delta x_A-F\delta x_B-P\delta y_C=0$

$x_A=0$

$x_B=2a\cos\theta$，$\delta x_B=-2a\sin\theta\delta\theta$

$y_C=a\sin\theta$，$\delta y_C=a\cos\theta\delta\theta$

由 $\delta\theta\neq0$，$\theta=60°$，解得 $F=\dfrac{\sqrt{3}}{6}P$

12-18：解：

由虚功方程：$\sum\delta W_F=0$，$P\delta r_D-F\delta r_B=0$

$\delta r_C\cos(90°-2\alpha)=\delta r_B\cos\alpha$，$\delta r_C=AC\delta\varphi$，$\delta r_D=AC\cos\alpha\delta\varphi$

考虑 $\delta\varphi\neq0$，解得 $S=\dfrac{P}{2}\cot\alpha=P$

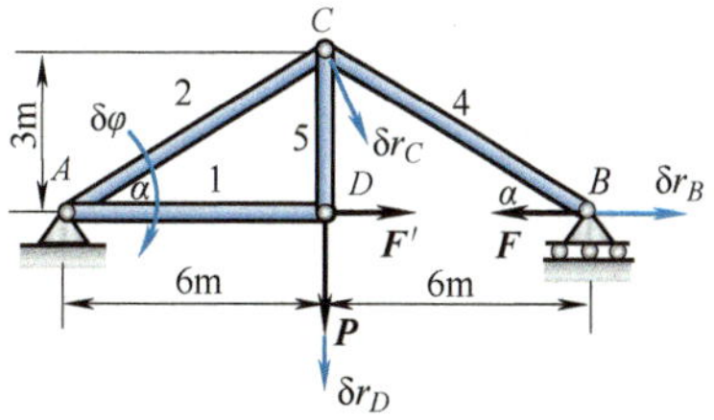

题 12-18 图

12-19：解：

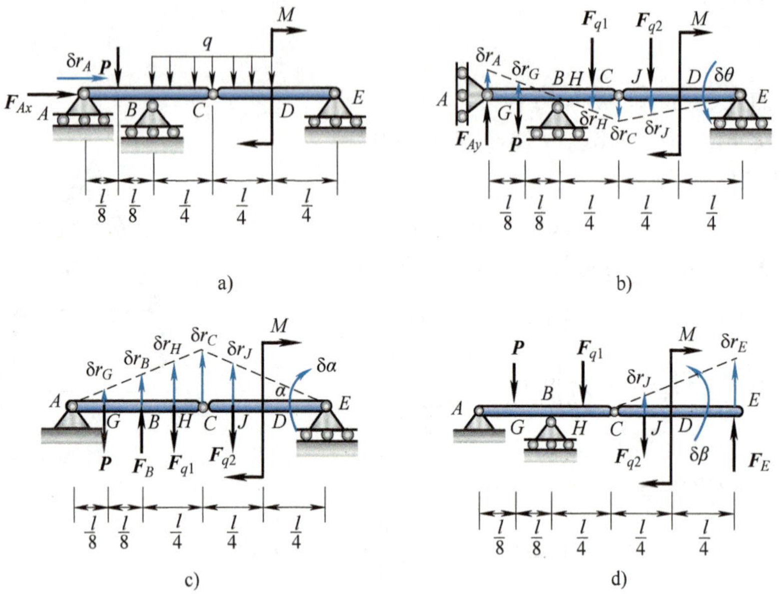

题 12-19 图

（1）求 F_{Ax}、F_{Ay}

如题 12-19 图 a 所示，由虚位移原理：$\sum \delta W_F=0$，$F_{Ax}\delta r_A=0$，解得 $F_{Ax}=0$

如题 12-19 图 b 所示，$\sum \delta W_F=0$，$F_{Ay}\delta r_A-P\delta r_G+F_{q_1}\delta r_H+F_{q_2}\delta r_J-M\delta\theta=0$

$\delta r_G=\delta r_H=\dfrac{\delta r_A}{2}$，$\delta r_C=\delta r_A$，$\delta r_J=\dfrac{3}{4}\delta r_C=\dfrac{3}{4}\delta r_A$，$\delta\theta=\dfrac{2\delta r_C}{l}=\dfrac{2\delta r_A}{l}$

由于 $F_{q_1}=F_{q_2}=\dfrac{ql}{4}$，$\delta r_A\neq 0$，解得 $F_A=-2450\text{N}$（↓）

（2）求 F_B

如题 12-19 图 c 所示，$\sum \delta W_F=0$，$-P\delta r_G+F_B\delta r_B-F_{q_1}\delta r_H-F_{q_2}\delta r_J+M\delta\theta=0$

$\delta r_B=2\delta r_G$，$\delta r_H=\delta r_J=3\delta r_G$，$\delta r_C=4\delta r_G$，$\delta\alpha=\dfrac{2\delta r_C}{l}=\dfrac{8\delta r_G}{l}$

考虑 $\delta r_G\neq 0$，解得 $F_B=14700\text{N}$(↑)

（3）求 F_E

如题 12-19 图 d 所示，$\sum \delta W_F=0$，$-F_{q_2}\delta r_J-M\delta\beta+F_E\delta r_E=0$

$\delta\beta=\dfrac{8\delta r_J}{l}$，$\delta r_E=4\delta r_J$

考虑 $\delta r_J\neq 0$，解得 $F_B=2450\text{N}$(↑)

12-20：解：

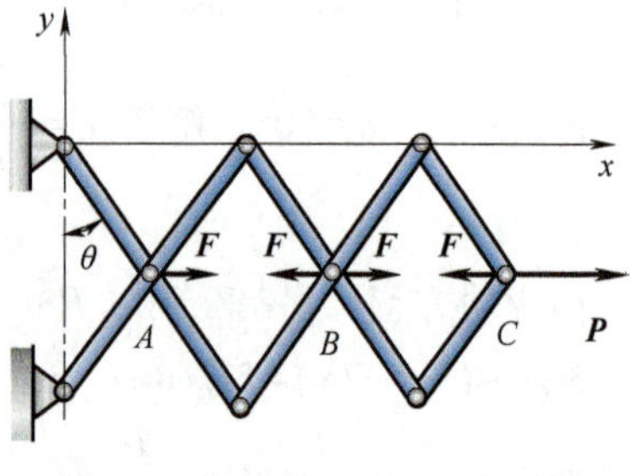

题 12-20 图

坐标

$$\begin{cases}x_A=l\sin\theta\\ x_B=3l\sin\theta\\ x_C=5l\sin\theta\end{cases}\quad \text{变分得}\quad \begin{cases}\delta x_A=l\cos\theta\delta\theta\\ \delta x_B=3l\cos\theta\delta\theta\\ \delta x_C=5l\cos\theta\delta\theta\end{cases}$$

由虚功方程：$\sum\delta W_F=0$，$F\delta x_A-F\delta x_B+F\delta x_B-F\delta x_C+P\delta x_C=0$

$F=2kl(\sin\theta-\sin\theta_0)$

解得 $\sin\theta=\sin\theta_0+\dfrac{5P}{8kl}$

12-21：解：

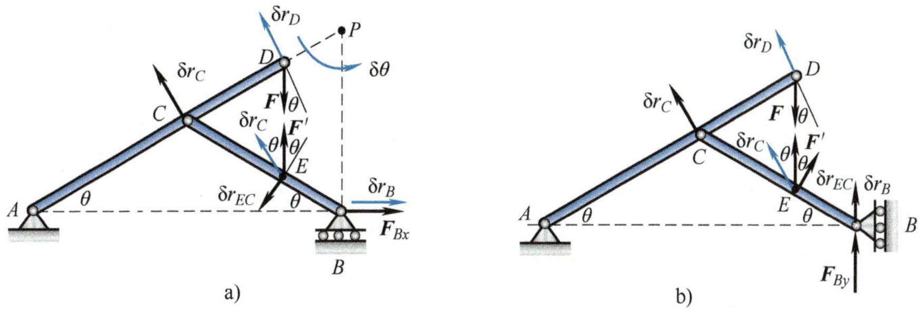

题 12-21 图

$AC=CB$，$CE=CD$，$F=F'=10k=900\text{N}$

由虚功方程：$\sum\delta W_F=0$，$\boldsymbol{F}\cdot\delta\boldsymbol{r}_D+\boldsymbol{F}'\cdot\delta\boldsymbol{r}_E+\boldsymbol{F}_B\cdot\delta\boldsymbol{r}_B=0$

其中点 E 的虚位移为 $\delta\boldsymbol{r}_E=\delta\boldsymbol{r}_C+\delta\boldsymbol{r}_{EC}$

（1）求 F_{Bx}，如题 12-21 图 a 所示，虚功方程可写成

$-F\cos\theta\cdot\delta r_D+F'\cos\theta\cdot\delta r_C-F'\cos\theta\cdot\delta r_{EC}+F_{Bx}\cdot\delta r_B=0$

杆 CB 的瞬心为点 P，$\delta r_D=\dfrac{3}{2}\delta r_C$，$\delta r_{EC}=\dfrac{\delta r_C}{CP}CE=\dfrac{\delta r_C}{2}$，$\delta r_B=\dfrac{\delta r_C}{CP}BP=\delta r_C$

由于 $\delta r_C\neq0$，$\theta=30°$，解得 $F_{Bx}=779.4\text{N}(\rightarrow)$

（2）求 F_{By}，如题 12-21 图 b 所示，虚功方程可写成

$-F\cos\theta\cdot\delta r_D+F'\cos\theta\cdot\delta r_C-F'\cos\theta\cdot\delta r_{EC}+F_{By}\cdot\delta r_B=0$

杆 CB 的瞬心为点 A，$\delta r_D=\dfrac{3}{2}\delta r_C$，$\delta r_{EC}=\dfrac{\delta r_C}{AC}CE=\dfrac{\delta r_C}{2}$，$\delta r_B=\dfrac{\delta r_C}{AC}AB=2\cos\theta\delta r_C$

由于 $\delta r_C\neq0$，$\theta=30°$，解得 $F_{By}=0$

12-22：解：

建立 Axy 直角坐标系，由虚功方程：

$\sum\delta W_F=0$，$(2W+F)\delta y_E+(2W-F)\delta y_F=0$

受力点坐标及其变分为

$y_E=\dfrac{l}{2}\sin\theta$，$\delta y_E=\dfrac{l}{2}\cos\theta\delta\theta$

$y_F=\dfrac{3l}{2}\sin\theta$，$\delta y_F=\dfrac{3l}{2}\cos\theta\delta\theta$

由于 $\delta\theta\neq0$，解得 $F=4W$

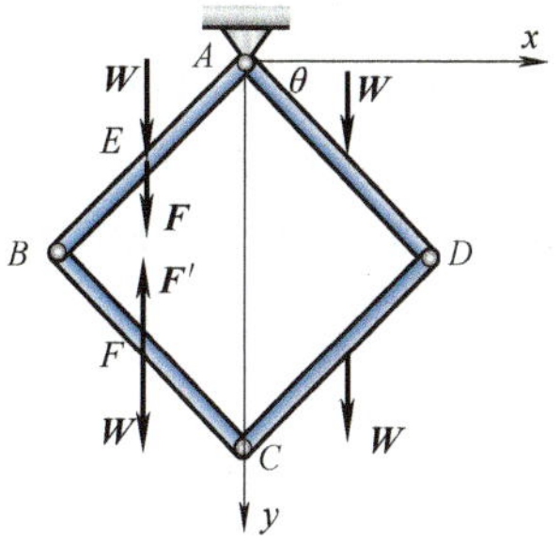

题 12-22 图

12-23：解：

图示为两自由度系统，设其广义坐标为 x_1、x_2。

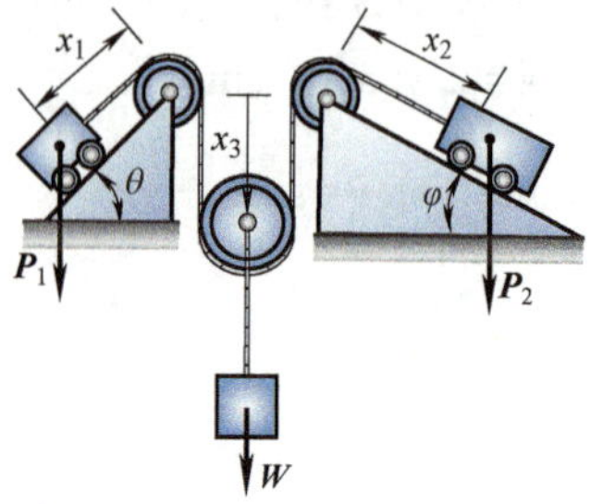

题 12-23 图

绳的总长是常数，假设为 l，$x_1+x_2+2x_3=l$

变分得 $\delta x_1+\delta x_2+2\delta x_3=0$

（1）$\delta x_1\neq 0$，$\delta x_2=0$，有 $\delta x_3=-\dfrac{\delta x_1}{2}$

由虚功方程：$\sum\delta W_F=0$，$P_1\sin\theta\cdot\delta x_1+W\delta x_3=0$

即 $P_1\sin\theta\cdot\delta x_1-W\dfrac{\delta x_1}{2}=0$

解得 $P_1=\dfrac{W}{2\sin\theta}$

（2）$\delta x_1=0$，$\delta x_2\neq 0$，有 $\delta x_3=-\dfrac{\delta x_2}{2}$

由虚功方程：$\sum\delta W_F=0$，$P_2\sin\varphi\cdot\delta x_1+W\delta x_3=0$

即 $P_2\sin\varphi\cdot\delta x_2-W\dfrac{\delta x_2}{2}=0$

解得 $P_2=\dfrac{W}{2\sin\varphi}$

12-24：解：

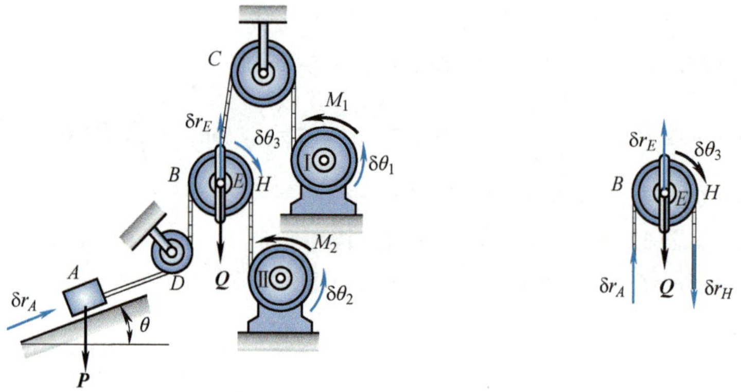

题 12-24 图

此系统有两个自由度，由虚功方程：

$\sum\delta W_F=0$，$-(P\sin\theta+F)\delta r_A-Q\delta r_E+M_1\delta\theta_1+M_2\delta\theta_2=0$

虚位移间的关系为

$\delta r_E=r_1\delta\theta_1$，$\delta r_H=r_2\delta\theta_2$，$\delta r_H=-\delta r_E+r\delta\theta_3$

$\Rightarrow\delta\theta_3=\dfrac{\delta r_E+\delta r_H}{r}=\dfrac{r_1\delta\theta_1+r_2\delta\theta_2}{r}$，$\delta r_A=\delta r_E+r\delta\theta_3=2r_1\delta\theta_1+r_2\delta\theta_2$

虚功方程可写为

$-(P\sin\theta+F)(2r_1\delta\theta_1+r_2\delta\theta_2)-Qr_1\delta\theta_1+M_1\delta\theta_1+M_2\delta\theta_2=0$

由于 $\delta\theta_1\neq 0$，$\delta\theta_2\neq 0$，则有

$M_1-Qr_1-2Pr_1\sin\theta-2Fr_1=0$

$M_2-Pr_2\sin\theta-Fr_2=0$

其中，摩擦力须满足：$-fP\cos\theta\leqslant F\leqslant fP\cos\theta$

解得

$Qr_1+2Pr_1\sin\theta-2Pr_1f\cos\theta\leqslant M_1\leqslant Qr_1+2Pr_1\sin\theta+2Pr_1f\cos\theta$

$Pr_2\sin\theta-Pr_2f\cos\theta\leqslant M_2\leqslant Pr_2\sin\theta+Pr_2f\cos\theta$

《理论力学（Ⅱ）》第1章

1-1： $\cos\theta=\dfrac{Q}{4aP\omega^2}g$

1-2： $\ddot{\theta}+\dfrac{2g}{3(R-r)}\theta=0$

1-3： 必须 $m_1>\dfrac{4m_2m_3}{m_2+m_3}$，重物方能下降，此时 $F_T=\dfrac{8m_1m_2m_3}{m_1(m_2+m_3)+4m_2m_3}g$

1-4： $\alpha=\dfrac{M(m_2+4m_1)-3gRm_1m_2}{J(m_2+4m_1)+R^2m_1m_2}$

1-5： (1) $(m_1+m_2)\ddot{y}-m_1R\ddot{\theta}+(m_1\sin\beta-m_2)g=0$，$\dfrac{3}{2}R\ddot{\theta}-\ddot{y}-g\sin\beta=0$

(2) $\alpha_A=\ddot{\theta}=\dfrac{2(1+\sin\beta)m_2g}{(m_1+3m_2)R}$，$a_B=\ddot{y}=\dfrac{(3m_2-m_1\sin\beta)g}{m_1+3m_2}$

1-6： $\dfrac{(P+Q)l^2}{g}\ddot{\varphi}_1+\dfrac{PRl}{g}\ddot{\varphi}_2+(P+Q)l\varphi_1=0$，$\dfrac{3}{2g}PR^2\ddot{\varphi}_2+\dfrac{PRl}{g}\ddot{\varphi}_1=0$

1-7： $(3m_1+2m_2)r\ddot{\varphi}+2m_2b(\ddot{\theta}\cos\theta-\dot{\theta}^2\sin\theta)+2kr\varphi=0$，$m_2r\ddot{\varphi}\cos\theta+m_2b\ddot{\theta}+m_2b\sin\theta=0$

1-8： $m\ddot{x}+ml\cos\theta\ddot{\theta}-ml\sin\theta\dot{\theta}^2+2kx=0$，$ml\cos\theta\ddot{x}+ml^2\ddot{\theta}+mgl\sin\theta=0$

1-9： $\alpha=\dfrac{M}{22mr^2}$

1-10： $\alpha_1=\dfrac{2\left(M_1-\dfrac{r_1}{r_2}M_2-\dfrac{r_1}{r_3}M_3\right)}{r_1^2(m_1+m_2+m_3)}$，$F_{12}=\dfrac{(m_2+m_3)\dfrac{M_1}{r_1}+m_1\left(\dfrac{M_2}{r_2}+\dfrac{M_3}{r_3}\right)}{m_1+m_2+m_3}$

1-11： $(l+r\theta)\ddot{\theta}+r\dot{\theta}^2+g\sin\theta=0$

1-12： $\dfrac{2}{g}\ddot{x}+\dfrac{1}{g}(l-x)\dot{\varphi}^2+\cos\varphi=0$，$\dfrac{1}{g}(l-x)\ddot{\varphi}-\dfrac{2}{g}\dot{\varphi}\dot{x}+\sin\varphi=0$

1-13： $(m_1+m_2)\ddot{x}+m_1r\ddot{\varphi}+k(x-d)=0$，$m_1\ddot{x}+\dfrac{3}{2}m_1r\ddot{\varphi}+kr\varphi=0$

1-14： $m(\ddot{y}-b\sin\theta\ddot{\theta}+b\cos\theta\dot{\theta}^2)+ky=0$，$b\ddot{\theta}-\sin\theta\ddot{y}+g\sin\theta=0$

1-15： $a=2g\dfrac{[F-(P_2+P_3)]\cos^2\beta}{2\cos^2\beta(P_1+P_2)+P_3(1+2\cos^2\beta)}$

1-16： $m\ddot{x}-\dfrac{1}{2}mb\cos(\beta-\varphi)\ddot{\varphi}-\dfrac{1}{2}mb\sin(\beta-\varphi)\dot{\varphi}^2-mg\sin\beta=0$，

$$\frac{1}{3}mb^2\ddot{\varphi}-\frac{1}{2}mb\cos(\beta-\varphi)\ddot{x}+\frac{1}{2}mgb\sin\varphi=0$$

《理论力学（Ⅱ）》 第2章

2-1：角速度 15rad/s；角加速度 300rad/s^2

2-2：角速度 $\omega=\sqrt{34}\text{rad/s}$；角加速度 $\alpha=15\text{rad/s}^2$

2-3：$\omega=\dfrac{\omega_0}{\tan\beta}=0.64615\text{rad/s}$；$\alpha=\omega\omega_0=0.064615\text{rad/s}^2$；$v_A=\omega_0 r\dfrac{\cos\beta}{\tan\beta}=15.96\text{cm/s}$；$v_B=2\omega_0 r\dfrac{\cos\beta}{\tan\beta}=31.7\text{cm/s}$；$v_C=0$

2-4：$\omega_3=-\dfrac{\omega_2R_2r_1+\omega_1R_1r_2}{R_2r_1+R_1r_2}=-7\text{rad/s}$；$\omega_{43}=\dfrac{\omega_2R_2R_1-\omega_1R_1R_2}{r_2R_1+r_1R_2}=5\text{rad/s}$

2-5：$\omega_a=\sqrt{(15\sqrt{3}\pi)^2+\left(15\pi+\sin\dfrac{\pi t}{5}\right)^2}$；$a_a=15\sqrt{3}\pi\sin\dfrac{\pi t}{5}$

2-6：$\omega=60.8358\text{rad/s}$；$\alpha=603.0755\text{rad/s}^2$

2-7：$\boldsymbol{\omega}_a=-0.5\boldsymbol{i}+0.3\boldsymbol{j}$；$\boldsymbol{\alpha}_a=-0.6\boldsymbol{j}$；$\boldsymbol{v}_A=1.35\boldsymbol{k}$；$\boldsymbol{a}_A=0.405\boldsymbol{i}+0.675\boldsymbol{j}+1.8\boldsymbol{k}$

2-8：$\boldsymbol{v}=-1.8\boldsymbol{i}+4.8\boldsymbol{j}+9.6\boldsymbol{k}$；$\boldsymbol{a}=0.408\boldsymbol{i}-0.804\boldsymbol{j}-0.024\boldsymbol{k}$

2-9：陀螺力矩$-\dfrac{1}{2}mr^2\omega\omega_1$；动压力$\dfrac{mr^2\omega\omega_1}{2l}$

2-10：陀螺力矩 $M_g=6.9555\times10^3\text{N}\cdot\text{m}$；动压力 $F_A=F_B=8.6944\times10^3\text{N}$

《理论力学（Ⅱ）》 第3章

3-1：a）$T=\dfrac{4\pi}{25\sqrt{30}}\text{s}$；b）$T=\dfrac{2\pi}{\omega_n}=\dfrac{2\pi}{5\sqrt{10}}\text{s}$；c）$T=\dfrac{2\pi}{5\sqrt{10}}\text{s}$；d）$T=\dfrac{2\pi}{\omega_n}=\dfrac{4\pi}{25\sqrt{30}}\text{s}$

3-2：$k=\dfrac{4\pi^2(Q-P)}{g(T_2^2-T_1^2)}$

3-3：$\delta=-2\sin\left(\sqrt{\dfrac{g}{\delta_{st}}}t\right)$

3-4：（1）$T=\dfrac{\pi\sqrt{14}}{40}\text{s}$，$f=\dfrac{20\sqrt{14}}{7\pi}\text{Hz}$；（2）$v_{max}=\dfrac{0.8\sqrt{14}}{7}\text{m/s}$，$a_{max}=\dfrac{64}{7}\text{m}^2/\text{s}$

3-5：$\omega_n=\sqrt{\dfrac{2k}{m_1+4m_2}}$

3-6：$\ddot{\theta}+16\ddot{\theta}=0$；$\omega_n=4\text{rad/s}$

3-7：（1）2cm；（2）4cm；（3）$\delta=2\sin\left(10\sqrt{5}t-\dfrac{\pi}{2}\right)\text{cm}$

3-8：$f=\dfrac{\omega_0}{2\pi}=\dfrac{1}{2\pi}\sqrt{\dfrac{ag}{\rho^2+(r-a)^2}}$

3-9：$c_{cr}=2\sqrt{10}\text{N}\cdot\text{s/m}$；$c=0.0201\text{N}\cdot\text{s/m}$

3-10：$t=0.5\text{s}$；$x_m=-0.005\text{e}^{-6}\text{m}=-1.2394\times10^{-5}\text{m}$

3-11：$y=\dfrac{kgdl^2}{kgl^2-\pi^2v^2P}\sin\dfrac{\pi}{l}vt$；$v=\dfrac{l}{\pi}\sqrt{\dfrac{kg}{P}}$

3-12：$x=4\sin7t(\text{cm})$

《理论力学（Ⅱ）》 第4章

4-1：$I_x=-(2.8\sqrt{2}+7)$；$I_y=2.8\sqrt{2}$；$\overline{F}_x=(-140\sqrt{2}-350)\text{N}$；$\overline{F}_y=140\sqrt{2}\text{N}$

4-2：$k=\left|\dfrac{\sqrt{1-\cos45^\circ}-2\sqrt{1-\cos30^\circ}}{\sqrt{1-\cos45^\circ}}\right|$

4-3：$\delta=\dfrac{mg}{k}\left(2+\sqrt{1+\dfrac{kh}{mg}}\right)$

4-4：$F=81.5g\times10^4\text{N}$

4-5：恢复系数 $k=0.8916$；动滑动摩擦系数 $f=0.1988$

4-6：$l=0.37\text{m}$

4-7：$I=ml\dfrac{\sqrt{3gl(1-\cos\theta)}}{3a}$

4-8：$\omega=\dfrac{3v}{4a}$

4-9：$\omega=\dfrac{6v}{7l}$，$I=\dfrac{4}{7}mv$

4-10：$\sin\dfrac{\varphi}{2}=\dfrac{\sqrt{3}I}{2m\sqrt{10gl}}$

4-11：$u_C=\dfrac{1+2\cos\alpha}{3}v_C$；$\Omega=\dfrac{1+2\cos\alpha}{3r}v_C$；$I_n=mv_C\sin\alpha$；$I_\tau=\dfrac{1-\cos\alpha}{3}mv_C$

参考文献

[1] 刘巧伶. 理论力学 [M]. 3版，北京：科学出版社，2005.

[2] 哈尔滨工业大学理论力学教研室. 理论力学（Ⅰ）[M]. 8版，北京：高等教育出版社，2016.

[3] 哈尔滨工业大学理论力学教研室. 理论力学（Ⅱ）[M]. 8版，北京：高等教育出版社，2016.

[4] 孙毅，程燕平，张莉. 理论力学习题全解（配哈工大版《理论力学》(第8版)）[M]. 北京：高等教育出版社，2017.

[5] 李俊峰，张雄. 理论力学 [M]. 3版，北京：清华大学出版社，2021.

[6] 西北工业大学理论力学教研室. 理论力学 [M]. 2版. 北京：高等教育出版社，2017.

[7] 洪嘉振，刘铸永，杨长俊. 理论力学 [M]. 4版. 北京：高等教育出版社，2015.

[8] 刘延柱，朱本华，杨海兴. 理论力学 [M]. 3版. 北京：高等教育出版社，2010.

[9] 贾书惠. 理论力学学习辅导 [M]. 北京：清华大学出版社，2007.